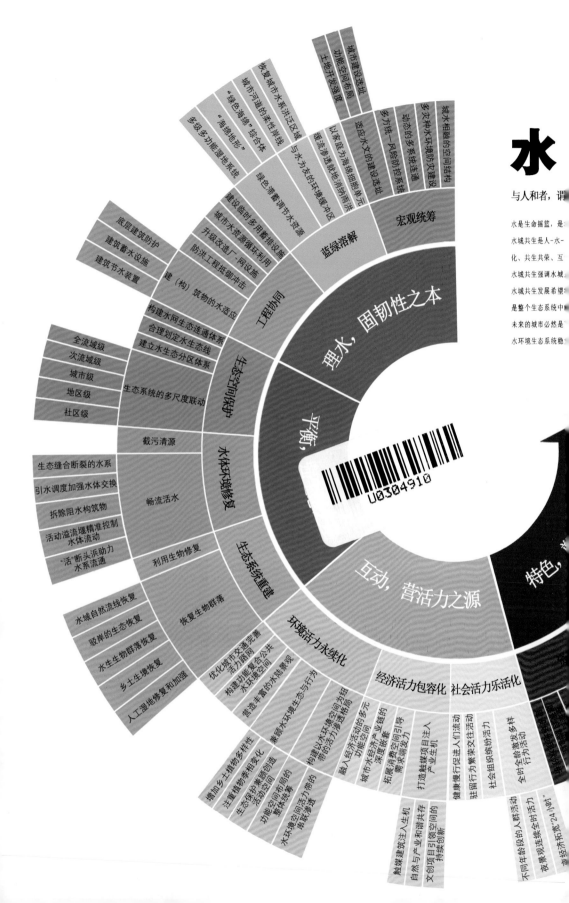

城 共 生

之人乐；与天和者，谓之天乐。　　——《庄子·天道》

市发展的生命线，孕育滋养着城市的发展，更是见证着城市的兴衰更迭。

及共生环境的和谐共生，和谐是人与水和睦协调、需求互补、配合协调，共生是人与水协同进

互惠。

统的整体共生性，目标是让人类共享美丽家园，共创美好生活。

人的需求与生态完整性联系来实现人与水的和谐共生，即人类自觉地承认城市或城市水环境空间

一部分，追求高质量美好生活的同时建立与城市水环境空间共生共荣的发展关系。

密度的可持续城市，水城命运共同体将走向相互合作、相互补充、相互依赖的共同进化，展现出

平衡、人们生活宜居乐业、城市社会经济发展稳定的美好图景。

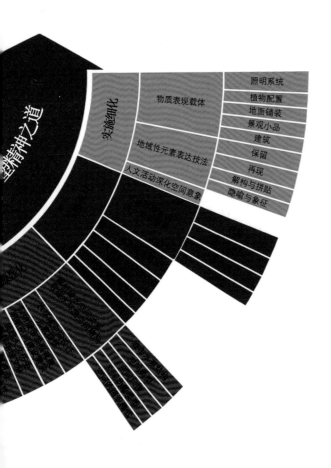

城乡基础设施与空间发展研究
主编：夏文林

水 城 共 生

——城市水环境空间发展理论与实践

戴德胜　胡凯丽　李香云　柏安琪　夏博轩 等 编著

科学出版社

北京

内 容 简 介

　　水是生命的摇篮，是城市发展的生命线，孕育滋养着城市的发展，水城关系的进化方向决定着城市的健康繁荣与可持续发展。本书根植于人的需要层次并结合大量实践总结，思考人-水-城关系的整体系统并进行理论研究，在韧性、生态、活力、特色、共生 5 个层面构建具有普适性的水城共生理论体系和实现路径，为广大读者提供城市水环境空间建设的发展理念、策略和具体技术方法。

　　本书可作为城市规划、给排水、生态、水利、园林景观等相关学科的高校教师和学生的阅读资料，也可以为政策制定和决策者以及从事相关规划设计、建设、管理的工作者提供参考。

图书在版编目（CIP）数据

水城共生：城市水环境空间发展理论与实践/戴德胜等编著. —北京：科学出版社，2022.3

（城乡基础设施与空间发展研究）

ISBN 978-7-03-067410-4

Ⅰ. ①水…　Ⅱ. ①戴…　Ⅲ. ①城市环境-水环境-环境管理-研究　Ⅳ. ①X321

中国版本图书馆 CIP 数据核字（2020）第 263903 号

责任编辑：王腾飞/责任校对：张亚丹
责任印制：师艳茹/封面设计：许　瑞　李香云

科 学 出 版 社 出版
北京东黄城根北街 16 号
邮政编码：100717
http://www.sciencep.com

北京九天鸿程印刷有限责任公司 印刷
科学出版社发行　各地新华书店经销
*
2022 年 3 月第 一 版　开本：720×1000　B5
2022 年 3 月第一次印刷　印张：18 1/2　插页：1
字数：380 000

定价：198.00 元
（如有印装质量问题，我社负责调换）

"城乡基础设施与空间发展研究"丛书编委会

前　言

　　水是生命的摇篮，是城市发展的生命线，孕育并滋养着城市，更见证着城市的兴衰更迭。水城关系的进化方向决定着城市的健康繁荣与可持续发展，在不同时空背景与不同文化环境中，不仅渗透、凝聚着城市的文化和历史，还在与城市的相生共融中焕发、延续着城市的生命和未来。水是地球上最重要的构成要素，是人类城市起源发展的基本依赖，人-水-城的发展必然交织在一起。在未来的城市时代，人-水-城存在怎样的需求和发展关系，如何实现人-水-城命运共同体的共生共荣，如何系统地解决人-水-城的发展问题，这些都是本书关注的核心问题。

　　本书以马斯洛需要层次理论为基础，解析水城发展的几个需要层次；从实际建设实践出发，提出"城市水环境空间"研究概念；以和谐共生为目的，构建城市水环境空间发展理论体系；以韧性、生态、活力和特色为途径，探讨水城共生的技术方法和具体路径。本书主要特点和创新之处如下。

　　第一，创新性提出"城市水环境空间"概念。在目前理论研究中，对于"水生态""水环境""水安全"等方向的研究往往侧重于水体的治理技术，较少涉及与城市的发展关系问题；对于水体以外的"滨水空间"等涉水空间研究又侧重城市功能布局、产业策划、空间发展等。但水城发展实践当中水体及其滨水空间是不可分割的整体，迫切需要一个完整的概念来涵盖城市与水在不断发展中所涉及的内容。本书创新性提出"城市水环境空间"的概念，拓展了水城发展相关研究的概念界定和研究边界，保证理论研究的完整性特征。

　　第二，以人的需求建构城市水环境空间发展内容。城市因人而生，人类的需求是推动城市发展的根本动力，城市建设发展的目的和存在价值是满足人的不同层次需求，满足人们对美好生活的期望。本书对水环境空间的探讨直接根植于人的层级需要，在此基础上从人对城市水环境空间的需求出发，探讨城市水环境空间发展内容，建构城市水环境空间发展范式。

第三，跨学科、多专业的协同。本书聚焦于如何系统整体地看待实践对象和研究问题，因此对于城市水环境空间如此复杂的城市子系统，需要通过不同学科交叉、专业互补，才能够有较完整的认识。本书主要基于水利、生态、给排水、城市规划、人文地理、建筑、园林、环境艺术、GIS 等不同学科和专业，以发展需求-核心问题-实践困境-未来目标为多维导向，通过跨学科、多专业协同，突破行业壁垒和专业割裂，给出问题的具体解决技术和方法。

第四，实践基础上的理论创新。本书主要在大量城市水环境空间的规划、设计、施工、运管实践的基础上，归纳总结经验，通过系统性的理论研究和探讨，构建具有普适性的水城共生理论体系，为城市水环境空间发展提供理论依据、思路以及发展路径。

全书共分成 6 章，即"缘起""韧性""生态""活力""特色""共生"六大部分，并展开详细阐述，具体章节和内容如下：

第 1 章"缘起，水城相伴相生"。阐明了本书选题的缘由，提出水城共生是面向未来的发展之道。本章通过水与城的变迁更迭，梳理城市水环境空间中的问题，提出"城市水环境空间"的概念，并将马斯洛需要层次理论映射到人对城市水环境空间发展需求关系中，即将城市水环境空间发展理解为适应韧性、健康生态、亲水活力、地域特色、水城共生 5 个层级，从而构成城市水环境空间发展层级体系。

第 2 章"理水，固韧性之本"。城市因人类集聚而产生，这决定了安全韧性是发展中首先要解决的问题。从影响人类生命财产安全的多种不确定性风险出发，城市水环境空间建设中要注重常态下降低不确定性风险、非常态下减轻损失并做好快速恢复的准备。提出了以科学合理的宏观统筹为前提、以"蓝绿溶解"为承载上限、以工程协同为防御下限的规划设计策略，以增强城市水环境空间系统全寿命周期的韧性度。

第 3 章"平衡，强生态之基"。人们高质量的美好生活需要水环境空间生态稳定及自然和谐优美来夯基筑底。本章分析了人类胁迫对城市水生态环境造成的水生态环境失衡,认为人类应当尊重自然,恢复、修复或重建已经退化或损坏的水生态系统,遵循自然规律,结合系统工程最优化方法,恢复水环境空间的基本功能、维护生物生境并建立健康稳定的生态系统,使其在人类活动的干扰下仍能维持本身结构和功能的完整性。

第 4 章"互动,营活力之源"。城市水环境空间的长远发展,得益于内生活力的持续。本书提出了生态活力、环境活力、社会活力、文化活力和经济活力五大组成部分。本章节重点论述了环境活力、经济活力和社会活力三个活力要素的构建,具体通过空间环境的提升优化、公共交往空间的塑造、文化自觉下的创意创新、特色产业经济的培育、多种社会活动的引导等,带来永续化的环境活力、包容化的经济活力和乐活化的社会活力这 3 个维度内生活力的持续发展。

第 5 章"特色,塑精神之道"。城市水环境空间拥有着其他城市空间所无法比拟的优越区位。本章介绍了在面对城市水环境空间的特色迷失时,迫切需要城市水环境空间设计找到地域性特色内核,迎接"本真"回归,通过地域资源的梳理显化,将具有特色的元素以某种氛围、意境、风格、立意在空间中具体地展现出来,并细化落实,塑造地域特征鲜明的城市水环境空间,以更好地承载城市记忆,激发城市居民对水和城市的自觉尊重。

第 6 章"共生,水城融荣与共"。人类在追求高质量美好生活的同时与水环境空间共生共荣。通过描绘水城共生的美好愿景,以水环境空间的适应韧性、生态健康、活力营城、地域特色等为标志界面,构建水城互惠共生格局,并总结了推动水城共生发展的关键支撑技术,希望通过形成城市水环境空间发展的共识,激励全社会主动参与,引导城市水环境空间有序发展,促进人-水-城的共生共融。

本书在写作过程中得到众多高校学者、同行专家、政府部门领导以及同事们的帮助,也借鉴和参考了国内外研究成果和有益经验,在此表示衷心感谢!由于作者专业视野和学术水平有限,疏漏和不足之处在所难免,敬请读者批评指正。

目　录

第1章

缘起，水城相伴相生

与天地相似，故不违。知周乎万物，而道济天下，故不过。旁行而不流，乐天知命，故不忧。

——《周易》

如果城市发展是一个生命过程，那么水就是城市发展的生命线，水与城的共同进化影响着人类社会的健康繁荣与可持续发展。自古以来，水影响着人类的衣食住行，在不同时空背景与不同文化环境中，渗透、凝聚着城市的文化和历史，还在与城市的相生共融中焕发、延续着城市的生命和未来。而城市的建设对城市水环境空间的发展也起着决定性作用，快速城市化使得重大水污染事件频发，城市洪涝灾害易发，水生态环境恶化，水城风貌破坏，水域空间缩减，这些多元问题累积的系统性风险增大，严重威胁着城市水环境空间的可持续发展。面对复杂的水城问题除了总结水城演进的历史经验和借鉴国内外优秀实践，考虑人的需求也是不容忽视的，更是解决问题的本源。在城市水环境空间发展中，城市的开发建设可以改变水，但改变要着眼于人类共同的长远利益，如此才可能构建人-水-城持久、和谐、相生共融的发展共同体，进而共享美丽家园，共创美好生活。

1.1 河流见证的城市

自古以来，人类发展与河流有着密切的关联。河流是城市的命脉，不仅孕育生命，滋养城市的发展，也能导致城市消亡。默默流淌的河水，不仅承载着城市的历史，更见证着城市的成长。

1.1.1 城依水而生

纵观人类发展史，任何一个城市的诞生和发展都离不开水。城市的诞生和发展基本都在大河流域沿岸，城市的起源多有一条"母亲河"相伴相生。人类出于生存需要选择在靠近河流的地方修建家园，一方面人们的生存与农业发展离不开水源，河流为人们提供了生活用水和灌溉用水；另一方面河滩地土壤肥沃、地势平坦，适宜农业种植，为农业发展提供了良好的基础，因此原始农业居民点大多靠近河流。历史上，孕育了人类古代文明的埃及尼罗河流域、中国黄河流域、印度恒河和印度河流域以及美索不达米亚平原的两河流域都是农业发展较早的地区，较早出现居民点。随着人类生产水平的提升和生活需求的多样化，以物换物的社会活动日趋频繁，产生了劳动分工，商业和手工业从农业中分离出来[1]。随着商业和手工业的日益繁荣，一部分居民开始从事商业和手工业，农业不再是其主要职能，这部分居民居住的地方便开始分化转换成了城市。此外，河流还为商业提供了便利的交通运输，河湖之滨成了人们建城设市的理想位置。城市的兴起，是社会生产力发展到一定历史阶段的产物，是人类文明发展史上具有划时代意义的里程碑。

河流是城市文明的重要载体和城市建设的动力源泉，是早期的文明孵化器。凡是河网水系发达的地区，都是城市文明最发达的地区[1]。正如罗素在《权力论》中所说，河流提供了早期文明发展必需的生存养育之本，更提供了文明延续所必需的民族的机动性[2]①。从四大文明古国古埃及、古巴比伦、古印度及中国地区的古老城市，到现如今繁华的巴黎、纽约、鹿特丹和上海，城市的落成与发展无不与河流有关。在欧洲大陆，国际河流多瑙河孕育了两岸的城市群；在法国，塞纳河从巴黎城中流过，岸边聚集了众多人文景观，也聚集了许多法国古往今来的精华；在中国，黄浦江与东海的滋润，催生了上海，使之迅速崛起为一座国际大都市[3]。城市中丰富的河流承载着城市的历史文化记忆、延续着城市的空间格局，优美的自然水景观与人文景观相互映衬，形成独特的地域风貌，也将城市悠久的精神文化内涵展现在世人眼前。水从孕育原始居民点到对城市发展的特殊作用，和城市存在着不可分割的时间和空间联系，已然是人居环境中的重要组成部分。

1.1.2　城市兴衰，因水更迭起伏

水作为人类聚居地的命脉，往往决定了城市的命运。水能载舟也能覆舟，城因水而生，也会因水而湮。水为城市发展奠定了基础，有利的水资源条件造就了伟大的城市，而水治理的成效也直接映射出各城市的兴衰成败。人们傍水筑城、逐水而居，城市由水而兴、因水而衰、因水而活的例子不胜枚举，如"八水"之于长安、洛水之于洛阳、台伯河之于罗马、阿诺河之于佛罗伦萨、泰晤士河之于伦敦、黄浦江之于上海……考察不同时期城市的形成、发展和衰落的历史，我们可以发现，这些无不与水有着密切的关联。

位于美索不达米亚平原南部、幼发拉底河东岸的乌鲁克城（公元前 3800～公元前 3500 年）的建立和衰败就与水有着不解之缘[1]。目前，乌鲁克城被认为是人类历史上最早出现的大城市。根据对遗址的发掘考察，发现其城墙长 9 km，城墙包围的面积超过 400 hm²，估计当时有 3 万～6 万名居民生活在城内。约公元前 3500 年，大洪水之后，地处幼发拉底河冲积平原上的旧乌鲁克城遭受重大破坏。人们在废墟中重建了乌鲁克城，并将其作为了乌鲁克王朝的首都，直至第五王朝乌图赫伽勒国王视察水坝时因故而亡为止。作为乌鲁克王朝控制美索不达米亚平原广阔地区的首都，这座城市的立城之基便是宏大的灌溉体系。在降雨量稀少且

---

① 这里的民族的机动性是指为了达到民族发展的目的，采取了灵活、变通的方法。在本书中，表达人-水-城发展中，为了民族的延续，采取了城依水而生、人逐河而居的发展方式。

丰枯明显的水资源条件下，泛滥期的洪水被视为必须收集的资源。引水渠和良好的运河系统纵贯城市——至少有两条很长的主干运河贯穿城市，延伸出许多小型水渠。当地人利用杰出的工程技术打造了四通八达的河网，让乌鲁克城绿树成荫，成为"沙漠中的绿洲"。船舶在城中的运河上川流不息，把占城、古幼发拉底河岸上的贸易以及周边的农业区紧密地联系起来。水利专家们通过监视并预测河水的涨落，推测乌鲁克水渠的闸门控制水位，从而抵御泛滥期的洪水。然而，公元前4 世纪开始，流经乌鲁克的水道渐渐干涸，或许，河流变迁便是造成乌鲁克衰败的原因之一。[1]

古代中国大运河的开凿促进了城市间的交流，为商业提供了便利的交通运输，也为沿岸城市发展提供了契机。关中平原孕育了早期的农耕文明，该地区粮食充足，秦汉两朝定都于此。但随着东汉末的连年战乱，关中平原的农耕用地被大量破坏，生产能力大大降低。到了隋唐，关中粮食不足，出现了"就食[①]于洛阳"以缓解关中压力的现象。随着隋唐大运河的开凿，洛阳南接江淮，北达涿郡（今北京），漕运交通优势明显，成为全国的漕运枢纽，粮食储备丰裕，为解决关中粮食供应问题提供可能。但到了唐朝鼎盛时期，关中平原的粮食供应以及"就食于洛阳"已远不能满足都城的需求，政治中心开始逐渐东移，武周迁都神都洛阳。之后，由于大运河长期使用，缺乏及时疏浚，洛阳段的运河也渐渐不再宜于通航，洛阳城也日渐没落。直到元代定都大都城（今北京），重修大运河，使得水道缩短了 900 多千米，同时引白浮泉水以利漕运，船只可从南方直达大都城的积水潭，进入大都城的核心地区。积水潭成为新的航运码头和大都城新的商业中心，促进了大都城和南方的经济交流。明、清两代沿用了大运河，并对其淤塞段进行疏凿，保证了这条南北大动脉的畅通。大运河与钱塘江、长江、淮河、黄河和海河五大水系连接组成水网，促进了沿岸地区城镇和工商业的发展，交汇处的杭州、镇江、扬州、苏州、淮安、天津等无一例外成为中国历史上的重要城市。

丰富的水资源促进城市的发展，而对水资源不合理的利用也可能加速一座城的毁灭。古长安（今西安）的兴衰更迭，是农业社会水城关系的典型案例。长安城历时 1700 多年，经历 13 个王朝变迁[1]，它的兴衰与水有着密切关系。历史上

---

① "就食"指迁移到别处避免饥荒的一种形式。

的"八水"拥城泽地，在长安附近构筑了天然密集的水网系统，不仅使其成为一个水资源富足的城市，还给它带来了"陆海"（指湖泊和池沼很多）的美称①。但是公元 907 年唐朝灭亡后，长安就没落了。从秦汉便开始的大规模城市营建、农业开垦，严重破坏和毁灭了赖以立都的原始森林、水资源等生态基础，加之唐朝中期频发的干旱等自然灾害，使得粮食产量下降，长安城的自然生态环境逐步走向崩溃。这是长安自唐末以来逐渐走向没落的根本原因之一。河流水系哺育了城市，而城市的生长也在影响着流域水系的演变，由"八水绕长安"的兴衰可见一斑，今天仍是如此[1]。

1.2　水随城转，变迁中的水与城

为应对当代的水危机，人们越来越重视重访历史，去寻求治水、管水的历史智慧和经验总结，也更深入地认识水在人类文明形成和发展过程中的角色，保持应有的理解。在人类文明形成和发展过程中，城市与水经历了被动的自发顺应、自主自为的破坏、补偿性的保护利用、互动性的自觉协调四个阶段，体现了不同时期水与城的历史演变规律，为解决当下城市水环境空间发展面临的困境与挑战留下了宝贵的经验。

1.2.1　被动的自发顺应阶段

人类对河流有着天然的亲切感，喜欢逐水而居，围绕河流建立城市，展开市井生活。城市发展之初，人类改造自然的能力还很弱小，水与城的和谐实质上是一种人与自然自发顺应的依存关系。依水发展是城市成长的重点，城市中的水域空间往往成为物资集散、商业闹市、苑囿营造、游憩集会之地[4]。这一阶段，人

---

① 常伟. 八水绕长安 秦川曾经是"陆海". 中国国家地理, 2007. 12.

类被动顺应水的自然规律而进行城市的开发建设，东方城市因为"负阴抱阳"等观念往往在河流一侧建立城市，西方城市则更多地跨河而建[5]。

兴水利、除水害是这个阶段城市得以发展的关键因素。城市建设除了注意取用水、排涝污的方便外，还考虑利用水灌溉、航运、美化环境和提供防卫[6,7]。但是靠近河流居住也存在洪涝灾害等问题。与水相依存、相抗争的例子在人类历史上比比皆是，有关洪荒岁月、艰难治水的共同记忆更是贯穿于整个中西文化史。西方传播最广的洪水神话来自《圣经》中记载的"诺亚方舟"。中国古代广泛流传的女娲补天、水神崇拜、祭天求雨、大禹治水等，也反映了古代先民对自然的依附[6]。据古籍记载，大禹（约公元前 2000 年）汲取鲧靠"堵"治水的失败经验，采取以"疏"为主的治水方法，是中国第一位因治水有功而登上王位的统治者，体现了先民对水的尊重顺应[7]。成书于 2000 多年前的《管子》在总结历史经验教训的基础上，对水与都城选址和建设的关系进行了颇为深入的探索与研究，并得出了在今人看来仍不失精辟的理论。《管子·乘马》中说："凡立国都，非于大山之下，必于广川之上。高毋近旱，而水用足；下毋近水，而沟防省；因天材，就地利，故城郭不必中规矩，道路不必中准绳。"①强调了筑城建都既要充分考虑水源问题，以便于取水；但又不能忽视防洪排涝问题[6]。

1.2.2　自主自为的破坏阶段

18 世纪至 19 世纪，随着工业文明的快速发展，社会生产力极大提高，城市建设对水不再只是依附，转而是征服和侵占，以扩张城市功能。人类掌握的科学技术，极大地促进了社会经济的发展，但也带来了水资源消耗、水污染等生态环境问题，生态环境的破坏更加剧了城市水环境空间问题。过去自然清澈的河流、湖泊、湿地消失了，取而代之的是水多、水少、水脏、水浑、水丑、水呆、水死等环境恶化问题[8]，这些问题牢牢地禁锢着人、禁锢着城。

人类狂热地追求经济效益，使水生态环境的自身平衡遭到破坏[9]。可以说对

---

① 释文：凡是营建都城，不把它建立在大山之下，也必须建在大河的近旁。高不可近于干旱，以便保证水用的充足；低不可近于水潦，以节省沟堤的修筑。要依靠天然资源，要凭借地势之利。因此，城郭的构筑，不必拘泥于合乎方圆的规矩；道路的铺设，也不必拘泥于平平直直的准绳。

水生态环境的破坏是世界上工业化国家在城市化进程中几乎都曾走过的道路。工业化进程虽然促进了城市的快速发展，但也使人类赖以生存的自然环境受到严重破坏。这一时期城与水的关系日渐疏离，逐渐走向对立。工业革命引发了水利科学技术的巨大变革，经济发展、人民生活需求也对水资源的治理与利用提出了更高要求。人们通过水库、渠道、大型堤防等水利工程，更大限度地控制了大江大河，并开始建设大面积的城市防洪排涝渠道、运河航道。江川、运河等高效且廉价的物流能力被企业家们看重。凭借着资源条件和优越的地理条件，水域空间内迅速集聚了大量的码头区、仓储区和工厂区，成为原料运输、加工、交易的场所。一大批工业城市集聚的地区迅速成长起来，如英国的兰开夏地区、德国的鲁尔地区、美国的大西洋和五大湖沿岸。随着沿河地区人口的急剧增多以及城市化进程逐步加快，城市水系遭到了巨大破坏，水生态环境污染加剧、河流恶臭弥漫、传染病迅速蔓延、滨河空间逐渐衰落。在经历工业革命的洗礼以及两次世界大战的摧残之后，不仅水体遭到严重污染自然水域空间的肌理与生态系统，也被结构性地破坏了。面对污染问题，早期的城市规划理论采用把有干扰的功能区分开，遵照功能便捷的方法选址，即将对居住生活有要求的功能区布局在远离河流的地方，而滨水空间规划为仓储用地及工业用地。因为大规模的工业化生产需要便捷的交通方式运输生产资料、商品，所以具有航运功能的河流成了城市工业的优先选址因素[5]。滨水空间成为城市中环境最差、条件最恶劣的地区[10]。随着公路、铁路和航空运输业的发展，河道的航运功能逐渐萎缩，不再适应经济发展的需要，加上城市产业、用地等的调整，大部分滨水空间相继没落萧条[4]。

1.2.3　补偿性的保护利用阶段

20 世纪中后期，人们开始反思工业革命，并结合污染治理和环境保护，在不同的领域注重城市维护，滨水空间的开发和更新也相继在各个城市展开，给城市环境的复兴和形象的改变提供了契机[4]。1972 年，经济合作与发展组织（OECD）理事会首先提出了"污染者付费"，即要求所有的污染者都必须为其造成的污染直接或者间接地支付费用，很多国家将其确定为环境法的一项基本原则，该原则在环境法上的具体化、制度化是生态补偿在法律上的重要表现[11,12]。

各国政府在开展生态补偿的同时，也开展了修复性的行动措施。美国、加拿大、荷兰、德国等多个国家政府及其研究机构，对水资源利用及水环境保护提出了不同的理念，并开展了具体的实践。德国提出"近自然型河流"概念，英国、加拿大、新加坡等国也都针对滨水绿地、滨水空间做了研究与实践，例如欧洲莱茵河流域水环境的有效治理与恢复、加拿大多伦多滨水空间系统的构建、英国水道网络的复兴、新加坡河地区更新等。美国对滨水空间的更新设计高度重视，并予以立法，以保障公众滨水空间的发展。《联邦宪法》明确了公园、河流、湖泊和其他自然资源的公共物品属性；"芝加哥规划"将密歇根湖周围长 32km、宽 1km 的滨水地带规定为公共绿地，只能开发建造公共建筑；纽约《分区规划条例》单独辟有"滨水空间分区规划"部分，明确要求住宅或商业开发和商业领域布局海滨走廊必须提供公共开放空间，以弥补损失的沿岸公共空间[9]。

这一时期水环境的保护，主要是聚焦于水环境自身治理和生境重建的一种补偿性、修复性的行动，是基于对人类建设性破坏活动的理性反省。主要由于生态环境的历史欠账太多，生态环境建设时，一方面要与城市扩张过程同步，另一方面还需要偿还过去的生态债务[4]。也是在这一时期，人们普遍有了环保意识，逐步认识到生态环境的永续发展对于城市发展的重要性，城市水环境的改善和更新成了人们的关注热点。

1.2.4 互动性的自觉协调阶段

20 世纪末至今，严重的环境危机和人类需求的升级促使人们的价值取向转向寻求社会生态文明。随着生态意识的提升，人类对城市中水体这一自然要素的需求日益提高；同时水处理技术发展进步也为水污染治理提供了技术保证，为城市各种复合功能的交叉使用提供了可能性。人们通过土地利用和经济重组等方法激活水环境及沿岸的公共活动空间，经过水治理后的水体焕发了生态、经济、文化和环境的生机和活力。水作为城市中重要的自然景观逐渐回归居民的日常生活，人与水的关系又逐渐亲密了起来。

在今天的智能化社会，随着生态文明深入人心，水与城市生态环境建设及城市发展的关系，正受到人们的认识和重视。国内外水相关研究的重点从水污染治理、水量供给、水务控制规划发展到主要集中在水环境综合整治、水再次利用、水资源管理、河道的自然恢复、用地功能重组、基础设施建设、滨水景观空间建设、建筑遗产保护及更新等领域[13]。从国内外水系整治、滨水区开发的实践活动来看，经过"强干预"时代的反思后，德国、美国、法国、荷兰、中国等已进入"低干预""自然恢复"的生态复兴高级阶段，注重水环境的系统性、生态性和多目标性，并针对流域、宏观尺度的景观格局和生态安全格局开展研究，对水生态环境、滨水生物栖息地、公共空间及历史性水道的复兴、滨水土地的更新与再利用等开展着不同方面的实践。对于处在经济快速发展阶段的中国，虽然"低干预"理念在部分城市如火如荼地落地，但是面对飞速发展所带来的严重环境污染问题，仍出现一些"效率主义"的水系治理观念，在实践方面侧重防洪排涝、截污清淤、水质提升、景观重塑等[13]。当前，中国的水系治理正向水生态文明过渡，"山水林田湖草""绿水青山就是金山银山""人与自然是生命共同体"的理念逐渐深入实践，我们正在为水城和谐的生态文明之路努力。

　　未来的文明指向新的文明形态，将以人与生态环境的协调发展为中心，实现同步发展。人、水、城也进入了一种互动性的自觉协调阶段，以尊重和保持水域生态环境为宗旨，以未来城市可持续发展为着眼点，强调人、水、城作为命运共同体，共生共荣。

1.3　城市面对复杂水问题的挑战

　　"天育物有时，地生财有限，而人之欲无极"，这是经济社会发展始终面临的巨大矛盾。工业革命以来，人们认为"增长"就是"发展"，"经济增长—经济发展—社会繁荣"。在这种认识的引导下，人们把热情和注意力都倾注在经济增长之上，而在水环境建设中却忽视了水系统整体性以及可持续发展的需要，衍生出发展概念割裂、发展理念片面、建设思维单一、工程项目碎片和人水城分离等复杂问题，导致城市洪涝灾害加重、水资源短缺、基础设施故障和突发事件频发，严重阻碍着城市的发展，并对人民生产、生活及生命财产安全构成了较大威胁。

1.3.1 发展概念交叉性割裂

水相关概念内涵的模糊性与交叉性割裂是复杂水问题产生的主要原因，由于缺乏系统性考虑，人、水、城被分别作为独立个体发展。概念割裂，直接带来水城实践中发展对象的内涵与外延模糊不清、涵盖范围片面等问题。水环境、水生态、水资源、城市水环境和滨水空间等概念都是围绕水来界定（部分概念内涵见1.4.2 阐述），侧重点各不相同。其中，水环境、水生态、水安全等方向的研究往往侧重于水本体的治理技术，更多的是片面地涉及水体环境的质量状态，属于与水环境直接相关的自然属性；对于水本体以外的滨水空间、水文化、水经济、水景观等涉水空间研究则侧重城市功能布局、产业规划、空间发展等，更多关注水系沿岸的商业、休闲等社会经济属性。水系交织在城市空间，辐射影响范围广泛，而水的社会经济属性研究仍停留在水系沿岸空间，较少涉及与城市发展相关的问题，导致水的发展与城市缺乏真正的有机联系。概念需要定义，才能区别不同概念，避免混淆和逻辑性错误。城市水环境是城市发展的基础组成部分，在健康的城市化和实现人与水和谐关系中起着至关重要的作用[14]。如何与城市空间形成密切联系，促进城市的繁荣发展，需要从概念界定上思考初衷，明确发展对象的内涵与外延。在水城发展实践当中，水本体、滨水空间及城市空间是不可分割的整体，因此，城市中水的界定不能将水的各种基本特征和属性割裂开来，要全面认识、揭示、辨析、统筹和兼顾，从安全、生态、社会、经济、文化等角度去审视水城发展，使城市建设过程中水的使用价值不降低、不减退。

1.3.2 发展理念整体性不足

水城发展理念多依赖于城市发展理念的部分延伸（内容详见 1.5.1）。针对水与城这两大要素，我们往往更多聚焦于水景观、水环境、水生态等单一要素治理，而整体综合的发展理念不足。一方面，城市水问题的解决涉及气候学、市政工程学、城市规划学、风景园林学、建筑学、生态学、地理学、环境学、美学、水利工程学、结构力学、化学、计算机科学、管理学、哲学、社会学等多个学科、多个专业。另一方面，城市规划、景观规划、水系规划、水利规划、防洪规划等彼此缺乏协调联系，它们之间的关系有时更多的是冲突而不是互补。国内外关于水与城的研究中，主要从哲学、自然科学、工程学和生态学的角度展开，从某一学科视角探讨水与城市的发展历程、水系的安全利用、水城关系现实特征、开发建设模式或者滨水城市规划理论与方法等[15]。此类研究仍是从原学科理论体系出发，关注某一方面的问题或者目标，再延伸到水城建设。在城市水环境建设中，过去的认识和研究主要局限在对水的自然循环系统或"水源系统"的范畴内，专注水本体治理的环境属性，忽视了水的社会属性、经济属性和文化属性，缺少对人-水-城中各类复杂问题的综合考虑，使得"效率主义"的发展模式成为常态。因此，在实践中容易出现"就项目论项目"，在解决方案中缺乏系统性和综合性，导致涉水灾害频发、水环境污染反复、水资源分配失衡、水景观枯燥和临水冷寂等问题产生。面对水城和谐发展的美好愿景，无论是人的需求驱动还是社会经济发展的需要，发展理念迫切需要升级更新。

1.3.3　建设思维复合性受限

人类与城市水环境的相互作用和相互影响越来越强烈，其影响不只是城市水资源短缺、水环境污染等自然环境危机，还包括与社会、经济等普遍联系的各方面[16]。那些看起来让城市变得更安全、更高效、更清洁的工程项目，反而由于过度依赖简单工程思维和刻板建设标准，使水系本身的综合服务功能得不到发挥。为了解决复杂的水问题，大量人力、物力、财力被用于开展宏伟工程和基础设施的建设，使得城市发展依赖更高的防洪堤、更粗的排水管道、更大规模的区域调水、更贵的污水处理设施和更脆弱的人工系统。硬化的工程措施加速了水生态系统的崩溃，导致了水系统的污染、富营养化和盐碱化等"生态阻滞"现象，并将在长时间、大尺度范围内对河流的生境、生物资源、生物多样性、生态完整性以及水资源利用等方面产生综合累积的负面影响[17]。此外，河道的硬化也导致本来优美的水体和水环境景观变得"千水一色"、枯燥无味。过去为追求高效和集约化的建设，刻板化的数字标准缺乏考虑地域性、差异性和柔性，存在设施韧性低和备用设施缺乏的现象。由于社会发展飞速，适度超前的规划容量日渐趋近饱和或不足，合理区间被超出后便无法满足城市常规的给排水需求。比如，城市集中排水管道系统，不但不能适应中国东部沿海大部分城市的季节性短时暴雨还会造成雨水资源浪费，导致当地的地下水位持续下降；径流通过管道的高速汇集效应在流域出口处形成巨大洪峰流量，导致城市下游面临更大的洪水风险[18]。正如拥有一本菜谱并不能保证一个厨师能做出佳肴，单一的工程技术清单或配方，并不能保证城市可以从根本上解决水环境问题。

1.3.4　工程项目碎片化严重

工程项目的碎片化体现在部门分割、地域分割、学科分割的水资源管理方式，水环境系统的治理支离破碎。水系统本是地球上最不应该被分割的系统，但在我们目前的工程与管理体制下，出现了水和土分离、水和生物分离、水和城市分离、水和人分离、排水和给水分离、防洪和抗旱分离等现象[19]。在工程项目碎片化的建设模式下，各自容易成为独立的系统，导致重复投入或者"拉链式"工程等，此外，碎片化的工程建设增加了城市水环境的脆弱性，如若某一关键设施或者某一区域出现崩溃性突发问题，缺少系统全面的响应机制将给整个城市水系统带来崩溃风险。城市水环境的建设是一个全生命周期的过程，在这些过程中涉及自然资源局、住建局、发改委、水利局、财政局等多个地方职能部门，同时也涉及多种专业的系统协作，不同部门、不同专业在城市水环境建设过程中都扮演着不可缺少的角色，但是部门间沟通困难、跨区规划难行等导致"九龙治水"现象一直存在。多数城市水环境规划与建设由城建部门负责，环境与生态由生态环保部门负责，绿化由园林部门负责，排涝由市政部门负责，防洪由水利部门负责。这种分项管理体制不利于城市水环境空间的综合规划和合理布局，不利于水资源的有效利用，不利于城市生态建设。当下，城市水环境建设缺乏完善的管控机制，没有回答"什么部门在什么阶段具体管控什么内容"的问题[20]，因此其管控机制想要实现各部门、各专业各司其职、高度协作还需进一步探索。

1.3.5　人-水-城互动性欠缺

水与城缺乏有机互动。首先，人的精神需求被忽视。水城建设中仍存在许多非人性化因素，结果易导致水环境空间的形态涣散，缺乏精神塑造。一方面，建设单纯追求景观的形式美或片面地追求功能，忽略了人的心理、行为需求，特别缺乏对各类活动场所使用者行为心理特点的考虑。另一方面，建设无视传统水环境空间特性的保存与保护，出现建设性破坏现象，传统水环境空间景观赖以产生和发展的条件逐渐缺失，严重影响了空间风貌。致使水环境空间在内容上单一化、在形式上程式化，环境生硬、冷漠，不能使人产生场所感和参与感。其次，土地利用公共性不强。水环境的周边多以住宅、办公等私有化用地为主，与周边及城市联系较弱；商业、文化等公共性服务性设施匮乏，难以与城市其他功能之间形成有效互动。在空间结构上，水环境空间没有考虑城市社会、经济、生态的系统性，零散设计与城市功能结构脱节。结果是城市原有的结构与水环境空间相冲突而不是互补融合。在功能布局上，用地功能的错位也是造成水与城市空间联系较弱的原因之一。水环境空间是城市居民公共生活的重要载体，可以满足人们亲近自然、亲子游憩、健身康体、文化娱乐和购物休闲等需求。如在河道沿岸布置商业、娱乐、购物、文化、休闲等公共性强的用地类型可以吸引公众人气，为城市增添活力。然而，由于规划前瞻性不足、水环境空间开发不系统、缺乏有机联系、新建项目与老旧企业协调性弱，且交通、工厂、码头、商务办公和住宅等用地类型混杂布置，水环境空间无法在功能上与周围环境相辅相成，无法更好地服务于城市居民，从而与城市割裂，并难以产生交流互动。

1.4　城市水环境空间的系统思维

城市依水而生，水因城而殇，殇则思，思则行，行则知[1]。新概念内涵与发展理论的探索，从思维模式的转变开始。进入生态文明时代，解决复杂城市水环境空间问题的出路在于找准问题关键、树立正确目标，系统整体地考虑城市与水的未来发展，将交叉或者割裂的概念对象整合，为提出解决问题的系统方法提供基础支撑。

1.4.1　系统思维看待水城的发展

思维是人类自觉地把握客观事物的本质和规律的理性认识活动，人们需要转变固有思维，寻求水城发展的系统解决方法。认识事物必须基于系统的整体观，城市的水问题不仅与水资源本身有关，而且与生态、社会、文化、经济等众多因素密切相关。城市面临的涉水干扰是复杂的系统性问题[21]，单纯依靠多要素策略无法解决城市水问题[22]。在系统整体观的指导思想下，既要把城市水问题看成是一个复杂的整体，又要看成是与其他问题相互联系和相互作用的部分，才能得出正确的认识[4]。整体发展思维强调对水城系统的整体考虑，强调从宏观到微观尺度上的整体协调、跨尺度规划设计的有机联系和整个建设环节的协同连贯，是从社会理想到生态原则等诸多领域的实践，体现综合性以及专业化的发展方向，是解决复杂城市水环境空间问题的主要方法论。随着人们对治水、护水、爱水、亲水的认识和觉悟不断提高，许多城市都已认识到在满足防汛排涝、引清调水、内河航运等基本功能后，还要充分发挥水的生态功能，挖掘水的潜力，展示水的魅力，延续水的文化，系统协调人、水、岸、绿、路、桥、房等空间要素，通过功能转换提升城市品质、优化人居环境、增强城市综合竞争力[4]。

城市水环境空间建设已经由原有的水利工作转变为多系统整合、多学科交叉、多部门协调、多技术融合创新、多重功能复合、多景观考虑的综合系统工作。城市、水环境、滨水空间建设的关键在于系统整体的规划设计，要求设计师不但有科学的头脑、过硬的技术，还需要有艺术和人文的修养。一个系统的水城发展规划设计，不仅关注水安全功能的加强，也关注水环境质量的改善、水生态的健康、水活力的营造、水景观的重塑和水文化的传承等，更要整合城市、建筑、景观和基础设施等多空间系统，建立整体性框架，形成一个有机体，使各要素在具体的工程项目中得到全面发展。进入生态文明时代，解决城市复杂水环境问题的出路在于以问题为导向，兼顾目标引导，找到问题并找准问题关键，综合提出解决问题的系统方法。

1.4.2　联系人-水-城的水环境空间

系统整体地考虑人-水-城的共同发展，关键是建立起一个整体性的概念来涵盖不断发展中涉及的内容。水环境、城市水环境、滨水空间等相交叉的概念定义，为系统性整合涉水概念提供了参考。基于已有相关概念的界定，整合创新地提出"城市水环境空间"的概念，明确水城发展理论研究的概念内涵和研究边界。

1. 水环境、城市水环境与滨水空间

《环境学词典》对"水环境"的定义是："地球上分布的各种水体以及与其密切相连的诸环境要素，如河床、海岸、植被、土壤等。水环境主要由地表水环境和地下水环境构成。"[23]根据《水文基本术语和符号标准》的定义，"水环境"是指围绕人群空间可直接或间接影响人类生活和发展的水体，以及影响其正常功能的各种自然因素和有关的社会因素的总体[24]。在环境水利研究中，"水环境"通常指江、河、湖、海、地下水等自然环境，以及水库、运河、渠系等人工环境[25]。

城市水环境有狭义和广义两种定义，狭义的城市水环境指的是水体的质量，一般用城市地表水的化学需氧量平均值和饮用水水质达标率等标准来衡量。《中国水利百科全书》对广义的城市水环境有相对明确的定义，具体内涵主要包括：城市自然生物赖以生存的水体环境，抵御洪涝灾害能力，水资源供给程度，水体质量状况，水利工程景观与周围和谐程度等多项内容[25]。城市水环境是城市环境的一个子系统，它是指水资源本身在数量上的多寡、在质量上的优劣以及与水资源数量、质量等紧密相关的一系列要素的总和[25]。

根据牛津英语词典对滨水空间（waterfront）的定义，滨水空间系指"与河流、湖泊、海洋毗邻的土地或建筑，亦即城镇邻近水体的部分"①。一般滨水空间范围包括 200～300 m 水域空间及与之相邻距离为 1～2 km 的城市陆域空间，相当于步行 15～20 min 的路程。滨水空间主要包括水体边缘、滨水步行活动场所、绿化带和滨水城市活动场所等 4 个组成要素[26]。此外，城市滨水空间有地理学和心理学两种解读，一般地理学上的滨水空间是指城市中陆域与水域相连的一定区

---

① 1991 年版《牛津英语词典》中对 waterfront 的解释为："a part of a town that borders the sea or a lake or river"。

域形成的场所，由水域、水际线、陆域三部分组成[27]。心理学概念的滨水空间，主要是城市居民对滨水空间的心理感知区域，不是物质上的滨水区域。

水环境、城市水环境和滨水空间等概念都是围绕水的界定，更多是单一地涉及水体环境的质量状态的自然属性或滨水沿岸的社会经济属性。这种概念内涵与空间范围的片面，直接影响水城实践中发展对象的系统性。

2. 城市水环境空间

水系的辐射影响范围广泛，交织在城市空间中，应该考虑与城市之间的和谐共生，系统考虑物质环境质量、人类社会活动、社会经济发展等多方面因素。水是自然生态系统的控制因子，是生命元素、文明源泉和经济社会发展的基础。人、水和城是人类发展史上重要的三个要素，城市水环境空间正是三者交融的承载体。在概念内涵上，城市水环境空间是以城市自然水环境为基础，城市人工水环境为支撑，陆域影响空间为主体的城市可持续运转的环境系统，具有洪涝灾害防御、生态系统稳定、水资源供给平衡、设施景观与自然环境和谐、滨水活力等多项功能(图1-1)。城市水环境空间强调对整体系统的塑造，不仅注重水环境空间的本体设计营造，也注重增强城市空间和水环境空间的关联性。在空间范围上，水环境空间的影响区界限具有模糊性，可以是心理距离也可以是具体的开发范围，具体而言是水与城市空间共同构成环境空间，其空间范围不应局限于滨水空间的有限范围，而应根据实际影响范围适当扩大到对城市活动空间产生影响的每个区

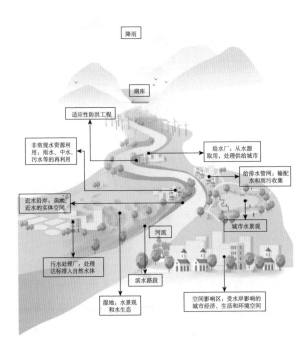

图 1-1　城市水环境空间组成要素

域。因此，城市水环境空间范围界定为有一定宽度的水面及深受水环境空间影响
的城市空间，从水域到内陆主要包括城市水系、近水沿岸、城市厂网、城市街区
空间四个层次。在组成要素上，城市水环境空间的基本组成要素包括城市自然水
环境、城市人工水环境、陆域影响空间。其中，城市自然水环境包含河流、湖库、
湿地等水环境本体构成要素，城市人工水环境包含给水厂、给排水管网、污水处
理厂、非常规水资源利用、防洪工程、城市水景观等现代化水网构成要素，陆域
影响空间包含近水沿岸、滨水路段、空间影响区等构成要素（图 1-1）。

1.4.3　城市水环境空间的系统协同

城市水环境空间作为人工和自然的复合体，是由数个相关的子系统有机构成
的开放系统，要让各相关子系统和谐地一起运行，构建一个绿色、协调、生态、
可持续的水城发展范式。理想的水城发展范式（愿景）要通过系统协同、空间协
同和时间协同保障城市与水的协同发展，促进健康可持续的城市化，实现人与水
之间的和谐共生。

系统协同——构成城市水环境空间系统的各子系统，如生态系统、社会系统、
经济系统及文化系统等，必须系统整体发展，既不能只重视水经济、水文化等社
会经济系统的发展，也不能过于侧重水生态、水环境等自然系统的发展，这样才
能保证整个系统发展的均衡性和可持续性，达到系统协同。

空间协同——城市水环境空间建设是在一定的空间中展开的，因此将协同发
展理论运用于城市水环境空间发展中，就一定要把城市水环境空间的各种状态和
空间结构放在特定空间之中，进行系统的规划、实施、管理和调控，从而使城市
水环境空间能够在其空间范围内得以全面持续的协同发展。无论是城市系统构成
上的物质空间、社会空间和心理空间，还是城市系统尺度上的流域空间、城市近
水空间和场地空间，都要在其空间或地域范围内保持协调同步的发展。如此才能
真正达到城市水环境空间的空间协同目标。

时间协同——把城市水环境空间系统中的各种要素组合与空间格局放在城市
的恰当时间进程中，从而使城市水环境空间能够在其时间进程或历史长河中得以
持续的协同发展。时间协同要求无论是城市水环境空间的系统结构还是空间形态，

都要在其不同的时间进程中保持协调同步的发展，这样才能真正达到城市水环境空间的时间协同目标。

1.5 水城发展层级，发掘人的需要

需要是人类天性中固有的东西，贯穿于人类社会发展的历史。城市由人聚集而形成，所有资源都为人服务，所有活动以人为中心。城市水环境空间的系统协同发展，最不容忽视的就是人的需要。人的需要和社会发展具有多重性和复杂性[28]，与城市水环境空间发展的切身利益息息相关，决定着人类社会与城市水环境空间的共同发展方向和途径。

1.5.1 城与水发展理念的探寻

从古至今，随着人类需要提升和社会经济的发展，水与城市生态环境建设、城市发展的关系，经历了不同年代多学科、多角度的探索，不断探索着理想的城市发展范式，以城市水文学[29,30]、城市生态学[31]、景观生态学[32]、滨水开发[33-36]、低影响开发[37,38]、绿色基础设施[39,40]等理论为基础，从早期的田园城市到如今的健康城市、生态城市、山水城市、共享城市等，形成了一系列的城市发展理念。人们怀着城市与自然结合的梦想，进行着各种努力和尝试，发掘城市水环境空间的价值。

（1）田园城市。1898 年，英国社会活动家霍华德提出"田园城市"的理论。试图在工业化条件下，解决城市与宜居环境之间的矛盾及大城市与自然隔绝而产生的矛盾，实质是城与乡的结合体[41,42]。在其理想发展模式中，运河和水系作为城市核心区外围的保护缓冲带，与宽阔的绿带一起将城市中的街廊、工厂、居住区与大自然的乡村景观串连，彼此在资源与空间景观上交流，互为依存。在各分区中都安排有蓄水池与瀑布，既满足生活需要又提供景观享受[41,42]。

（2）健康城市。1947 年，世界卫生组织（WHO）在《世界卫生组织宪章》中对健康进行了阐述："健康不仅仅是没有病和不虚弱，而且是身体上、心理上、社会适应能力上三方面的完美状态。"1986 年，第一届国际健康促进大会所发表的《渥太华宪章》中明确肯定了"健康在于促进"的理念[43]。健康城市是健康人群、健康环境和健康社会的有机结合，是一个不断创造和改善自然环境、社会环境，并不断扩大社区资源，促进城市居民互相支持，以充分发挥潜能的城市[44]。水环境空间作为水域和城市空间的过渡区域，也是人与水域联系最为紧密的区域，它最宝贵的资源就是水体与其附属绿化带构成的自然空间。这种空间给人们开展健康活动提供了必要条件，促进健康行为在城市水环境空间中发生，缓解城市问题与人健康之间的矛盾。

（3）生态城市。生态城市是社会、经济、文化和自然高度协同和谐的复合生态系统。1971 年，联合国人类环境大会召开前一年启动的"人与生物圈计划"中，城市生态问题研究项目组的主要专家、苏联学者亚尼茨基（Oleg Yanitsky）率先系统阐述了"生态城市"的基本构想，指出生态城市作为人类未来的居住区，其社会与生态过程将以尽可能完善的方式得到协调[45]。水体与绿地是现代城市中最能体现自然属性的两个要素，湖泊、河流等是"城市之肾"，公园绿地则是"城市之肺"，水绿结合有利于城市生态系统的良性循环。以水体与绿地景观系统为基盘建构的城市，兼具优质、生态与人性[46]。具体而言就是基于城市特点，全面整合水资源，利用水系形成水绿相融的"生态绿色网络"，使绿地与各种级别的河流、沟渠、塘坝、水库等连为一体。为人们提供亲近自然、感受自然的生态环境，为鸟类、鱼类提供洄游、栖息、繁衍之地，在整体上改善城市环境、提升城市活力[4]。

（4）山水城市。中国杰出科学家钱学森先生在 20 世纪 90 年代初提出了"山水城市"的概念，是建立在中国传统的天人合一、自然山水观念的哲学基础上的一种对生态城市的构想，意为把中国传统山水诗、山水画、山水园林应用到城市大区域建设中。山水城市理念强调建设多层次、多功能、立体化、复合型网络式的生态结构体系，形成"山水中的城市，城市中的山水"的一体化城乡生态格局，建构与城市建设体系相平衡的自然生态体系，实现城乡生态良性循环的城市发展策略[47,48]。

（5）共享城市。在 2010 年由波特思曼和罗杰斯提出的协作消费模式，被视为共享经济。共享城市正是共享经济概念的一种延伸和放大，除了依靠共享经济提高整个城市的经济效率外，也让所有市民都能共享城市经济发展的成果，提升城市社会的凝聚力和民众的归属感、认同感。简言之，共享城市就是利用共享的理念和行动，旨在解决城市发展面临的各种社会经济危机和挑战的行动过程和理想城市状态[49-51]。城市水环境空间是城市的公共资源，属于全体公民共有，应当建立与城市公共空间紧密联系的滨水开放空间，实现空间共享，进一步推动社会的平等与包容。

1.5.2　人的需要驱动发展观念转变

1.5.2.1　需要是人的本性[52]

人的需要是人的本性，自人类诞生起，人的需要也就随之出现了。人的生命维持、人与自然的相处、人与社会的交往都表达着人的某种需要，需要伴随着人和人类历史发展，需要产生另外的发展需求并激发新的需要。从需要的主体来看，可以分成个体需要和社会需要。个体需要是多样的、差异化的，是社会需要的基础。社会需要是由许多个体需要组成的，涵盖了个体的共同需要、利益和价值取向，是基于社会群体共同需要而产生的普遍需要。不管是个性化的个体需要还是共性化的社会需要，无论其以何种方式呈现，最终都会落实到个体的头上。随着人类文明的推进，科学技术的进步、经济往来的密切，人类社会加速整体化，人类的个体需要也更加紧密地联系在一起，不断丰富着社会需要的内容。从满足需要的客体来看，人的需要是物质需要和精神需要相互结合、交织渗透的。首先，物质需要是精神需要的基础，只有物质基础不断夯实，才会刺激精神文明层次的提升。虽然精神需要具有相对的独立性，但在人类物质财富极其丰富的未来社会到来之前，仍会受制于物质需要。其次，精神需要的满足同样会促进物质需要的发展，物质条件为精神需要的满足提供载体。最后，人在创造物质财富满足物质需要的同时，会"按照美的规律来建造"，以此来达到物质需要和精神需要的双重满足[52]。

人的需要不仅在物质生产和精神生产中起着无比重要的推动作用，更是推动人类自身发展的首要动因。人的需要是永无止境的，需要与发展的矛盾存在于人类社会的过去、现在和未来，人类的历史是在不断满足人的需要，不断发展的历史运动中形成的。当人的需要和社会发展出现矛盾，随着矛盾的深化或社会发展，人类的发展需要开始转变，需要提出新的发展观念，驱动人类社会朝着更加和谐、可持续的方向发展。

1.5.2.2　马斯洛需要层次理论

人的需要是按照一定的层级递进的，由美国著名社会心理学家亚伯拉罕·哈罗德马斯洛（Abraham Harold Maslow）1943 年在《人类动机理论》中提出的马斯洛需要层次论（Need Theory of Maslow），亦称"人类基本需要五层次理论"，阐释了人类的需要结构和规律[53,54]。马斯洛认为人类几乎所有的状态都可以理解为被激励的和有动机的。"他们是人类天性中固有的东西，文化不能扼杀它们，只能抑制它们"[53]。在界定了需要概念的基础后，马斯洛提出了三个基本假设[54]：①人的需要会影响人的行为活动。已经得到满足的需要不再是影响人类行为的主要动机，而未得到满足的需要会影响人的行为活动。②人的需要是按照对人生存发展的重要程度及层次排成一定顺序的，从最基本的需要逐层提升到高层次的需要。③只有当人的某一层次的需要得到一定程度的满足后，人才会去追求高一层次的需要，这就是人不断努力的内在动力。似乎没有什么需要或动机可以被孤立或分离，每一个动机与其他动机的满足或不满足的状态都有联系。

马斯洛从人的行为动机角度提出的需要层次理论把人类需要由较低层次到较高层次依次排列，分为生存需要、安全需要、社交需要、尊重需要和自我实现需要 5 个层次[55,56]。"这些需要或价值之间是互相关联的，在人的发展过程中，具有一定的级进结构，在强度和优势方面有一定顺序"[57]。人的高层次需要只有在更优先的需要得到一定程度满足的情况下才会出现，且需要一旦得到满足就失去了决定或组织作用。但是需要升级到高一层次的需要时，各层级需要有一些得到满足，又有一些未得到满足，需要被满足的百分比会从低层需要到高层需要降低，只是主导需要不同。比如，在一定时期可能存在这样的情况，人们对水的生存需要获得了 85%的满足，对水的安全需要获得了 70%的满足，对水的社交需要获得了 50%的满足，归属认同的需要（尊重需要）获得了 40%的满足，可持续发展的需要（自我实现需要）获得了 10%的满足。因此，通常情况下这些让人感到满意的需要并不完全是互相排斥的，只是某一需要的主导倾向[53]。

1.5.3 水城发展需要层次

人的需要是一种动力，可以驱动城市水环境空间的可持续性发展，并推动发展观念的转变。在不同的社会经济发展水平下，人们对水环境空间的主导需要也是不一样的。水城发展是一项复杂系统的工作，想要抓住水环境空间工作的重点，需要对水环境空间工作的各个方面进行综合考量，根据人们需要分析迫切程度和优先次序，有重点分步骤地予以实施[58]。水城发展的需要层级表面上是水和城市各类生命体的共生需要，实质是人对城市和水的需要，进而对两个类生命体提出的共生需要[15]。人对城市水环境空间的需要与城市的经济发展水平、科技发展水平和城市文明程度直接相关，也是从低层级逐层上升至高层次的需要层次结构。马斯洛需要层次理论映射到人对水的需要上可以理解为一个金字塔形包含各个阶段的需要层次，包括生存需要、安全需要、社交需要、尊重需要的需求，在它的顶端是自我实现需要。如此，在城市水环境空间的发展层级中，各层次的主导需要都得到体现，并与城市的经济发展水平和城市化进程相符，即适应韧性、健康生态、亲水活力、地域特色和水城共生 5 个层级的需要阶段（图 1-2）。

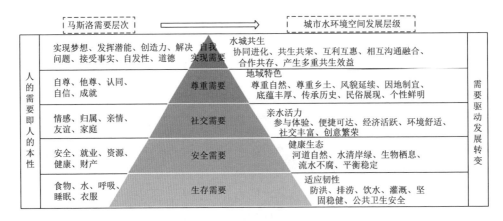

图 1-2　基于马斯洛需要层次理论的水城发展层级

1. 生存需要

生存需要是人类保障自身生存最低层次、最迫切的需要。一般被认为是动机理论的源点，也就是所谓的生理驱动因素[53]。如果这些最基本的生存需要都无法得到满足，人类的基本生存和繁衍就会难以为继。这决定了生存需要是推动人类行为活动最基本的激励因素[54]。

水和空气、食物一样，是人生存最基本的物质要素。对水的需要始于个体的生存需要[59]，这是推动人类行为的首要动力。当生存需要不能得到满足时，人的生命安全就会受到威胁。在物质越来越丰富的时代，生存需要就是人的基本需要。当下，我们面临的水资源短缺、洪涝、基础设施故障等灾难性事故严重威胁着人们的生存环境和生命安全，叠加气候变化和公共安全风险等，城市用水量和水安全问题也不能得到有效保障，极大地破坏着城市发展的稳定性。因此，解决水城发展中的生存安全问题，要让居民免受洪涝胁迫，保障其饮用水安全，提升应对其他突发事件的适应能力，不仅是水城建设领域要解决的首要问题，也是城市得以存在的基本需要保障。

2. 安全需要

一旦基本的生存需要得以满足，高一层级的安全需要便出现了。安全需要是对周围环境威胁的稳定需要，即需要社会提供给人一种安全感。在我们的文化中，对于健康、正常、幸运的成年人来说，自己的安全需要已经得到较大的满足，很难遭受野兽、极端天气、袭击、谋杀、政治事件等威胁，生活在和平、平稳的良好社会通常会使人们感到安全。

人与城基本的生存需要得到满足之后，人们开始追寻不受威胁的水环境空间状态，维持水环境空间的生态稳定。这一层级，城市得以存在的条件不再是影响城市社会发展的首要问题，生态环境优美成为人们的需要焦点。水污染、水资源消耗等问题破坏了水生态环境的平衡状态，也使人们遭受着不可知的健康威胁。这一层次的水城发展需要采取工程技术措施和非工程技术措施，提高城市水生态系统的自净、自我平衡能力，注重提高和增加水质、水量，防止水污染和保护水空间，协调经济增长与生态环境的关系，修复自然环境（包括河湖、湿地和地下水环境），并减少人的干预，满足居民生活用水、生态需水、环境优美的健康生态要求。

3. 社交需要

如果生理需要和安全需要都得到了比较不错的满足，对爱和归属感的需要就会出现。社交需要相较于生存需要和安全需要更为复杂、更为细致，和许多社会因素相关。人们开始注重生活质量，关心其周边的人与环境，渴望人间友爱、环境优美、生活幸福，寻求情感归属。在这个阶段，人们希望得到别人的关心也会主动关心他人，在社会关系中寻找自身在群体中的位置，求得归属感，并且竭尽全力去达成这样的目标。

水环境空间的优越环境、良好自然景观是吸引人们开展社交活动的物质条件基础，而人们缤纷多彩的亲水活动也给水环境空间甚至城市带来了无限活力。社交需要是人在超出人体自身的需要之后，开始关注人的社会属性，以寻求更高品质的生活。在这一层级，水城发展更重要的是考虑城市水环境空间的亲近友好性。因此，这一层级的城市水环境空间建设不再强调水利工程或者生态保护，而是强调公众知情和参与，加强人与水的亲近，通过水环境空间组织营造丰富的物质景观、多元的经济产业、多彩的社会活动，为人们提供"可游、可观、可闲、可留"的公共场所，满足人们亲近自然、享受自然的社交需要，创造出所有人都能公平享用的空间资源，形成活力共享、和谐交融的社会生活环境。

4. 尊重需要

一旦人的社交需要得到满足，尊重需要就会出现。马斯洛认为有坚实基础的自尊是完全基于真实能力、成就，以及来自他人的尊重。这样的尊重需要可以分为内部尊重需要和外部尊重需要：内部尊重需要是对自身实力、成就的自信以及对独立和自由的渴望。外部尊重需要主要是对他人的尊重、认可、关注以及欣赏，并希望自己拥有稳固的社会地位。尊重需要的满足会带来自信感和在社会中足够有用且必要的感觉，尊重需要受阻则会产生自卑感或软弱和无助。

水环境空间通常是一个城市的历史起源，相对于其他城市空间而言具有更悠远的历史记忆和文化积淀，水本身承载着人们多种心理需要和情感寄托，多样的表达形式也承载着人们的多种复杂情绪。人们可以从城市水环境空间中感受到内涵和特色，这种感受是从城市空间中获得认同感以满足内部和外部尊重需要的重要因素。在这一层次的水城发展中，主要塑造的是人在精神文化层面的期待，通过传承优良文化、保护历史遗存、尊重地方习俗、展现地方特色，带给人们富有内涵和令人心情愉悦的环境空间，让城市和城市中的人能够充满自信、独立自主，同时被认可。在水环境空间中注入地域特色，不仅能传承城市文脉，进一步提升水环境空间的独特内涵，更能够激发深层次的精神文化价值，激发人们对于城市水环境空间乃至整个城市的认同感。

5. 自我实现需要

自我实现需要会在先前生理的、安全的、社交和尊重需要得到满足的基础上清晰地出现。每个层级的需要得到一定程度满足之后，都会激发更高层级的需要，且成为新的主导需要[57]。在这个层级，人们希望实现自己的理想和抱负，朝着能使他潜力激发的趋势发展，将他的能力和价值最大化发挥。自我实现也可以说是成为更本真的自我，成为自我能力实现到极致的渴望。也就是来自我们所期待的那些创造性的渴求，成为最全面发展的人。

水城关系的和谐共生需要是城市全面系统协同繁荣发展的自我实现需要，是社会发展的根本目的。在自我实现的需要中，人们的思想已达到超越自我的高级境界，并渴望建立人与人、人与社会、人与自然和谐共融的社会。这一层级中社会关注水的可持续利用，社会与资源环境的共同发展。水不仅为人创造舒适的生存、生活和生态环境，还为城市经济社会的发展提供持续的支撑和保障，可以说这一层级为天人合一、人水相亲、人与自然（水）和谐发展的状态。城市水环境空间的发展应以人水和谐的可持续发展为理念，准确把握发展规律和方向，协调好发展和持续的矛盾，全面、有效地整合人、水、城的系统关系，以达到水城和谐、稳定平衡发展的良好共生状态。

1.6　水城共生——面向未来的解决之道

水城共生是人类社会发展到一定阶段的产物，是一个不断演进的发展主题，并随着技术、经济和社会的发展不断持续完善。水城发展各层次需要的实现有不同途径，和谐共生不仅是高层次的需要，也是水城发展的未来解决途径。

1.6.1 何为水城共生

水作为自然界最重要的构成要素和城市发展的基本依赖，与城市之间是什么发展关系呢？从人的角度，人离不开水；从城市角度看，无水必亡，无人也不存在城；但从水的角度看，对城和人却无必然需求。人的自我实现甚至自我超越的需要会驱使水城在发展道路上追求人、水、城的和谐共生，水城共生就是以人类层级需要为基础对人、水、城进行整体系统思考的结果。城市的未来，必然是人、水、城三者交织在一起，系统地看待三者的未来发展，实现三者作为命运共同体的和谐共生是可持续发展的必然之道。

1. 共生理论

"共生思想"出现较早，在古老的中医学说中，就有"五行学说""相生相克"的"共生思想"。但"共生"的现代概念近代才出现。最早提出"共生（symbiosis）"概念的是德国真菌学家德巴利（Anton de Bary），他于 1879 年首次从生物学意义上提出"共生"，将其定义为"不同种属生物生活在一起的一种状态"，并且特别指出，短期的种群联系不是共生关系，暗示了生物体某种程度的永久性的物质联系[60]。现今，共生概念已由最初的生物学名词发展成一个成熟的理论体系，并且在多个学科领域中得到广泛应用。需要强调的是，在多学科的领域应用中有一个共同的特点，即共生理论的核心要义——共存、合作、互利、互补、和谐、共进均有所体现。共生是指不同种属按某种物质联系生活在一起，或从一般意义上说，是指共生单元之间在一定的共生环境中，按照某种形式形成的关系[61]。"共生理论"所强调的"共同发展"的核心是"一体化共生"和"对称互惠共生"，旨在通过共同发展的路径来破除多元因素间的不协调，有效达成各个因素间的顺利衔接，实现"一体化共生"的"常态"关系格局[62]。

2. 水城共生的内涵与要素

城市发展是一个类生命过程，有其自身规律。水是城市生命的基本前提，要建城，先理水，城水相融，相辅相成、相互促进①。借鉴普里戈金的耗散结构理论，城市与水都是具备耗散结构特征的巨系统，可视为类生命体[15]。

水城共生指城市水环境空间中自然水系统和社会水系统相互作用的方式或相互结合的形式，它反映各水体单元之间、水体单元与城市社会经济利益体之间的物质、信息和能量关系，引导不同的事物、元素或子系统合作共存、相互沟通融合、互惠互利，并以这种共生关系产生多重共生效益。水城共生系统包含了 4 个基本要素，共生单元、共生环境、共生界面和共生模式，构成了水城共生的基本内涵。

（1）共生单元。水城共生单元是构成水城共生体或共生关系的基本能量生产和交换单位，是形成水城共生的基本物质条件，其特征在于系统的复杂属性。在水城的共生体中，共生单元主要包括城市自然水环境（河流、湖库、雨水、湿地及其他水体构成的脉络相通的水环境本体）、城市人工水环境（给排水系统、污水治理、非常规水资源利用、防洪工程、水景观、水管理等现代化水网）及陆域影响空间（近水岸、滨水绿带、滨水路段、空间影响区等）。

（2）共生环境。水城共生环境是共生体存在发展的外生条件，由共生单元以外的所有因素的总和构成。共生环境中的社会、经济、文化和自然等大环境是共生关系产生和发展的环境基础，影响着共生关系的发展方向。比如全球气候变化给共生系统带来了巨大压力，使水城安全受到威胁。

（3）共生界面。水城共生界面是共生单元或系统之间存在的相互联系的纽带，它是共生单元之间物质、信息和能量传导的媒介或通道，也是共生关系形成和发展的沟通基础。共生界面集中体现了共生单元相互作用的机理，是共生模式形成的内在动因[61]。结合马斯洛需要层次论，水城发展的五大界面即适应韧性、健康生态、亲水活力、地域特色和水城共生需要界面。水城发展通过共生界面传达人的发展需要，五个共生界面也相互影响、相互作用，共同反映着水城共生系统的动态变化方向和规律。

（4）共生模式。水城共生模式也可以称为水城共生关系，是指水城共生单元相互作用的方式或相互结合的形式。共生单元之间只有具备某种内在的联系才可

---

① 吴志强. 北京城市副中心运河段水城共融发展.中国城市规划网. [2020-10-06].

能构成共生关系。它既反映共生单元之间作用的方式，也反映作用的强度；既反映共生单元之间的物质信息交流关系，也反映共生单元之间的能量互换关系。从行为模式看，共生模式可以分为寄生关系、偏利共生关系和互惠共生关系（非对称互惠共生和对称互惠共生）；从组织模式看，共生模式可以分为点共生、间歇共生、连续共生和一体化共生等形式[61,63]。"对称互惠共生"的行为模式和"一体化共生"的组织模式是实现"双赢"（win-win）和"多赢"（multi-win）的理想模式[64]。

在水城共生关系的要素中，共生界面是纽带，共生模式是关键，共生单元是基础，共生环境是重要外部条件。共生模式之所以是关键，主要在于它不仅反映和确定共生单元之间复杂的生产和交换关系，而且反映和确定共生单元对环境可能产生的影响和贡献，此外还反映共生关系对共生单元和共生环境的作用[61]。

1.6.2 水城共生——城市水环境空间发展体系建构

随着科学技术的进步，主导需要发生变化，发展观念也随之转变升级。每种层次的需要实现都有不同的途径，高层次需要的实现需要更多的系统协作以及更多的社会参与来满足，并共同构筑和达到人、水、城和谐共生的发展目标。水城共生对水安全、水环境、水资源、水生态、水景观、水文化、水活力、水经济、水管理及水生活等方面进行了归纳梳理，以韧性理论、生态理论、场所理论、空间基因等为理论支撑，分析水环境空间与城市的生存关系、水环境空间与城市的健康关系、水环境空间与城市的活力关系、水环境空间与城市的文化关系及水环境空间与城市的共生关系，以韧性、生态、活力、特色、共生5个方面构成共同进化、共同发展、共同适应的水城共生体系。以期创造出安全、健康、舒适、优美、经济的城市人居环境，同时也展示水艺术、传播水文化、维持水循环、创造水价值，实现人-水-城和谐共生的可持续发展。

1.6.2.1 水城韧性适应

城市水环境空间的生存保障依赖于雨洪安全、城市用水安全、设施安全和涉水突发公共事件防控安全等安全体系的构建，从而实现城市水环境空间的高韧性度。雨洪安全是保障城市公共安全的基础，城市用水安全是人和环境用水的基本需求，而设施安全是城市用水设施安全的保障，涉水突发公共事件防控安全是城市应对涉水突发公共事件的安全保证，这四个方面支撑起水城共生的水韧性体系，为城市水生态环境空间安全建设奠定了基础。城市在建设雨洪安全体系时须充分考虑城市"厂-网-河-湖"以及地表的耦合作用，以提高城市防洪排涝体系的安全性。城市用水安全体系是从城市居民生产、生活用水安全角度出发，考虑城市水资源供应的稳定性，主要包括居民生活用水、工业用水、城市公共事业用水等安全。城市涉水基础设施安全体系是从供/排水管网以及水利工程设施等的安全角度为城市用水提供支撑，以保障城市水环境空间的设施稳定。涉水突发公共事件防控安全体系是针对除水环境空间直接相关的各类突发事件之外的公共安全事件，做好事前、事中和事后的安全防控，减少对城市水环境空间产生二次破坏或者对社会经济影响最小的安全防控体系。

在面对多种不确定因素时，具有韧性的城市水环境空间，可以通过优化城市水系统布局、强化现有基础设施建设、加强风险识别与管理、促进绿色与灰色协同配合，以及不断加强市抵御自然或社会危机的承受力，使城市或城市水系统能够抵御外界干扰，维持基本运转特征、结构和关键功能不受损，适应城市中长期发展面临的复杂风险。

1.6.2.2　水城生态平衡

水环境空间具有系统整体性、空间异质性和生物多样性的生态特征，表现为生态结构稳定良好，同时构成了优美的城市水环境空间景观。城市水环境空间的生态性必然建立在水生态系统整体性和连续性的基础上。因此，城市水城共生一方面要保护城市水生态资源，另一方面要对在城市化过程中破坏了的城市水环境空间进行生态修复，保证可持续发展。城市水环境空间生态重建主要通过复育、修复、改善、再造等一系列措施，将已经退化或损坏的水生态系统修复、恢复或重建到新的稳定平衡状态。城市水环境空间生态系统修复以复杂的社会-经济-自然复合生态系统为对象，应用生态系统中生物体物质和能量的健康代谢原理，结合系统工程最优化方法，恢复生态系统的长久、稳定、平衡，发挥自然力量，为人类、水环境空间和城市的共同发展提供环境保障。

江河水系、湖库、湿地等的恢复，海岸带和内河沿岸的修复，水域空间废弃地的修复，滨水绿化带的修复等都是城市水生态系统恢复、修复、重建的重要内容。目标是在遵循自然规律的基础上，通过适当的人类技术参与，坚持自然水文修复、空间异质重构、结构复杂平衡、系统整体考虑等原则，修复人类对水生态系统多样性和动态性造成的损害，恢复城市水环境空间生态系统服务和基本生态功能，从关注人居环境质量角度出发，确保水环境空间生态系统结构的整体性，并保持其长久稳定。

1.6.2.3 水城活力互动

水是生命之源、城市之眼，一城风光在于水的灵性。水给城市带来了灵气，也给城市居民带来了活力。如果将城市视为生活、生产、生态三类空间构成的载体，那么早期的水支撑起城市的可居住性，工业时代的水成为城市规模化生产的基础，当今的水又给城市带来生活品质提升的可能。随着水系运输功能的减退，环境整治工程的推进，产业及建设用地的调整等，更多的水环境空间将留作城市居民生活空间。亲水功能的回归，可以唤起人们亲水的天性，重建人与水之间的和谐关系。城市水环境空间活力需要营造人亲近水的环境条件，使水环境空间具有休憩、观赏、娱乐和参与等休闲功能；将空间视觉、触觉及听觉等融入社交活动、公共空间，使水-景-境并茂、情境共鸣。

城市水环境空间的活力营造要结合两岸空间，布置公园、娱乐、购物、旅游等公共性强的功能用地，用于开展富有参与体验性、交往性的活动，再现"云阳两岸饶商贾，绿水桥边多酒楼"的盛况，从而拉动城市经济发展。同时，水环境空间活力发展为城市居民创造了宜居的生活空间，成为城市新的活力区。因此，无论是发达国家，还是发展中国家，都在充分利用水环境空间的独特优势和特有资源，以水环境空间的开发来促进城市和经济的发展。水环境空间的开发进一步改善了城市风貌，提高了土地价值，成为城市经济的发展轴脉。因此，具有持续活力的水环境空间是城市所在区域或更大范围共享共建的发展区域，是城市走向区域协同发展的内生动力。

1.6.2.4　水城地域特色

城市水环境空间不仅拥有独特的自然地理特征，而且还凝聚着丰富的历史人文信息、社会生活习俗和地方文化资源。城市水环境空间作为物质基础注入了城市的地域特色，形成独具特色的城市景观，具有审美价值、精神价值和场所价值。地方特征鲜明的城市水环境空间体现着独特的空间特征，如若忽视了不同自然地理、文化历史渗透在城市水环境空间中的纹理，则会导致城市水环境空间的营建"失根"。因此，城市水环境空间的营造应当充分发掘城市地方元素，审视城市发展的历史渊源与空间定位，关注场所与人的关系和历史文脉的延续，将城市水环境空间的美从"护其貌、美其颜"延伸至"扬其韵、铸其魂"，充分尊重人在城市水环境空间内的体验和感受。

不一样的地域特色赋予了城市生命，也哺育了城市的未来。地域特色只有建立在传承与创新的基础上才具有真实的生命意义，才能塑造城市水环境空间精神文化内涵。只有不断创新城市地域特色理念，改进城市水环境空间，完善城市水环境空间功能，加快城市地域性特色的信息化建设，合理运用最新科技手段，才能确保城市精神的普及与长久传承。通过挖掘历史内涵、融入现代人文元素，将地域特色在城市水环境空间中诠释，构建传统乡土元素与现代文明融合的城市水环境空间，满足人们更高层次的需要，为水城共生发展提供人文力量。

1.6.2.5　水城共生共荣

自古以来，与自然和谐共生是人类不懈追求的理想状态，"人-水-城"的共生模式成为水城可持续发展的方向。水城共生，就是将人、水、城视为生命共同体，高度重视维持互惠共生的整体关系，探索并发现既能满足当代人需要，也对城市可持续发展有益，满足未来人需要的人-水-城有机联系的生命共同体。人-水-城应协调发展需要导向-生态底线导向-发展目标导向-核心问题导向，合理协调社会、经济、环境、生态与人对水的高层次需要，创造高效、和谐、安全、健康、舒适、优美的城市水环境空间。水城共生需要做到人-水-城的公平与公正，坚持双向合作互惠互利的发展思路，形成"韧性适应、生态健康、活力营城、地域特色"的对称互惠水城共生发展格局，让人-水-城最大限度地共生共荣。其中，韧性适应是水城共生发展的环境基础，生态健康是水城共生发展的核心要件，活力营城是水城共生发展的内生动力，地域特色是水城发展的人文力量。人-水-城的可持续发展体现在水环境空间与城市系统的共生融合，只有利用好水城融合的共生网络发展规律，并真正予以尊重才能发现城市水环境空间发展的普遍联系和内在价值，才能积极引导不同城市水环境空间的有序发展，促进城市可持续发展。

第 2 章

理水，固韧性之本

凡立国都，非于大山之下，必于广川之上；高毋近旱，而水用足；下毋近水，而沟防省。

——《管子·乘马》

气候变化是人类面临的共同挑战，全球极端气候事件的增多给城市水环境空间带来了多种不利影响，威胁着人类的生命安全和生存环境。人类行为的首要动力是生存安全的保障，当人类生存最基本的物质环境无法得到保障时，人的生命安全就会受到威胁，人类聚集的城市也将不复存在。城市水环境空间作为城市公共安全的重要基础设施之一，其稳定可靠运行至关重要。因此，城市水环境空间相关领域的首要问题是从根源上降低城市的涉水安全风险，提高城市的适应韧性，这也是由城市得以存在的基本需要层次结构所决定的。面对当前和未来多种难以预测的风险，城市水环境空间的发展需要韧性思维，做好常态化的应对准备。推进城市水环境空间的韧性建设，提高城市应对涉水灾害或重大安全事故等不确定性风险的适应能力，增强城市水环境空间和社会系统的韧性，可以有力保障水城共生发展的安全基础，充分缓解冲击和压力对水环境空间及城市的不利扰动。

2.1 危机重重的城市水安全

水不仅是一种公共物品也正成为人类和地球健康的风险倍增器[65]。气候变化正在加速水循环并加剧风暴、洪水、干旱和土地沙漠化等自然灾害的影响，对涉水基础设施造成严重破坏；1981～2010 年，全球范围内发生的创纪录极端降水事件增加了 12%，近些年许多地方的干旱也在加剧，洪水和干旱影响着越来越多的脆弱人群。人口密集的城市区域，一旦遭遇洪涝、干旱，发生涉水基础设施故障以及其他不确定的突发公共事件，完整的水循环系统就会被破坏，并通过相互作用，严重扰动和影响城市功能的正常运转和城市安全，给城市居民带来巨大损失和危害[66]。

2.1.1 城市洪涝频发

随着工业化、城镇化速度加快和全球气候变化影响加大，洪涝灾害对全球人口的影响比任何其他类型的自然灾害都更严重。仅在 2009～2019 年，全球就有超过 7.34 亿人受到洪水威胁，洪涝灾害对个人生计以及城市和国家的发展带来了严重负面影响[67]。近年来，中国洪涝灾害有更加频繁的趋势，并因此遭受了巨大的社会经济损失。国家防汛抗旱总指挥部提供数据表明：每年洪涝灾害造成损失的直接成本超过 100 亿元，其中 2010 年，洪涝灾害造成直接经济损失 176.5 亿元人民币，受灾人口达 134 万[68]。住建部资料显示，2007～2015 年，全国超过 360 个城市遭遇内涝，其中六分之一城市单次内涝淹水时间超过 12 小时，深度过半米，城市内涝具有很大的破坏性和普遍性。区域性的洪涝灾害、持续强降雨造成了许多城市逢雨必涝、"内陆看海"[69]，城市洪涝安全问题成为每年的热点话题。2012年 7 月 21 日，北京遭遇数十年未遇的强暴雨，160 多万人受灾，79 人死亡，经济损失上百亿元①。2015 年 6 月 2 日，江苏省南京市遭遇极端暴雨袭击，最大小时

---

① 陈磊.180 多座城市年年暴雨 治理城市内涝政府勇于担当.法制日报.[2019-07-02].

降雨量相当于全城倒下 3.3 亿吨水，内涝严重，水深及人腰。2017 年，全国共有 471 条河流超警，位列 1998 年有系列统计资料以来第 2 位，有 20 条河流发生超历史纪录洪水[70]。2018 年 7 月 10 日到 11 日，成都多地 24 小时降雨量超过 200mm，航班取消、交通瘫痪，城市经济社会活动受阻。根据应急管理部统计，2020 年 6 月 1 日至 7 月 28 日（主汛期），洪涝灾害造成江西、安徽、湖北等 27 个省份 5481.1 万人次受灾，158 人死亡、失踪，376 万人次紧急转移安置，4.1 万间房屋倒塌，直接经济损失 1444.3 亿元①。2021 年 7 月 17 日至 23 日，河南持续遭遇极端强降雨天气，截至 8 月 2 日 12 时，河南省共有 150 个县（市、区）、1663 个乡镇、1453.16 万人受灾；此次特大洪涝灾害共造成 302 人遇难、50 人失踪，造成重大人员伤亡和财产损失②、③。

　　历年来洪涝灾害问题一直是政府高度重视的安全问题，为此投入了巨大的人力、财力和时间，但面对频发的洪涝灾害，我们仍然损失惨重。洪涝灾害对城市造成的经济财产损失甚至已经达到同期国内生产总值的 1%～2%，而且仍看不到明显的放缓趋势。洪涝灾害发生时，江河湖库水位猛涨、堤坝溃口，造成基础设施损坏、人员伤亡等，直接给公共和私人财产造成巨大损失。在洪泛区或其周边地区，还会造成一些间接损失，例如电力中断或是由于污染和沿海地区盐碱化造成地下水水质恶化等，社会经济发展还面临着生产力降低、服务缺失、失业和失去收入来源等其他问题。此外，洪涝灾害会对生命安全造成威胁，使人们可能患上创伤后应激障碍（PTSD），或因地下水污染导致疾病，儿童、老人和亚健康人群患病的风险较大[71]。

　　全球气候变化以及城市雨岛效应引发城市极端暴雨灾害增多，内涝频发。城市建设发展过程中对用地的盲目扩张占用了自然调蓄空间[72]；地表硬化大规模改变或阻断地表径流及河道裁弯取直，导致流量集中、洪峰提前；最为关键的是缺乏适应性的建设理念、规划设计和工程措施，使得城市自身调蓄能力不足、雨季排涝能力薄弱[69,73,74]；排水标准低、违规开发、排涝应急水平不高等进一步加剧

---

① 应急管理部.国家防总第 17 天维持长江、淮河防汛Ⅱ级响应 国家防办、应急管理部会商部署统筹南北方防汛救灾工作.新闻宣传司.[2020-07-28].

② 应急管理部.国务院河南郑州"7·20"特大暴雨灾害调查组进驻动员会在郑州召开.新闻宣传司.[2021-08-20].

③ 央视网.河南通报最新灾情 遇难人数上升至 302 人.[2021-08-03].

了城市排洪、排涝的压力[75]。表 2-1 列出了引发洪涝灾害的气象因素、水文因素和人为因素，针对不同的场景类型，需要分析具体的原因及影响[71]。

表 2-1　引发洪涝灾害的因素[71]

气象因素	水文因素	人为因素
降雨	土壤水分含量	土地利用的变化（如地表不透水覆盖率、城市化、森林砍伐）
风暴潮	地下水位	
温度	地形、坡度、流域地区	排污系统效率低，维修不及时，河流清理不及时
降雪和融雪	各流域径流的同步处理	管道的横截面形状和粗糙度、管网漏损等
	涨潮、海风等对排水的影响	在洪水的易发区私搭乱建
	冰层覆盖河流	减少/破坏滞留区

注：根据文献[71]部分改写

在城市飞速发展的今天，仅通过工程思维应对防洪是远远不够的，需要跳出技术层面，以适应能力强和具有韧性度的城市建设来应对未来的城市洪涝灾害[76]。因此，如何增强城市的洪涝应对能力，有效控制雨洪事件带来的城市社会经济财产损失，已成为关系城市生存和发展的关键问题。

2.1.2　水资源短缺

由于受水资源时空分布不均匀和城市快速发展等现实情况影响，必然有一部分城市要面临水资源短缺的问题，甚至暴发水资源危机。水资源短缺是气象因素、水文因素和人为因素等因素综合叠加导致的自然水资源供应与水需求的长期不平衡的现象（表 2-2）。当水的需求量远远超过了自然水资源的供应能力时，就会引发水资源危机。水是城市发展的核心要素，城镇化发展，产业和人口不断向城市集聚，使得城市生产、生活需水量增大，对水质的要求变高[75]。加上一些城市规模盲目扩张，在时间和空间上水资源的消耗量和输出量大于输入量和自我调节的量，严重超出了自身水资源承载力，造成水资源供不应求[77]。此外，很多城市采用自然水源直接向城市供水的方式，这种方式对世界上42%的流域造成一定压力[65]。澳大利亚多地自 2003 年，经历多年的干旱，城市水资源供需矛盾突出。由于连续干旱，2018 年 1 月南非开普敦市政府宣布，该市将成为全球近代历史上第一个断水的大城市。中国是经联合国确认的 13 个"水资源紧缺国家"之一，在全国 668 个建制市中，有 400 多个建制市供水不足，其中 100 多个严重缺水[78]。2018 年全国地表水资源量比多年平均值偏少 1.4%，比 2017 年减少 5.1%，辽河区、黄河区、海河区、松花江区地表水资源量分别增加 30.0%以上，东南诸河区、长江区、珠江区、西北诸河区、西南诸河区地表水资源量却都在减少，其中东南诸河区、长江区分别减少 16.3% 和 11.9%[79]。此外，受到气候变化的影响，许多地区的干旱问题加剧。干旱的西部地区和城市化程度高且人口密度大的沿海地区同时面临与日俱增的水资源压力，城市供水脆弱性更为明显。随着城市人口的集聚、经济的发展，工农业与城市对水资源的需求也逐年增长，区域性的水资源短缺问题呈现进一步加剧的趋势。

表 2-2　造成水资源短缺的因素[71]

气象因素	水文因素	人为因素
降水量不足	土壤含水率低且涵水能力差	人口增加，经济活动增多
高温		取水量增加
蒸发量大	地下水位低且水量有限	土地利用变化、径流和地下水位变化
	地表水可利用率低	供水基础设施效率低
	海平面上升，盐水倒灌	高耗水的生活模式
		水资源管理政策效率低

注：根据文献[71]部分改写

　　为了解决水资源短缺，有一些城市采用限制用水的方式控制生产和生活用水，以减少水资源浪费；而一些城市采取了外部调水的办法来解决缺水问题。调水工程规模正越来越大，长距离调水不仅成本高，对调出地水生态带来的负面影响也正在日益呈现，因此长距离调水解决水资源短缺的模式在一定程度上会引发新的水资源危机[80]。同时城市依赖于外部的水资源供应，会加剧城市对其他地区的依赖程度，必然会使区域内水价上涨、城市生产生活用水成本上升，还会引发城市居民与农业、能源发电等行业的水资源竞争。此外，部分城市水源单一，缺少应急水源，存在供水风险[75]。水资源短缺还带来社会经济发展缓慢、地表水萎缩、水质恶化、植被退化和土壤沙化等一系列问题。

　　在水资源调控的决策过程中，规划设计人员和工程师等对水环境和水资源的功能和效益认识不足，不能恰当地协调环境、经济和社会的关系，从而导致规划设计缺乏系统目标和可行的技术规范。除此之外，城市水环境空间发展过程涉及多部门协调管理，城市水系统规划常常陷入无序管理的困境，不利于城市水环境空间的长远发展[81]。在气候变化和城市化背景下，城市面临干旱、水污染、水浪费和管理不善等诸多不确定性因素，我们的城市用水何去何从？

2.1.3 涉水基础设施脆弱

日益频发的暴雨让城市遭受严重的洪涝灾害，给涉水基础设施建设发展和运维敲响了警钟。涉水基础设施为城市提供了给排水功能、调节了流域洪水并满足了居民观赏旅游和水上娱乐活动的需求，具有改善城市小气候、补给地下水源等社会生态功能，是城市中的重要组成部分，人类社会的生存和发展离不开城市涉水基础设施的支撑。涉水基础设施的环境容量在某一阶段是一定的，能力需求比在一个合理的区间浮动。许多城市在发展初期，由于资金不充裕、数据资料不足，虽对建设容量有前瞻性考虑，但相关基础设施建设采用的质量标准比较低，留下了一些隐患。随着城市规模的扩大，容量出现饱和或不足，超出容量合理的区间，基础设施系统便无法满足现代城市的发展需求。

城市发展中暴露出的涉水基础设施问题主要有以下3个方面：①布局不合理。包括网状污水处理系统、水道（河、湖）、主干下水道、排水系统等，规划布局不够科学严谨，建设滞后（尤其在老城区）。每当城市遇到暴雨洪涝灾害时，即便在高水位运行下对部分标高较低的排污口进行截流，但仍常出现污水满管，溢流进入水体现象，给城市的污水处理带来巨大压力。②设施老旧，管理混乱。由于建设年代久远，受污水腐蚀、侵蚀、冲刷、沉积及地面荷载等影响，排水管网存在着破损、错口、渗水、漏水、淤积、堵塞等不同程度的缺陷。加上设计之初缺乏统一规划、数据资料不足和预测不精准，导致建设标准偏低，叠加后期管理体系权责不明，层级管理掺杂着条块分割管理，使地下管线管理更加混乱。③雨污合流，厂-网不协调。城市建设初期为了快速解决中心城区的雨污排放问题，采取了合流制或分流制，也有在分流制内部采用临时性雨污混接，将污水接入了城市的雨水管网，或为了避免雨水溢流污染河道，直接将雨水接入污水管网[82]。这些方式虽暂时满足了污水的排放需求，但是造成了城市水体更大范围的污染，还会因污水沉淀，堵塞排水管道，导致城市排涝不畅。既影响了城市环境和景观，又加剧了城市内涝。当前，排水收集率与污水处理率之间不对等、雨污不分流等问题仍大量存在，仍然困扰着城市水环境空间发展[82,83]。

实际上，不论是中国还是其他国家，水体治理尤其不能离开城市基础设施特别是管网基础设施的建设[84]。目前，管网铺设等根本性问题尚未得到解决，需要建立长期可行的城市水环境空间建设规划，分期、分步骤、全面系统地解决涉水基础设施脆弱的问题。

2.1.4　涉水风险多样化

近年来，气候变化问题凸显和城市化进程的叠加，造成自然灾害频发、城市自然环境污染压力增大、基础设施超负荷运转、产业结构失衡、公共安全事件增多[85]，遇到破坏性打击时，脆弱的城市水环境空间面临更大的风险。随着人口规模增长和城市化进程加快，多样且复杂的突发公共事件严重冲击着城市的公共安全体系，给城市带来的社会经济损失也相应增大[86,87]。除了暴雨、洪水、地震、干旱等传统突发灾害事件，核泄漏、急性突发传染病、爆炸事故等多种新类型突发公共事件也频发，传统事件与新类型事件交织在一起，给城市水环境空间带来更复杂的风险挑战。中国面临的各类重大突发事件形势严峻，造成的经济损失占中国 GDP 总量达 5%～6%，并带来深层次的社会问题[88]。突发公共事件频发也是全球性的挑战，从 2001 年的"9·11"事件、2003 年的 SARS 危机、2004 年印度尼西亚海啸、2005 年 8 月美国"卡特里娜"飓风等，到 2008 年的"5·12"汶川地震、2011 年日本福岛里氏 9.0 级大地震并导致核泄漏、2014～2016 年西非埃博拉病毒疫情及 2020 年突然暴发的新型冠状病毒肺炎疫情等，一系列自然灾害、重大事故、卫生安全事件对全球产生了重大影响。其中，新类型事件的突发性、蔓延性、不确定性、严重性、社群性等考验着每个城市的抗压性与恢复力，给政府和社会的应对带来巨大挑战[89,90]。

突发公共事件潜在的风险对水的影响多样且严峻，可能会影响水环境空间的核心功能，这些影响与事件的类型、发展以及应急措施等密切相关。其一，地震、爆炸等瞬间冲击和破坏性强大的灾害发生时，相关基础设施极易丧失其基本服务功能、建筑物大面积损毁、清洁水源缺少、集中式供水中断、供水设施故障等将直接导致供水系统崩溃，此外，化学品、垃圾和无法收集的污水等暴露在环境中，易造成更大范围的水污染。如 2005 年底，吉林石化企业的苯胺装置爆炸，导致松花江流域的水体污染，引起邻省黑龙江地区市民恐慌抢水，甚至升级为中俄边境关于水污染事件的外交争端[91]。2011 年，日本福岛大地震引发约 256.72 万户居民自来水断水，其中茨城县有多达 80.5%的家庭共计 80.10 万户断水。其二，当传染性疾病、水污染等慢性压力事件发生时，城市水环境空间受到更多间接胁迫，若对城市水系统中潜在传输与暴露路径监控不当，则可能引发广泛的公共卫生事件，进一步扩大公共安全风险。2003 年 SARS 期间，香港淘大花园暴发了严重的疫情，调查表明设计不合理的污水排放系统便是诱因，此次事件导致 321 人感染 SARS[92]。2020 年新型冠状病毒肺炎疫情期间，研究人员在重症感染患者的粪便样本中分离出活的新型冠状病毒，表明新型冠状病毒存在粪口传播可能，引发了社会公众和工作者对饮用水、污水处理以及水环境安全的担忧①。

突发公共事件的耦合性、衍生性、扩散性和变异性等特征对水环境空间规划提出了更高的要求，已有的规划主要是关注水的本体治理，对突发公共事件中不确定风险的准备和组织较为缺乏。在面对高度复杂、涉及多个职能部门甚至波及全球的重大突发公共事件时，我们的应急响应工作在底线思维、新技术应用、民间参与等方面仍有很大的改进空间。城市水环境空间迫切需要加强突发公共事件事前、事中、事后的规划引领与管理措施，减少或降低重大突发公共事件造成的直接和次生灾害的影响，即与时俱进地把握城市新的风险特征，拓展多学科领域帮助水环境空间规避风险。

---

① 国务院联防联控机制就加强医疗废物综合治理保护生态环境情况举行发布会.[2020-03-11].

2.2　应对水危机的新思维

世界上大约 80% 的人口生活在水安全问题严峻的地区，世界各国均面临着洪涝、干旱、水污染等问题[22]。全球气候变化加剧了水灾害的频度和强度[93]，频发的水灾害开始让人们深刻地反思工程思维下的防御型建设方式。近年来，韧性概念得到了关注和发展。韧性策略关注系统被干扰以后重新恢复到稳定状态的能力，比防御型策略更加灵活，更能适应各种不确定的变化[94]。韧性思维为缓解城市水危机提供了一种新思路，如何将韧性思维应用到城市水环境空间建设中，保障城市水问题的安全无忧，需要我们积极探索更为合理的方式。

2.2.1　从水防御到"与水为友"的多元共进

千百年来，自然灾害如猛兽般被我们视为敌人，一直威胁着我们。"国家防汛抗旱总指挥部"的机构名称就能充分反映出我们对待洪水的思维方式是"防"，是一种防御、对立的态度[76]。从传统的工程中也可以看出"防御"和"控制"的态度，我们的工程设施要求有明确的超过灾害强度的承载极限，但灾害强度是动态变化的，一旦超出工程设施的极限，系统便会立即失效，给城市带来极具破坏性的灾难。这种以防御和后期治理为主的应对方式，忽视了灾害来临时"自然海绵体"的调蓄和缓冲作用，防灾过程被动低效[95]。换个角度而言，洪水的发生是客观规律，既然无法彻底回避和消除，就应当顺应发展，转变观念[76]。《IPCC 全球升温 1.5℃特别报告》指出适应行动已在进行（高信度①）而且在数百年时间尺度上仍将很重要②。近年来，我们越来越意识到单一的防御是无法彻底解决水环境问题的，视水为友的态度受到关注。

20 世纪末至今，随着人们逐渐深刻地感受到水环境危机，人类的价值取向开

---

① 信度是指测验结果的一致性、稳定性及可靠性，一般多以内部一致性来表示该测验信度的高低。信度系数高即表示该测验的结果一致、稳定与可靠。

② IPCC 2019 年发布有关全球升温 1.5℃特别报告的《决策者摘要》。

始转向寻求友好协同的和谐之道。人们认为通过使用工程性、非工程性以及制度方面的最佳管理实践（best management practice,BMP），可以创造出多功能、环境友好、可持续并且优美的生活环境[96]。不同的国家和地区提出了许多水管理的新概念、理论和技术手段，如美国的低影响开发（low impact development,LID）、英国的可持续排水系统（sustainable drainage system,SuDs）、澳大利亚的水敏感城市设计（water sensitive urban design,WSUD）、中国的海绵城市等[97]。面对城市水问题，要将应对思维由防御型向适应型转变，这些相关研究和探索对降低城市水环境空间不确定风险具有重要意义，有助于我们更好地建立理论基础并开展实践工作。

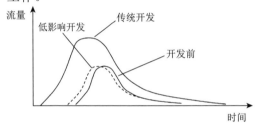

图 2-1　低影响开发水文原理示意图

资料来源：《海绵城市建设技术指南——
低影响开发雨水系统构建（试行）》

低影响开发（LID）。低影响开发是 20 世纪 90 年代末在美国发展起来的雨洪管理理念，是多要素融合的管理策略。低影响开发旨在通过分散的、小规模的源头控制对暴雨产生的径流和污染进行控制，使开发地区尽量接近于自然的水文循环，降低开发活动对场地水文特征的影响，代表工程措施有生态植草沟、下凹式绿地、绿色屋顶等[97]。其核心理念是维持场地开发前后水文特征不变，包括径流总量、峰值流量、峰现时间等（图 2-1）①。

可持续排水系统（SuDs）。2015 年 11 月，英国建筑工业研究与情报协会（CIRIA）发布了《SuDs 手册》。可持续排水系统更符合可持续发展的理念，强调在保护生态环境和水资源基础上，满足现状和未来社会对于水的需求。可持续排水系统试图通过模仿自然水文循环，采取低成本及低环境影响力的方法，通过收集、储存、利用技术和工程手段降低流速等方式，对雨水和地表水进行清洁、净化并重复循环使用。SuDs 旨在从系统上减少城市内涝发生的可能性，同时提高雨

---

① 中华人民共和国住房和城乡建设部.《海绵城市建设技术指南——低影响开发雨水系统构建（试行）》. [2014-10-22].

水等地表水的重复利用率，兼顾减少河流水污染问题并改善水质[97]。

水敏感城市设计（WSUD）。20 世纪 90 年代后期，澳大利亚的雨洪管理体系才开始逐渐体现 WSUD 的理念，并由 Whelen 等在 1999 年正式提出，被社会认同，得到推广。WSUD 是澳大利亚当代城市环境规划设计方法，其更注重水资源的可持续性、适应能力和环境保护三个方面。国际水协会对 WSUD 的定义为：WSUD 是城市设计和城市水循环的管理、保护和保存的结合，确保了城市水循环管理能够尊重自然水循环和生态过程。WSUD 的主要目标是保护和改善城市水环境，降低径流峰值和雨水径流总量，提高雨水资源化利用效率[97]；核心观点是把城市整体水文循环和城市的发展建设过程相结合，将雨水、供水、污水（中水）管理视为水循环系统中互为关联的子系统，旨在将城市发展对水文的环境影响减到最小[98]。

海绵城市（sponge city）。2013 年 12 月，习近平总书记提出了要建设自然积存、自然渗透、自然净化的海绵城市。2014 年 10 月，住房和城乡建设部正式发布了《海绵城市建设技术指南——低影响开发雨水系统构建（试行）》，提出海绵城市是指城市能够像海绵一样，在适应环境变化和应对自然灾害等方面具有良好的"弹性"，下雨时吸水、蓄水、渗水、净水，需要时将蓄存的水"释放"并加以利用[99]。海绵城市建设将自然途径与人工措施相结合，强调源头控制，最主要的特征就是减慢、分散雨水径流，促进其下渗和吸收。在确保城市排水防涝安全的前提下，最大限度地实现雨水在城市区域的积存、渗透和净化，促进雨水资源的利用和生态环境保护[100]。海绵城市建设的目的是希望改变城市雨水管理方式和排水办法，将原有统一收集管理的城市雨水利用管渠、泵站等灰色设施快速排水的方法，变为从源头到末端的全程雨水收集利用的更加绿色可持续的管理方式[101]。

2.2.2　韧性思维让水环境空间安全无忧

随着城市的不断发展，城市洪涝、水资源短缺、水污染和突发公共事件等安全问题愈发受到人们的重视。城市水环境空间对提高城市综合承载能力、促进城市的快速协调发展起着基础支撑和重要保障。城市水环境空间韧性建设的主要工作任务是保障城市防洪安全、供水排水安全、水生态环境安全，加快建设节水型社会，不断地提升城市的适应韧性，解决城市面临的水危机，在满足基本功能要求的同时具备抵抗灾害风险的能力。

2.2.2.1 韧性与水

"韧性"一词起源于拉丁语"Resilio"，本意是"回复到原始状态"[87,102]。1973年，加拿大生态学家 Holling 首次将其应用到系统生态学，并将其定义为生态系统被干扰以后重新恢复到稳定状态的能力[94]。"韧性（resilience）"含义：一是能够从变化和不利影响中反弹的能力，外在的冲击不易对城市造成破坏（低易损性）；二是对于困难情境的预防、准备、响应及快速恢复的能力（可恢复性）；三是自组织、学习和适应能力，能够抓住挑战带来的机遇，保持长期的发展活力（自适应性）[103]。在韧性研究中影响最大的是 Folke 总结的 3 种韧性观点（表 2-3），包括工程韧性、生态系统韧性及社会-生态韧性[104]。韧性理念拓展了学科边界，呈现多学科特征，是一个更具战略性和前瞻性的理论。

表 2-3　韧性概念的 3 种观点对比[104]

韧性观点	工程韧性	生态系统韧性	社会-生态韧性
理论框架	韧性=抵御能力+恢复能力	韧性=容忍力+重组	韧性=吸收+恢复+发展
平衡状态	单一平衡状态（可预知）	多重平衡状态（不可预测和不确定）	适应性循环的平衡状态（不确定）
关注点	恢复与保持稳定	坚持与鲁棒性①	适应能力、可变换性、学习、创新以及预测能力
评价标准	恢复到以前稳定状态的速度	从一个平衡转换到另一种平衡状态前可承受的扰动	在保持平衡状态不变的情况下，系统能吸收的扰动量；系统能够进行自我重组的能力；系统建立和提高学习和适应能力的程度

21 世纪以来，韧性的概念被广泛应用到城市水系统的研究中，韧性视角为缓解城市水问题提供新思路、新方向[22,105]。韧性比海绵城市更强调整体性，即在注重城市雨水管理和水文循环的基础上，强调社会、生态、经济和工程等系统间的配合协作，从而构建具备整体韧性的全域系统[101]。在当前城市建设实践中，荷兰、英国等欧洲国家已经取得了一些研究成果，荷兰代尔夫特理工大学的多学科研究

---

① 鲁棒性：为 robust 的音译，用来测度系统的总体强度，即抵抗外部压力的能力。

小组于 2007 年成立了洪水韧性研究组,主要通过不同学科综合理论和应用实践来提高城市的洪水韧性。欧盟第七框架于 2010 年开展了城市区域洪水韧性合作研究,其总体目标是对城市洪水管理的策略进行调查、开发和传播,更科学合理地管理未来城市洪水,建立更合理的城市洪水韧性管理策略[22,101,106]。2019 年,浙江大学成立了韧性城市研究中心,其水务系统方向的研究主要针对城市用水安全、城市内涝和灾后供水韧性的理论与关键技术问题,以提高水务系统在自然灾害条件下的韧性①。这些相关研究和探索对将韧性理论应用到城市水环境空间建设有一定的参考意义,有助于我们更好地建立相关的理论体系。

2.2.2.2　城市水韧性,弹性适应新维度

在当今充满不确定性风险的多变时代,城市水环境空间发展需要顺应发展并转变观念。倡导城市水环境空间发展要富有远见,防患于未然,做好常态化应对灾害的准备[107]。水安全危机的不确定性源于环境不确定性,也源于规划过程不确定性[108]。面对水安全危机的不确定性,不同的城市水环境空间系统应对结果差别很大。以雨洪灾害为例,有的城市可以把雨洪在较短时间内快速排出并合理利用;有的城市却因此遭受破坏性打击,并在短时间内无法恢复正常功能。出现不同结果的本质原因是城市水环境空间系统韧性的差异,韧性能力越强,对不确定冲击的适应调整能力越强,从灾害中恢复的速度越快,所受损失越小。反之,韧性能力越弱,反应能力越滞后,适应性不足,城市水环境空间所面临的灾害风险性也越高。韧性思维改变了传统的单纯依靠工程性的防御型策略解决涉水扰动的局面,并将雨洪视为资源,与水为友,适应涉水扰动,为规避城市洪水、内涝、干旱等涉水公共安全问题带来积极作用。

城市水环境空间韧性关注涉水灾害与城市之间的相互适应,对涉水扰动的态度是"适应"和"利用",有着更强的包容能力,是一种积极的、前设的、具有系统性的探索[109]。城市水环境空间韧性,倡导城市能够接受现状和不确定性涉水风险的存在,随时做好消纳变化的准备,以降低城市雨洪灾害、干旱灾害、基础设施崩溃和涉水次生灾害等多种不确定性破坏力量对公共安全健康和经济的影响。

---

① 浙江大学韧性城市研究中心——水务系统

城市水环境空间韧性在时间维度上要覆盖事前、事中、事后全过程并做好常态化准备，强调水环境空间承受急性冲击的抵御能力、快速应对的恢复能力以及通过重组及自组织学习来更好地应对未来风险的适应能力。其中，抵御能力是在涉水扰动来的时候吸收负面影响，确保城市水环境空间核心功能不被完全破坏；恢复能力是指涉水扰动发生后，城市水环境空间可迅速恢复其受损部分至所期望的状态；适应能力是整个城市水系统通过主动或被动学习改变其结构以应对未来的不确定性。针对这个过程性的特点，我们可以增强城市水环境空间全寿命周期的韧性，建立城市应对灾害的自免疫、自适应和自修复机制。

城市水环境空间的韧性是水安全格局的重点建设内容，研究核心是城市在涉水扰动的情况下，能够避免、准备及响应多种不确定性风险，并具有维持城市安全宜居、绿色生态、健康可持续发展所需的吸收与化解变化的能力。城市水环境空间韧性具有明确的韧性主体、韧性对象（挑战）和韧性策略（行动）[101,106,109]：韧性的主体，即城市水环境空间，包括给排水厂、供排管网等人工水环境，以及河流、湿地和公园等自然水环境；韧性的对象，即城市涉水灾害，包括雨洪内涝、水资源短缺、突发水污染、设施突发故障、爆炸事故、地震、重大传染性疾病等涉水公共安全问题；韧性的策略，指能够增加和巩固系统韧性应对不确定性干扰，完善城市水环境空间发展的常态化的准备、快速的响应、恢复重建和组织学习等策略[22]。城市水环境空间韧性建设有四个主要特征：其一，强调水城系统的多元性，表现在城市水环境空间功能多元性、受冲击过程中选择的多元性；其二，水城系统的整体性，从系统思维出发加强整体与部分、社会与自然以及水环境空间构成要素间多尺度的联系等；其三，水城空间组织的高度适应性和灵活性，包括物质空间环境的建设、社会的组织机制；其四，水城系统的冗余准备，主要是关键设施的备用建设和功能储备。

2.2.3 城市水环境空间韧性目标

城市水环境空间的韧性不是某一个问题的集中解决，是以一种常态性的视角适应多种不确定性风险。城市水环境空间韧性建设的目标就是让城市韧性适应变化环境和涉水扰动，将韧性的理念融入水环境空间建设中，重点强调城市水环境空间系统的稳健性、灵活性、复合性和包容性，增强城市应对涉水风险的适应能力和恢复能力。未来，城市水环境空间发展必然走向完善的、系统的综合整治，耦合自然-社会-经济因素，注重常态下降低不确定性风险，非常态下减轻损失并做好快速恢复的准备，增强城市水环境空间全寿命周期的安全性、耐受性和适应性，实现城市水安全保障。

2.2.3.1　常态稳健——规避可预见的涉水风险

当前，城市水安全问题已经成为常态，需要建立灵活动态的"新常态"，这对我们的城市水环境空间建设提出了更高的要求。在不确定的涉水扰动中，城市水环境空间功能需要在急性冲击或慢性压力下保持常态稳健并发挥作用，这要求决策者依据可能的水安全危机，结合区域内城市发展、人口分布等生产生活需求，精心构想、建设和管理水环境空间，规避已知的或可预测的涉水风险。在新型工业化、城镇化和新基建进程中，需要积极融入韧性思维，建立"小雨不积水，大雨不内涝"、区域水资源空间分布均衡、基础设施运转正常的水环境空间稳健新常态，为城市可持续发展提供安全保障。

2.2.3.2　冲击耐受——抵御非常规涉水急性冲击

在气候变化、传统水灾和新型突发公共事件等危机交织一起的背景下，无法预知的风险事件是不可避免的，提高城市水环境空间抵御非常规冲击的耐受性，可以有效保持水环境空间基本服务功能。如果城市水环境空间大部分功能都耐受有限，损失就会加剧，恢复就会延缓，导致整个水环境空间甚至城市系统难以维系正常运转。系统的规模越大、越紧密，破坏所引起的影响范围就越大，修复也就越不容易，因此城市水环境空间的安全保障要求分散处于风险中的重要元素。城市水环境空间的重要功能由多个子系统和多种设施共同保障，一方面，提高设施的设计水平，自身坚固的设施条件为水环境空间面对强烈扰动提供了物理抵抗；另一方面，善于发掘子系统或设施的另一种用途，并为突发状况预备额外的资源，提高水环境空间的缓冲能力。因此，设施的高标准设计及同类设施的冗余配置和分散模块化^①的设施布局有利于抵御非常规的急性冲击，保障核心功能不受损，增加水环境空间的安全保障。

2.2.3.3 快速恢复——适应不同情景的空间环境

城市水环境空间被强烈不确定性事件扰动之后，快速恢复到稳定状态的能力是降低水安全风险的关键。当内外部环境和状态发生改变时，城市水环境空间要有能力和意愿迅速采取灵活应对措施，适应不同情景，快速恢复城市水环境空间的基本服务功能并稳定运行。从长远着眼，在科学调研、合理规划的基础上，有针对性编制和及时启动相关风险应急预案，可以使水环境空间各子系统互联互通，协同高效地工作。为实现这一目标，需要规划决策时开展广泛的咨询并反思过去，在涉水扰动发生时，方能够通过高效反应、提前备案、协同参与、资源整合等制度化的规划手段系统快速地采取相应措施，全方位地快速开展恢复工作。

2.2.4 "秉纲而目自张"——城市水环境空间韧性关键

城市水环境空间是一个整体，是一个由不同元素构成的有结构、有层次相互联系的大系统。城市水环境空间建设需统筹考虑并充分发挥系统中各元素的能力，将城市涉水扰动通过低影响性、网络连通性、防御坚固性、布局分散性、模块化冗余性、动态长效性等原则实现系统调配，从而增强韧性度。

2.2.4.1 低影响性

城市水环境空间是自然环境的重要组成要素之一，它的形态、结构是自然规律作用的结果，本身具有良好的韧性。而现在韧性较弱的原因是人为影响过多，人为的规划设计应该顺应自然，减少对自然水环境空间的影响，确实需要做相应改变的区域也必须建立在谨慎的论证基础之上。自然系统的复杂性和稳定性是人为设计所不能及的，为维持和满足人类生存需要提供各种条件和服务。低影响性就是要让自然做工，最大限度发挥自然的组织或自我设计的力量。这要求规划设

---

① 模块化是一种将复杂系统分解为更好的、可管理模块的方式。模块化用来分割、组织和打包软件。在系统的结构中，模块是可组合、分解和更换的单元。

计时根据各地气候、地形及水文条件，因地制宜地利用自然系统，以最少的工程量实现韧性系统的建立。低影响性干预的做法在古时都江堰和灵渠等的修筑上就有绝好体现：深淘滩，低作堰，以玉人为度，引岷江之水，以最少的投入，在收获水利的同时对自然施以最少的干预，获得最长久的收益。核心目标在于：一方面达到社会需求与生态环境功能的完美统一，使自然与水城发展需求结合良好；另一方面最大限度依靠自然做功，将人为干预降到最低。对于已经进行过人工改造的区域，也应避免大拆大建导致的资源浪费，采取低影响性的自然化或拟自然化手段恢复其自然功能。必须强调的是，这些技术不宜机械地搬用，更不宜盲目地套用；也没有必要用各种复杂的数学公式来烦琐计算，使简单问题复杂化；应该避免将绿色工程"灰色"化。

2.2.4.2　网络连通性

当城市水环境空间被理解为具有执行功能的一个系统时，网络连通性经常是关键参数，它的缺失往往是某种特定机能发生故障或者失效的根本原因。城市水安全应该将单一的河流、湖泊、湿地等要素与基础设施作为一个整体考虑，避免在面对突发的涉水扰动时将城市整体置于风险之中。城市水环境空间能够支持生物多样性、慢行系统、邻里空间和景观廊道的建设，即通过"蓝绿网络系统"来支撑功能的网络连通性。当设计多尺度运转功能时，多尺度的网络连通性非常重要。在城市环境中，人工建设系统的网络连通性通常是稳健的；而人为的开发建设往往使得自然系统的网络连通性大大降低，且常常导致自然景观破碎化，即城市自然生态要素之间的隔离，从而使需要网络连通性的特定生态过程受到重大影响（例如物种扩张与迁移）。网络连通性要统筹考虑绿色和灰色两种基础设施，要加强各要素单元的连通性，沟通不同要素的单元功能，形成一个联系紧密的整体网络层级，以更强的适应性降低涉水扰动影响并带来资源化效益。坚持网络连通性需要在城市规划设计之初就考虑水系统的自然连接，将断裂的要素重新建立联系，形成连续的蓝绿系统抵抗外部扰动，更好地实现城市水环境空间的系统韧性。

2.2.4.3　防御坚固性

韧性思维要求城市水环境空间在规划建设或者更新改造中必须考虑非常规事

件可能带来的冲击和危害。城市系统瘫痪与灾害叠加将导致问题更复杂，共同作用下会导致城市系统的低韧性度[110]。韧性思维倡导城市水环境空间具备防御坚固性，即城市水环境空间通过精心构思、构建和管理的物理资产（基础设施），拥有一定的抗冲击能力，使城市水环境空间能够承受涉水突发公共事件的影响，不受显著损害，并维持正常运转或者在衰弱之后仍能保留基本功能。城市水环境空间的防御坚固性由系统功能水平表现出来，在初始状态下系统功能是稳定的，突发公共事件使水系统功能迅速下滑，下滑到一定程度后，由于工程坚固不会直接崩溃，系统功能仍可以维持关键功能，并为快速恢复留有余地。城市水环境空间的防御坚固性设计意味着必须对不确定性的事件进行科学预测，考虑涉水事件对城市系统带来的可能冲击和危害，并确保即使事件发生，结果也可预测并且安全，同时要求避免过度依赖单一资产，并设计可能导致灾难性崩溃（如果超过）的临界值。防御坚固性要求在规划设计之初，通过新模式、新能源、新技术等升级规划设计标准和规模，在高标准建设的基础上通过新建及改造提高城市防御涉水公共事件的能力。未来，我们应及时推进不同空间类型的更新、维护、改造与重建，实时监控重点区域，提高城市水环境空间的防御坚固性。

2.2.4.4 布局分散性

工程单一的环境往往很难从扰动中恢复而跳转到其他状态，表现出缺乏韧性的特征。我们提倡分散式的工程设施，主张尽可能就地解决一部分水危机，减少转嫁给异地。分散的空间布局，优化了场地的承载力，避免了聚集所产生的缺陷。为达到城市水环境空间的安全稳定，需整合不同服务水平的基础设施来减缓、分散涉水风险，以便确保系统韧性可以满足功能稳定。而当一种功能由分散式的系统提供时，其对于扰动就具有了更强的恢复力。一方面水质与水量具有累积效应，多种工程设施的分散可以降低累积效应，增加系统韧性，即使很小的设施也能提供有益于整个网络的多种复合作用，有效缓冲干扰或适时适地进行修复；与一个大的设施相比，几个小的设施一起通常能提供更强的处理能力、更多样化的生境，更适合生态敏感区。另一方面分散的布局带来功能的多样化，通过功能的交织、结合或堆叠调控系统韧性，拥有分散工程设施和多样功能的城市水环境空间也拥有更为灵活的反应多样性，增加了面对多种不确定突发公共事件的选择性，提升了工程的多种适用性。同时，反应的多样性也分散了城市水环境空间中集中的风险。

2.2.4.5 模块化冗余性

长期以来，由于过于从经济性的角度考虑，工程设计始终遵循节约、高效的原则，而韧性思维与此不同，倡导一定程度的冗余准备。模块化冗余性是指城市水环境空间在面对超常规等级的冲击时，正常承受能力被破坏，冗余的承受能力可以及时弥补，避免遭受毁灭性打击的能力。模块化冗余性是避免将"所有鸡蛋放在一个篮子里"的策略，是为防止系统出现故障（而不是在已出现故障的情况下）采取的准备和预规划[111]。当城市水环境空间的某项主要功能或服务仅依靠一个集中实体或基础设施来提供时，更容易受到冲击，以致出现故障。城市水环境空间或功能设施之间依赖程度越高，遇到压迫的情况下整体的韧性度就越小，若一个系统出现故障，其他系统则无法运行，因此要降低系统间的依赖度，增加系统韧性。虽然冗余的设施配置在日常发挥不出效能，但却是提高城市水环境空间适应能力的必要手段。模块化冗余性指在系统构成上采用复式模块化结构，当一个设施或环节出现故障时，能够在多样的要素或部件找到相同、相似或者备份的功能，通过跨越时间、地理位置和多样系统寻求可替代的设施，并保持部分功能的正常运行。为避免城市水环境空间系统性崩溃，规划实践保持一定的模块化冗余性十分重要。已有设施在重新配置时需要考虑模块化冗余，规划新建设施更加需要重视模块化冗余性，对关键设施留有备份，或预留扩容和输送通道的可能性，或预留发展用地以应对不确定的风险。但是模块化冗余性在常规状态下会造成一定的资源浪费和成本增加，因此根据系统的脆弱度和风险发生的可能性进行适度冗余同样非常重要。

2.2.4.6 动态长效性

水环境空间韧性的工程措施和非工程措施应根据需要动态调整，才能够持久有效地降低涉水扰动的影响。动态性是指城市水环境空间能够根据涉水扰动的发生与否和严重程度动态调整自身的适应状态。动态性意味着系统可以根据不断变化的情况而改变、发展和适应，适当时也可通过引入新的知识和技术实现。与此同时，动态性还意味着以新的方式考虑并纳入乡土或传统知识和做法。尽管城市水问题自古便有，但是还没有形成一种常态长效的动态响应。长效性是强调城市水环境空间应对冲击能力的时间维度，不仅要求系统能够在某一次冲击发生时保持结构与功能完整，更要求将其内化为系统的一种常规状态和能力。城市水环境空间的规划应该将未来诸多不确定因素考虑在内，注重增强城市的洪涝承受能力、水资源可持续性和设施的稳定性及其规避风险的长效性，赋予自身在时间维度上的韧性。如果城市水环境空间韧性只针对扰动发生时的城市状态，虽然可以一定程度上减弱冲击，但更多却是空间浪费。我们的自然水环境是城市中宝贵的景观资源，应该是可欣赏和可接触的，因此韧性理念下的城市水环境空间适应性不仅要考虑对灾害的动态调整能力，也要考虑水环境空间公共属性，使应对涉水扰动的策略叠加多种功能，在日常发挥基本服务，并在面对涉水扰动冲击时进行动态转换，赋予整个城市较强的适应能力。

2.3 韧性筑城，回归"生存的艺术"

韧性的内涵具有过程性，在常态下、冲击时、恢复中的影响因子也同时存在着互通性。在构筑水环境空间韧性时不能把常态-冲击-恢复的情况分开，应该是通过韧性策略促进城市水环境空间的适应能力统一提升，提高城市的综合水环境空间韧性。从城市水环境空间发展的角度看，水环境空间韧性建设应遵循自然规律，从宏观区域到微观场地、从空间格局到具体措施的逐步落实，其核心是适应和利用水环境空间的不确定性特征，保持水环境空间整体稳定的可持续状态。其中，科学合理的空间布局是水环境空间安全的前提，而绿色措施是水环境空间韧性的上限，工程措施是水环境空间韧性的下限[112]，三者相互依存，缺一不可。因此，分别从宏观统筹、蓝绿溶解、工程协同3个方面提出规划设计策略，以构筑适应韧性（常态稳健、冲击耐受、恢复快速）的城市水环境空间。

2.3.1 宏观统筹，优化城市水环境空间

正确认识城市水环境空间格局可以有效提升城市水环境空间的韧性，是科学合理调控的前提和基础。结合城市水环境空间格局，使城市适应自然水文循环法则，建立对城市和自然一体化的认知，进而通过宏观统筹策略提升城市水环境空间韧性。从适应水文建设选址、组织城市空间结构、建设多灾种防灾减灾体系、动态的多系统连通和整合城市风险防控系统等多方面循水造形，将韧性物化为具体的城市空间环境，突破了以往将城市水环境空间作为配套工程的局限，为增强城市水环境空间韧性提供新方法。

2.3.1.1 适应水文的建设选址

城市水环境空间韧性的提高与建设选址有密切关系，在城市开发建设时考虑地理水文条件的适宜性可以极大地避免涉水扰动的胁迫，减少人工环境和自然水系统的相互干扰。过去"强干预"的城市开发模式缺乏对城市水环境空间的分析和预测，加剧了水环境安全问题。城市开发建设对水文过程产生复杂作用，需要开发时减少人工对自然水系统的干预并遵循水文自然过程，因此涉及城市建设选址、功能空间布局和土地开发强度三个方面[109]。

（1）城市建设选址。在城市发展之初，就要综合考虑流域环境和水文条件的利弊，选择合适的建设位置。新城或城市新建区应尽量选在地势较高、地质水文条件较好及对自然水系统干扰较少的地段，避开洪水淹没区[109]。我们古人对城市建设选址有着深刻的经验总结，《管子·乘马》中指出"凡立国都，非于大山之下，必于广川之上；高毋近旱，而水用足；下毋近水，而沟防省；因天材，就地利，故城郭不必中规矩，道路不必中准绳。"中国历史名城绍兴就是一个典型代表，绍兴城区的历史最高水位为 5.47 m，而城区地面高程一般在 5.1～6.2m，故罕有洪水之患①。但许多现代化城市的建设反而没有遵循水文地理条件，将城区建设在洪水淹没区内，受到了较大的洪涝灾害胁迫风险。针对这一问题，许多学者提

---

① 吴庆洲.古人的智慧，城市选址防洪减灾.澎湃新闻[2016-07-16]，此处高程数据采用黄海高程系测算。

出了不同探索。比如 1915 年帕特里克·格迪斯在其《进化中的城市》（*Cities in Evolution*）中提出的生态河谷纵段剖面，他认为流域是一个空间的基本单元，河谷剖面可以反映气候、植被、动物分布及与人类生活方式的相关性，这一时期人们便开始重视水文条件对城市建设的影响。1969 年伊恩·麦克哈格在《设计结合自然》一书中，建立了一套以城市适宜性分析与环境叠图为主轴的生态规划方法，以环境科学知识为基础，认为在城市空间利用中要对环境敏感地区低利用，对河岸缓冲区进行规划，避免洪水平原可能遇到的洪泛灾害，提出生态与城市发展兼容的空间模式[113]。

（2）功能空间布局。根据土地适宜性评价和水患高风险区的识别，因地制宜地划分用地功能。在功能布局时，首先应进行深入的"场地阅读"，即分析场地所在集水区范围内的地理水文、降雨情况和汇水面积等。其次根据场地特点，制定具有针对性的水资源管理模式。如根据一般实践经验，在地势较高地区或者干旱地区最大限度地对雨洪进行滞留以减小低处的排洪压力，在地势较低或者水资源丰富地区促进雨水的快速排出以防止内涝等，进而提出适应性的城市功能空间布局方案。美国亚特兰大 Beltline 北部的 Colonial Homes 项目正是通过在更大的空间范围内调整土地功能，解决了该地区的雨洪问题[109]。项目原来只是对划定范围的场地进行更新，然而开发者发现场地位于附近河道的洪泛区内，通过科学的模拟分析，调整场地土地功能，将居民区转移到高地，并将洪泛区设计为雨洪花园，在更大的空间范围内，从根本上解决洪水问题。

（3）土地开发强度。土地开发强度的合理分配可以规避一些不确定的风险，提升城市水环境空间的韧性。根据土地开发的强度，新城市主义①将城市用地分为七类，即特区、城市核心区、中心城区、城市边缘、城市郊区、乡村和自然地，并在数量和空间两个方面对城市用地进行优化分配。在数量分配方面，对各类用地比例进行合理分配，控制城市开发用地面积。其中，用于城市开发的土地应控制建筑密度，保证绿地和水域等柔性界面的面积。如美国政府要求新开发建设项目必须修建雨洪管理设施以实现"径流零增长"（zero runoff），即开发后的地表径

---

① 新城市主义是 20 世纪 90 年代初针对郊区无序蔓延带来的城市问题而形成的一个新的城市规划及设计理论。该理论认为只有上升到区域层面，制定出整体性策略，许多与城市规划有关的问题才能得到有效解决。

流量不超过开发前的地表径流量[68]。在空间分配方面，高密度地区人口稠密，硬质表面多，绿化空间少，雨洪韧性相对较弱，雨洪灾害造成的社会经济影响也较大。因此在受雨洪灾害影响较大的高风险区域，可以适当地选择低密度的土地开发项目；而雨洪风险小、低敏感的区域应留给人口高度密集的建设项目，减少雨洪对社会经济的影响[109]。

2.3.1.2　城水相融的空间结构

城市空间结构是城市的骨架，大规模城市扩张忽视了水要素对城市空间结构的支撑和限制作用，引起流域水循环及其伴生过程的异常变化，加大了城市水环境空间问题的复杂程度。城市中的水环境受到城市化影响已不再是原生自然状态，除了拥有水环境的特点，还承担着蓄水排涝、水源供给、环境净化、物质生产、生物栖息、景观休憩等城市生态服务功能，是城市空间发展与布局的重要生态骨架。良好的城市水环境空间结构可以降低城市建设对水文循环的影响，促进排水、蓄水、水体的就地吸纳及水资源的合理利用，推动城水相融，最大化地发挥城市水环境空间韧性效能。

水系引导着城市空间结构的演变，推动城市空间发展。水城相融的空间结构是基于河流水系自然变迁的过程理解城市，将河流水系作为一种支撑或关键的限定元素，以河流水系为导向构建城市空间结构，并在城市规划中整合城市形态和城市水系统，避免空间破碎化，实现水城相融[114,115]。在水文环境与城市空间结构要素之间建立一种关系，利用集水区或子流域作为物质空间规划及指定空间管理政策的范围，形成整合城市与城市水环境空间的一体化规划方法。城市水环境空间韧性依托城市自然本底规划，构建水绿融合的生态网络，引导未来城市空间发展[4]，一方面要注意保护江河溪流、滨水生态廊道、湿地、林地等自然资源，另一方面要控制城市中心区摊大饼式的无序蔓延，当城市规模发展到一定阶段，应促进城市由圈层发展转向多中心格局。在总体规划编制阶段，应预先进行城市灾害风险和韧性能力评估，优化城市空间结构，提高城市韧性，减少终端涉水基础设施的压力，降低城市灾害损失。

实际上，中国古代城市普遍以地表水系为核心组织城市空间，应对强降雨和水患。网络化的排水系统早已在古代城市建设中得到广泛应用，其模式大致分为三种，即以快速排水为代表的河网型模式、河渠型模式和以调蓄洪水为代表的湖池型模式。不同模式的应用受地形的影响最大。以典型的采用河网型模式的城市——苏州为例，其地处江南水乡，降雨量大，地势低平，因此排水速度决定着洪涝灾害对城市的影响程度。苏州的城市规划设计了"六纵十四横加两环"的河道水系，呈现出"双棋盘式"的城市空间格局，实现了水陆平行、河街相邻，促进了雨洪的快速排出[109]。

"水轴"是众多城市发展的主要轴线，满足城市居民亲水需求，推动着城市空间结构优化。河流与周边建设用地具有极强的异质性、互补性和相容性，边缘效应特别活跃[116]。河流作为城市中珍贵的自然景观，不仅是重要的公共空间也承载着多元化的社会经济活动；而周边建设用地的关联开发与利用，又能够带动城市对水轴的保护，完善未来发展。在新的城市结构设计上，中山市翠亨新区的滨河整治根据翠亨新区四面环水的现状及中轴间水轴突出的特征，提出了"中字形+非字形"的空间结构，在遵循水文循环的基础上将中山市自身的自然生态要素与两岸丰富的人文要素、经济要素整合，利用自然水系限制城市集中发展，利用轴线串联城市各组团分区，形成具有环境、经济、社会综合效益的城市复合生态发展轴。在既有城市结构修改方面，2011年丹麦哥本哈根在《哥本哈根气候适应规划》中提出，依据雨洪淹没区的风险分析，采用低影响的解决方案与城市现有的蓝绿基础设施连接成网络（图2-2），在区域层面上与哥本哈根"指状规划"中用于保护城市生态的绿廊进行衔接，形成跨越流域、城市、街区、街道和建筑的五级网络雨洪体系，城市结构呈现出由早期的生态驱动转变为雨洪韧性驱动的特征[109]。

城市河流不独立于自然环境之外，是自然要素在城市中的延伸[116]。因此，在以河流为导向的城市空间结构的建构过程中，必须具备整体性理念，保证城市空间结构与河流水系融合的同时，还应注重与城市外围自然要素的连接。通过建立人工绿色廊道、楔形生态绿地，延伸至城市外围生态圈，弥补依托河流水系形成的城市空间结构的不足，形成贯穿城市内外的完整空间结构。以翠亨新区南部的科学城为例，凭借天然生态优势，以湿地生态系统构筑科学城独有的软质空间网络体系，形成"湿地入城+内河水网+湿地体验"的复合空间（图 2-3a），构建城市-湿地一体化空间结构（图 2-3b）。

图 2-2　哥本哈根低影响的雨洪解决方案与城市现有的蓝绿基础设施连接网络图

图片来源：安博戴水道.哥本哈根暴雨应对行为准则.丹麦 https://www.asla.org/2016awards/171784.html

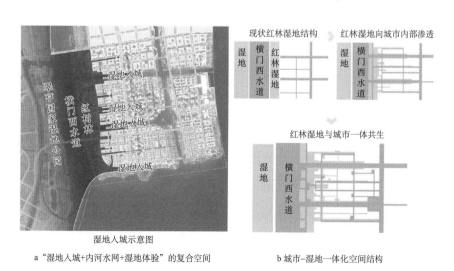

a "湿地入城+内河水网+湿地体验" 的复合空间　　　　b 城市-湿地一体化空间结构

图 2-3　翠亨新区南部科学城湿地入城的一体化空间结构

2.3.1.3 多灾种水环境空间防灾减灾体系建设

城市水环境空间是城市中人类活动与自然环境相互作用、关系紧密的复杂空间，对防灾减灾具有重要的作用。城市水环境空间不仅具有调节气候、维护生物多样性、净化水质、水源涵养、储水调洪等作用，还与防御火灾、地震、地面沉降、爆炸等城市灾害密切相关（图2-4）。近年来，在一些大规模城市灾害中，城市水环境空间发挥了重要的防灾减灾作用，为城市分担一部分灾害风险，一定程度上与其他防灾减灾体系相辅相成、共同作用[117]。只有厘清城市中各处水环境空间的组合、层次、功能等，从整体上全面把握，合理构建城市综合防灾体系，才能更加积极主动地抵御各类风险，使城市水环境空间的防灾减灾功能发挥到最大。

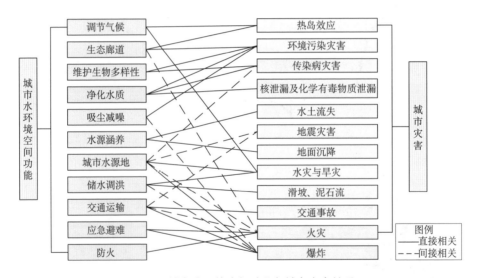

图 2-4　城市水环境空间功能与城市灾害关系

城市水环境空间易生灾害种类较多，但密集的水系及其所构成的城市形态本身就对这些灾害有一定的抵御作用。目前城市建设忽视了城市水环境空间对城市其他灾害的防灾减灾作用，更多只关注洪涝灾害的防灾减灾。事实上，在城市水环境空间的功能设置上，应兼顾城市综合防灾救灾需要，确定城市水环境空间的防灾减灾建设内容，如防洪建设、防火建设、应急水源建设、避难场所建设等。在具体的城市水环境空间设计上，需要考虑灾害发生时能提供的必要设施，如取水点、消防水池、隔离带、逃生标识等，并为临时避灾预留必要空间。

1. 水环境空间的防洪设施建设

城市水环境空间承担着城市的防洪排涝功能，防洪排涝也是水环境空间防灾的首要功能。针对洪涝频发，一方面构建完整、多尺度连通的水网体系，夯实调蓄雨洪、降低洪涝风险的基础（内容详见 2.3.1.4 和 3.3.1.1）；另一方面疏浚和修复水环境空间，维持活水畅流，是排水行洪的保障（内容详见 3.3.2.2）。

2. 城市应急水源

水是城市生命的必需，是生活与生产的源泉。水是城市生态稳定的重要支撑，更是人们生产、生活的必要保障。常态下水环境空间给人们提供日常的生活需水、生态补水等，灾时也能为城市防灾避难提供用水。但重大灾害会直接损坏城市水系统，造成灾时取用水不便。这种情况下，依靠天然水源来满足城市用水需求是相对高效便利的方式。城市水环境空间的建设对应急水源的规划设计，可以在河流旁配建相应的取水净化设施，为消防、灾民生活直接从附近水系中用水，提供便利的条件；也可利用这些天然水源为城市水厂提供应急水源。在临沂市，当前市区供水已趋于饱和，市区部分区域供水压力和供水量不足，且缺少备用水源和应急水厂，增加了不确定的突发公共事件的风险胁迫。因此，经过项目论证，临沂启动应急水厂项目建设，在中心城区东北部的白沙埠镇选址，建设能够统一调度城市供水水源，满足 35 天生活应急水量，兼顾城市景观建设的花园式应急水厂（图 2-5）。

3. 城市交通应急通道

水路自古就是水网城市的重要交通渠道。大多数城市的水环境空间由于水上航运业的发展成为了码头和港口，也成了城市发生灾害时保持与外界联系的重要枢纽。水路在城市建设和发展历史上发挥着重要的交通运输作用，到了近现代，随着其他交通方式地位提升，水路在交通运输系统中，尤其是客运方面承担的功能也逐渐被削弱。目前，多数城市主要利用水路发展水上旅游项目，只有等级较高的水路才继续承担着物资运输等功能。但灾害发生时，水路通行的作用却不可小觑。通过统筹规划建设，实现水陆交通网络互补，有助于提升城市安全。特别

图 2-5　临沂应急水厂项目鸟瞰图

当跨河桥梁坍塌或避难人流量远超陆上交通承载量的时候，利用水路疏散灾民、运送物资更应得到重视。如水网丰富的苏州仍保留着水陆并行的"双棋盘式"格局，为居民逃生增加了一种新的方式[117]。

4. 防火建设

水道是天然的防火隔离带，在重大火灾、爆炸危险源附近，规划建设合适的人工或自然水体，可以避免重大事故发生时由于"远水救近火"而耽误救援。城市消防水源和设施的科学布置，是迅速、有效扑灭火灾的重要保证。一般情况，城市消防水源专项规划在设计之初应尽可能采用环状供水，并科学铺设给水管和消防栓，保证消防供水的可靠性；为应对无法预测的情况，还应当考虑可靠的地表水源，以确保消防水源持续供应。一方面，在发生火灾等灾害时，合理的城市防灾布局使水体作为消防水源，甚至包括广场上的水池；另一方面，利用水系划分形成相对独立的空间单元，减缓或阻断火灾蔓延和疏散避难人群，达到防火的作用。一个典型的代表是砖木结构的徽州古民居，能够保存至今，离不开徽州先人的防火意识和防火措施。为了防火，徽州先人们在"筑渠开坝，引水入村，丁户沿渠立栋"的理念下，充分利用北高南低的地势落差，采用筑坝引水的方式，通过主坝将自然的河水引入村，通过支坝导水入户，同时河水由主坝引入村中宗祠前的月塘，再绕屋穿户后流向村外的南湖，进入奇墅河①，形成了一条九曲十八弯的人工水系。这项水系工程的成功修建，不仅节省了火灾时取水灭火的时间也为居民日常生活用水提供了便利。

5. 避难场所建设

水系是城市中需要严加保护的对象，故无论从生态角度还是从景观角度考虑，河流湖泊沿岸一定距离范围内都不能设为建设用地，而应作为开敞空间，打造成集生态休闲、旅游、景观、文化于一体的综合功能区。并借助水系网络，在空间上形成更具连续性和系统性的开敞空间。从防灾避难角度，城市水环境空间的开敞空间可以作为部分灾种防灾避难的通道和场所，提升城市安全性和生态效益。因此，预留部分水环境空间，通过建设绿地的方式使之具有防灾避难功能，有利于城市水环境空间的利用及城市防灾避难系统的完善，也是一种增强城市安全性的方式[117]。

6. 降温通道建设

水的比热大，在夏季高温持续的情况下升温慢，是城市中天然的"空调"。降温通道建设应有意识地连结城市中的低温冷岛，充分利用水环境空间的冷核优势，增加降温效果。马丁斯（Martins）等的研究表明，使用相对较高的喷泉与气流相结合，会大大增加水对下风区域的影响，周边气温可以降低 2℃左右，而中心广场气温可以降低 6℃[118]。城市水体是良好的降温冷核，结合城市水环境空间沿主导风向营建楔形绿地，并与城市路网对接，可以形成城市降温通道。在降温通道无法覆盖到的区域，通过水系的连通达到降温目的，有效地降低城市热岛效应，缓解高温热浪的影响，调节城市的微气候环境。

---

① 古为祈墅河。

2.3.1.4　动态的多系统连通

在循环过程中，作为流动的介质，实现城市社会水循环与自然水循环相互连通是水环境空间整体功能发挥的关键。在城市的日常运转中，通过市政管渠、污水处理厂将雨水、污水排到河道是城市水循环的一个必要步骤。在城市水循环系统的运转中，排水管渠的收集能力、污水处理厂的处理能力、灰绿空间的滞蓄能力和河道的流动能力，都影响着城市水环境空间的安全性。城市水环境空间的发展及突发公共事件的不确定性，要求规划建设将雨污管网、污水处理厂、城市水体作为动态连通的整体进行综合考虑，尤其要对高风险区进行预防并及时处理，整体提升韧性，以避免不确定的突发公共事件或衍生出的二次灾害给城市水环境空间带来毁灭性打击。

1. 多尺度的网络连接

网络是通过连通性来支撑功能的系统[119]。提升城市水环境空间韧性要考虑自然水循环和社会水循环，将小尺度的城市排水网络与大尺度的城市蓝绿走廊相连通，形成跨尺度的整体网络系统，降低涉水灾害的风险性。多尺度网络连接包括河流、湖库、绿道、雨水花园等生态网络的连通，为城市排水、野生动物栖息地保护和游憩功能提供支撑。比如面对频发的强降雨，分散的滞蓄单元虽然能够过滤吸收一部分雨量，但更多的雨量需要通过连通的城市管网系统快速转移到大尺度的河网系统中，才能有效排出强降雨形成的集中水量。针对荷兰填海城市 Almere 地表排水系统的研究中发现，如果仅考虑屋面、路面、不透水铺装和绿地，不考虑河道网络的影响，城市平均地表径流系数为 0.45～0.60；考虑河道网络的影响后，城市平均地表径流系数降低为 0.20～0.45，证明了网络化对于城市雨洪韧性具有显著的提升作用[109]。

因为水具有流动性，无论是滞蓄系统还是城市排水管网和河流廊道，都是相互关联、相互影响的，所以在规划时不应孤立地考虑某一系统。当河流的水位上升时，排水系统的排水能力将随之降低，设计时应当在调蓄设施和公共雨水系统之间保留应急溢流，减轻洪水风险并限制调蓄设施的规模。然而，这样做也会在降雨量很大时，调蓄设施的储水空间快速被雨水浸满，产生流向排水系统迅速和不均匀的回流，排水系统的设计必须做到可以应付流量峰值。综上，城市层面的调蓄设施需要结合水系网络，配合短距离市政管网的布局，进行"集散结合"的统筹安排（图 2-6），构成雨洪滞蓄、净化和地下水回补的成套系统。此外，调蓄单元通过系统连接可成倍放大分散的小型场地对水体的调节作用，能够有效分流单个调蓄单元在雨季洪峰时所陡然面临的压力，并把多余水体调节到相邻区域，实现水资源在不同时空的储备和调节。

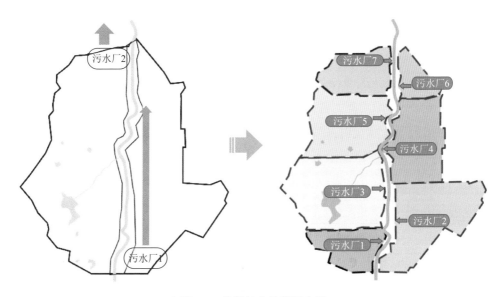

图 2-6　集散结合的管网布局

2. 城市水系统的多尺度衔接要点

城市水环境空间的网络连通性对于洪涝灾害、水资源节约、设施稳定起着决定性作用，但其发挥作用的前提是大排水系统与小排水系统[①]之间的有效衔接。水系沟通是城市水环境空间长久整体改善的关键，最重要的是自然水系的连通。自然状态下的水系形态具有连续性和多样性，河、湖、湿地相互连通，水在网络系统的调配下实现良性循环，滞蓄排涝及生态补水等功能充分发挥，天然地具备

---

① 大排水系统被理解为河网水系或者是全部排水措施的总和。小排水系统为雨水管渠。

多尺度衔接的特点。但许多小排水系统有着汇流快、洪峰大的特征，从而增加了洪水风险。为应对超出城市消纳能力的雨洪，只有通过大排水系统与小排水系统衔接，才能降低雨洪给城市带来的损失。强化大小排水系统的衔接，可以将小排水系统的集中水量通过分散且连通的大排水系统分散排出。根据实际情况塑造污水处理厂、自然河道、供水系统、滞蓄单元等畅通"一体化"（图 2-7）的城市排水系统，这对构建城市韧性水安全格局至关重要，其具体做法应该着重考虑以下5 点：一是水系的连通要与水体的自然流向相协调，注重水系网络的自然性；二是要根据现状串联水系各构成要素，实现水量的灵活调动，充分发挥水系各要素韧性能力；三是尽可能地将水系、污水处理厂与城市生态绿化空间相连、相通，提高水系与其他系统的交换效率；四是促进水系与城市开敞空间的协调性，一方面可以承接部分开敞空间的暂存雨水，另一方面则可以增强水系网络的景观性[120]；五是河道出现淤积状况时及时整治，提高城市内河道的排洪能力，使城市雨洪顺畅排出，避免因河道泄洪不及时造成的洪涝灾害[121]。

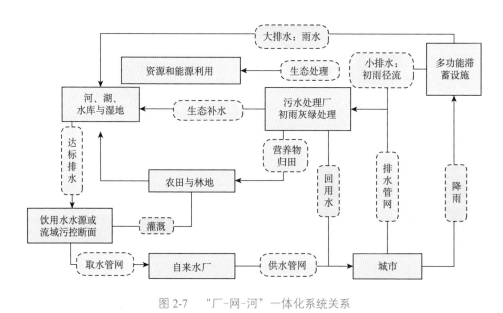

图 2-7　"厂-网-河"一体化系统关系

　　黄金河是镇江句容城区防洪排涝的重要通道，也是句容城市景观建设和城市生态系统建设的重要组成部分。黄金河位于句容开发区石狮路西侧，上游为山丘区，下游为城区，主要承泄黄金坝水库、三合坝水库、横塘水库、支流杜家山河及沿线区域的洪水和涝水。依据黄金河水系周边区域地形及城市雨水管道的系统布置情况，黄金河的汇水范围分为 4 个大的汇水区（图 2-8），存在夏季汛期逢暴雨必被淹、水环境污染严重等问题。规划设计主张采取源头削减、蓄排结合、科学调控的系统措施，涉及小规模且分散的滞蓄设施、集中的水库蓄水、河道行洪3 个尺度的衔接。首先通过结合河道增加下沉式绿地、生态植草沟、透水铺装、景观花墙等渗透设施，增加雨洪渗透；然后在提高蓄排标准的基础上，对现有的水库进行扩容（图 2-9），增加蓄水量，减少下游黄金河的洪水流量，并根据行洪情况对河道进行拓宽和疏浚；最后根据降雨强度，对整个行洪水系进行科学调度，并科学制定动态泄洪方案，缓解行洪压力，在汛期前腾空库容，迎接洪峰；在枯水期全力蓄水，保证生态水量，打造成集生态、安全、景观于一体的城市生态绿廊（图 2-10）。

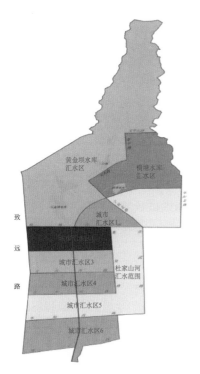

图 2-8　黄金河水系及汇水区

图 2-9　对现有 3 座水库拓容

图 2-10　黄金河生态绿廊效果图

2.3.1.5　多方统一的风险防控系统

城市水环境空间韧性拓展了水环境的学科边界，呈现出整合多方群体、促进各专业和利益相关方充分互动的特征。传统的工程思维已经不能完全应对变化着的水环境和多样的涉水突发公共事件，水环境空间治理不能仅停留在给排水和水环境治理层面，应积极借鉴地质学和气象学领域的韧性研究成功经验，促进城乡规划与公共环境卫生、预防科学、防灾减灾、地理信息系统、社会公共管理等学科的融合创新，从水本体扩展到整个城市水环境空间中去，从更广阔的层面去思考、解决问题，建立多方统一的、更有韧性的风险防控系统，从而在系统的协同作用下获取更多效益。

多方统一的风险防控系统依托情景预测、城市洪水风险地图和完善的预报预警系统，可以预先针对可能发生的涉水风险等级做出适应性预案，其建立可以提升城市涉水风险的防御水平。城市洪水风险地图和预报预警系统都对增强城市洪水防御能力具有直接作用。在极端降水事件来临前，通过预测恶劣天气的持续时间来提醒政府和公众，是非常重要的应急行动。应急行动还包括疏散人群，将人们从脆弱的地区和建筑物内转移到避难场所。例如，在美国佛罗里达州的波克县有 136 个大小湖泊，该县一直深受洪涝灾害的影响。2007 年，佛州的 PBS&J 公司利用卫星图和分辨率为 5 英尺[①]的数值高程模型（DEM），描绘当地的地形地貌，

---

① 1 英尺＝0.3048m。

同时还利用了计算机技术和其他数据生成了一个洪灾区的模拟图（图 2-11），推测出哪些地区可能会受到洪水的影响，从而帮助当地了解需要计划和完善哪些防洪的基础设施。

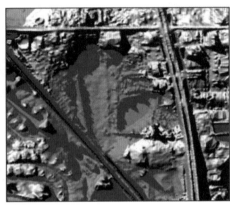

图 2-11　数值高等模型和洪灾区的模拟图

资料来源：https://www.estormwater.com/sites/sws/files/gistakes.pdf

此外，应明确"什么部门在什么阶段具体管控什么内容"，各专业的跨学科交流可以保障不同职能部门之间的良好协作和在突发公共事件下迅速采取行动的能力，以此提升城市水环境空间的社会韧性。2015 年 12 月下旬，俄勒冈州遭受毁灭性风暴袭击，该州收到了沿海 14 个县的 *Presidential Major Disaster Declaration*（4258-DR）。莱恩县发生了严重的山体滑坡，影响了许多家庭的用水和电力供应。图 2-12 记录了该风暴事件后的淹没情况，帮助政府以及相关部门进一步了解区域的情况，同时也为将来控制灾害损失做出相应准备，为未来建设项目的选址和类型提供参考。相关部门还结合美国国家人口普查局（US Census Bureau）的数据，利用 ArcGIS 软件绘制了受到洪涝影响的区域以及这些区域的人口数量分布（图 2-13），为各县针对人口密集高风险区采取具体措施提供了空间指导，更好地帮助救灾人员开展物资援助和恢复策略行动。

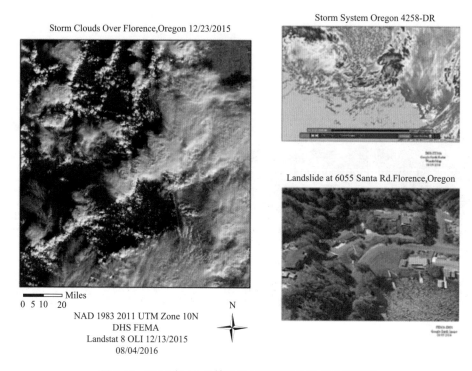

图 2-12　2015 年 12 月俄勒冈州暴雨事件的 GIS 记录图

资料来源：https://www.fema.gov/media-library-data/1495723257318-080ffa619f9d8e9510c07680748b0462/

FEMA_HMA_GIS_User_Guide.pdf

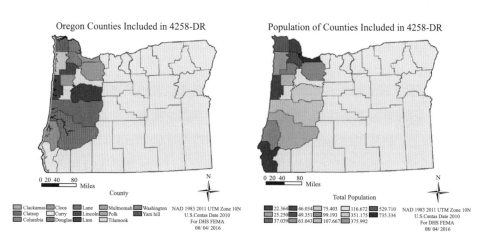

图 2-13　俄勒冈州的 14 个受到暴雨事件影响的县和各县的人口统计

资料来源：https://www.fema.gov/media-library-data/1495723257318-080ffa619f9d8e9510c07680748b0462/

FEMA_HMA_GIS_User_Guide.pdf

2.3.2　蓝绿溶解，与自然相融合

蓝绿色基础设施具有柔性的调节手段和多元化的生态服务功能，是城市水环境空间韧性建设的重要内容。城市中许多具有调蓄雨水、调节径流功能的湖泊、洼地、绿地等自然环境，被城市建设用地挤占或硬化，导致城市自然水循环能力减弱。蓝绿溶解是通过引入韧性的理念和措施，在蓝绿色基础设施与城市空间相互"溶解"的过程中，建设具有高适应性和可持续性的城市水环境空间，实现城市与自然的融合。通过对城市蓝绿设施的系统规划设计，做好允许一部分空间被淹的准备，同时将雨水资源就地下渗、滞留、存蓄和利用，调蓄、减缓洪峰聚集时间，达到削减雨洪流量、净化雨水径流的目的，实现非常规水资源的利用与城市防洪排涝的双赢。

2.3.2.1　与水为友的环境缓冲区

传统工程化防洪的弊端让人们逐渐意识到仅仅依靠工程技术是无法解决洪水问题的，我们需要探求一种顺应自然过程的、具有适应性的韧性措施来缓解洪水问题。俞孔坚等提出了"与洪水为友"的思想和洪涝适应性景观，认为洪水是无法避免的，要通过创新的技术模块，结合古代洪涝适应性技术与水生态基础设施规划共同实现"与洪水为友"。因此，要用富有柔性的生态防洪，结合刚性的灰色防洪设施（具体内容详见 2.3.3.3），才能更有效防治洪涝灾害。首先，以数据分析和淹没模拟为依据，划定弹性的水安全红线，接受一部分区域被淹没；其次，充分利用乡土植被与地形结合，形成富有弹性的防洪堤[122]。这种适应不同情景的城市泛洪区和环境缓冲区，更能经得住时间考验，走向韧性和可持续发展。缓冲区生态措施的尺度可大可小，小者如沿街道的花园和草地，大者如一系列相互连通的人工湿地、自然湿地等。

1. 恢复城市水系自然洪泛区域

重新构建城市水环境空间韧性需要从恢复水系自然洪泛区域开始，消除城市建设对水系自然过程的不良影响，从而减轻雨洪冲击，降低严重损失产生的可能性[120]。

重新引入了自然因素和过程，有利于提高城市对于雨洪的适应和学习能力，从而逐步构建起城市水环境空间韧性。值得注意的是，城市水系自然洪泛区域的恢复在开发建设强度较低的区域采用更为合适，对于已经进行了高强度开发建设的区域，存在居民安置、交通系统调整、基础设施迁建等一系列问题，策略实施成本较大，因此此类区域在不能完全恢复水系自然洪泛区的情况下可以考虑进行顺应性改造，主动地把雨洪纳入场地条件，接受区域部分可淹[120]。

在河道规划和设计中，面对杂草丛生，泥泞遍布的河漫滩，设计师们往往会忽视这些滩涂和植被的作用。洪水上涨淹没河漫滩，能够为两岸生物提供多种营养物质，而渠化的河道却切断了这些联系。设置洪涝缓冲区，通过数字模拟洪水自然径流过程及低洼地区的汇流过程，识别影响洪水自然过程的河道缓冲带及关键湿地，用多层立体水岸设计替代单一岸线，即明确不同重现期的洪水淹没线、邻近的低洼地以及湿地区域，留出可供调、滞、蓄洪的河道缓冲区和湿地，通过控制对洪水自然过程具有关键意义的区域和空间位置，增强适应季节性水面变化的能力。有着"地球之肾"之称的湿地，不仅可以控制水量和改善水质，也把城市自然和人工水环境空间中的各种要素统一成整体。湿地区域能够大大提升城市的植被覆盖率，减少降雨形成的城市径流量，降低径流速度，对防洪排涝起到很大的作用。

图 2-14　沙坪河——"清泉如许"段鸟瞰图

在鹤山市沙坪河水环境空间综合整治中的"清泉如许"段河道的设计中（图2-14），设计团队根据不同季节不同水位的洪水情景，确定不同重现期洪水的淹没范围，并依此设置适应性的生态防洪堤岸（图2-15）。首先，保留原有河道的自然蜿蜒，沿岸设置人工湿地，使用当地植被护坡；其次，在满足游览和景观需求的基础上，设置临水栈道、沉淀池、文化广场、球场等可淹没空间（图2-16）。

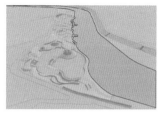

a 1.5m常规水位　　　　　　　b 2.5m控制水位　　　　　　　c 50年一遇洪水位

图 2-15　适应不同季节不同水位的生态防洪堤岸示意

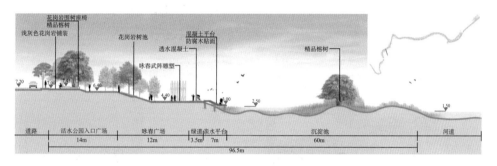

图 2-16　沙坪河——"清泉如许"段剖面设计图

2. 城市河道的柔性岸线

城市水系的自然区域被各种人类活动不断挤压、破坏，直接导致了城市水环境空间适应性不足的现状。在城市中心区，恢复河道柔性岸线，给行洪留有空间，可以增加河岸空间的包容性。在城市滨水景观设计时，应尽可能取消硬质垂直人工岸线，恢复水体原有的生态岸线，并种植喜水植物，增强城市水系吸纳雨水的能力。低水位时植物可露出水面，有效防止行人落水等滨水安全事故的发生。岸线平时的水位低于亲水平台，并局部覆盖潮间带植物；雨洪来临时达到高水位，水系淹没亲水平台，并在高于亲水平台的生态植被地带得到缓冲[104]。

在南京市秦淮河（将军大道—正方大道段）景观建设工程中，河道设计长度达 20km。整体方案设计根据河段的防洪需求，在保障航道、水利安全的前提下，着力打造水利与景观相融的水环境空间（图 2-17）。具体设计中，将水利工程要求与景观需求融合起来，建设柔性岸线，优化生态核心廊道。既保证了秦淮河防洪排涝能力，保障了流域安全、提升了水质环境；又重塑了城市滨水空间，将市民亲水、观景需求及水利防洪安全需要统一起来，营造了空间多样、层次丰富的岸线景观。

图 2-17　水利与景观相融的秦淮河（将军大道—正方大道段）景观

2.3.2.2　绿色滞蓄调节区域水资源

城市水资源的补给，主要是对外来水源的调控，其中较为关键的是将雨水留作补给水源。雨水是资源，内蓄和外排同样重要，在有条件的情况下应优先储蓄，其次才是把其快速排到下游，在解决城市自身水资源需求的同时降低下游城市的雨洪风险。就城市洪涝灾害而言，多样化的排水方式与具有冗余度的调蓄容量能增强城市承洪能力[76]，为应对不确定性的变化与干扰提供多种选择，增强城市系统功能可靠性与稳定性。雨洪滞蓄的重要形式是结合模块化渗透措施，形成将雨水通过滞蓄空间暂存于地表空间的多元调蓄模式。城市层面的绿色调蓄可以实现雨污净化、旱涝调蓄、生物多样性保护、文化服务等多种生态系统服务功能，一般选择河流交汇、地面径流量大等雨洪压力较大的区域进行布置，并配合市政管网，构成源头滞蓄、净化和地下水回补的成套系统。

（1）构建"集水城区-汇水湿地"的"绿色海绵"综合体。"绿色海绵"综合体强调以满足城市滞蓄水量为目标来整体划定城市集水区和汇水湿地，将它们以斑块的形式分散在城市内，使其可以在降雨时尤其是强降雨时发挥作用。"绿色海绵"综合体的具体形式主要包括调蓄湖、滞留塘和湿地等集水空间，可以集中调蓄片区雨洪，把地面径流峰值流量的一部分收集起来。等到降雨结束，地面径流量降低，再将雨水缓慢释放，既可以帮助城市规避雨洪峰值，提高雨水利用率，又可以控制初期雨水对受纳水体的污染，还可以对排水区域间调度起积极作用，保障下游免受洪涝之灾[120]。

（2）低成本填-挖形成"海绵地形"。在规划汇水湿地时，采用填-挖就地平衡土方的方法，低成本创造雨污水净化过滤区、雨洪水蓄滞区，形成"海绵地形"[122]。主要包括公园社区绿地、下凹式绿地和河道周边的滞洪生态湿地，利用自身的开敞空间营造微地形，提供接纳和储存部分地面径流的空间，让径流慢慢渗入地下。一方面实现雨水径流的调控和滞洪，另一方面过滤污染物，补充地下水[120]。

（3）构建多级多功能湿地系统。采用先处理，后入渗的多级多功能湿地系统对城市雨水初期径流产生的危害起抑制作用，提高雨水利用的可能。多级多功能的湿地系统可以利用跌水和植被控制水流的入流和出流，进行物理-生物净化。净化后的雨水汇入低洼湿地，并通过下渗补充地下水。两块湿地之间的连接可以通过渠网系统实现，渠网内可种植适宜的植物[121]。

通过建立绿色滞蓄设施，使这些水资源可以作为备用水源，比直接扩建污水系统节省成本，也可以作为绿化园林用水和生态环境需水，以适应城市水资源短缺，同时增加降雨后径流形成时间，使雨水能入渗到城市地面以下，补充城市地下水源。在设计时，整合城市绿色和灰色滞蓄设施形成滞蓄水系统是一个不错的适应措施。在城市中修建人工景观临时储水，不仅能改善周边环境，缓解雨洪影响；还能增加公共空间的吸引力，满足人们的亲水性需求。

黄石的磁湖湿地园博园下游湿地公园承担着 19.76km² 流域的泄洪任务，发挥着削减入湖污染物、排出积水、保障环境供水以及节约用水等功能。在方案设计中，设计团队注重为城市提供多重生态系统服务，将园博园下游湿地公园整体打造成通过"集水-汇水区"收集、净化和储存雨水、尾水的多级多功能湿地（图 2-18），局部采用海绵地形来滞蓄、净化环境，并将净化后的雨水、中水补充至地下水含水层，排入磁湖。

图 2-18　磁湖湿地园博园下游水系规划图

1. 规划集水——汇水区

湿地规划设计在原有场地现状基础上，梳理现状水资源类型和高差，进行雨洪淹没分析。据此采用行洪河道和湿地工程相互独立布置的方式，将水系局部拓宽、整合，并结合雨水净化设计，形成以中心河道为主，周边水塘和水田为特色的湿地泡为辅的集水-汇水区，满足区域防洪要求。物种丰富的湿地泡能够将湿地的水面细分出丰富的生境和多样的水文特征，为水体净化、动植物的生存繁衍创造条件，发挥湿地的生态效益和社会效益，图 2-19 展示了典型的湿地泡。

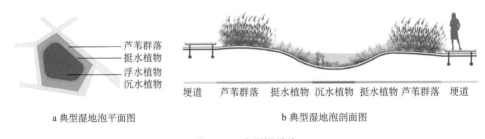

a 典型湿地泡平面图　　　　　　　　　　b 典型湿地泡剖面图

图 2-19　典型湿地泡

2. 多级多功能湿地净化系统

园博园下游湿地公园是城市雨水、尾水进入磁湖的过滤带（图 2-20）。湿地四周布置了雨水进水管，收集周边区域的雨水，通过湿地泡的沉淀和过滤后进入磁湖。中下游水面贯通，与磁湖连通。具有雨水净化功能的湿地泡分布于不同的高程上，使雨水由高向低流动，形成多级多功能的湿地净化系统（图 2-21）。因此以场地现状地表径流分析为依据，设计 4 个湿地功能段，建立湿地系统。通过多级小处理单元+曲叶状湿地（图 2-22）完成植物和土壤对水的吸附交换，延长水流路线时长、减缓流速，逐步净化水质，促进颗粒物沉淀，完成"水质净化-蓄滞水-地下水回补"，并经过四级清水湿地排入磁湖。

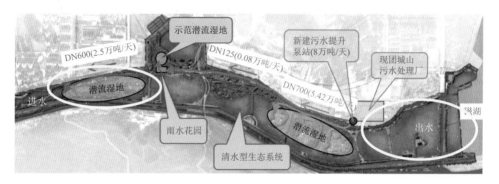

图 2-20　湿地公园的雨水、尾水处理

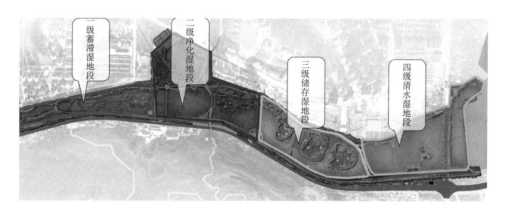

图 2-21　多级多功能湿地净化系统

3. 构建海绵地形

海绵地形位于湿地公园中部，高程 24.56m，场地标高 18.0～22.0m，相对高差 6m 左右，高低错落的水文地形可以临时储蓄雨水、滞纳净化水资源，同时多样的生物生存环境和景观层次（图 2-23）给游人游憩带来趣味性和多样性的空间感受。

图 2-22 多级小处理单元+曲叶状湿地   图 2-23 高低错落的海绵地形

2.3.2.3 缓流渗透就地消纳雨洪

渗透是自然水循环过程中非常重要的一个环节，自然地表覆被大多具有可渗透性，雨水及其他地表水直接下渗，补充土壤水分，回补地下水，对河流形成侧向补给。以往建议城市通过管道将雨洪进行集中，统一处理后再排放。各片区的雨洪通过片区级管道汇集到城市级管道中，造成流量叠加，导致工程投资巨大且难以应对多样的不确定性风险，而分散布局的绿色基础设施可以有效降低风险。分散的城市绿色基础设施（图 2-24）在渗透过程中起拦截作用，可以有效减缓降雨径流和污染，从而减少排水管道的溢流污染和溢流频率，缓和沉积物的冲刷，尤其在中小雨情形下，效果十分明显[82]。在水环境空间规划设计中运用韧性思维，意味着采取冗余化和模块化的结构，即通过分散多样的组合方式来加强雨洪下渗、就地消纳的能力。因此，要将大面积的汇水区划分为小面积的汇水单元，进而针

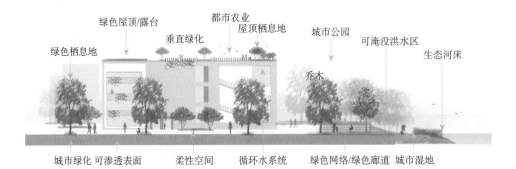

图 2-24 分散的城市绿色基础设施

对单元内的汇水情况进行合理的雨洪规划，将可利用、改造的因素通盘纳入雨洪管理体系。而且重要的是利用自然的调蓄功能提升城市应对雨洪的韧性，减轻下游人工排水和蓄水的压力[109]。下渗的雨水可以补充地下水，从而使城市水系在枯水期得到补充[120]。

1. 创造模块化的"雨水接收器"

改善城市地表的渗透性增加雨洪下渗，实质上就是控制城市雨洪径流，使雨水被原地消纳和吸收利用。相关统计数据表明，城市道路的地表径流系数为 0.85，而绿地的地表径流系数只有 0.20。鼓励在城市中创造具有柔性界面的公共空间，形成分散而连续排布的"雨水接收器"，增加就地吸纳的能力。简单来说，一个大型片区级的绿地所具有的韧性不如总面积相同的若干个小型片区级绿地的韧性[109]。在城市已建空间和新建区域中都可以布置模块化的渗透设施，例如，透水铺装是一种常用的渗透材料，在满足地面硬化的情况下不影响雨水下渗，改善局部微气候；城市开敞空间中的林荫道、植草沟、植被缓冲带等，能够在降雨时拦截和下渗一部分地表径流和颗粒污染物，降低雨洪流速并延缓洪峰到达时间；街角公园是街区绿地空间的主要形式，根据街区内部自然水系和雨水汇集区，设置蓄水单元能够有效收集雨水，提供足够景观用水的同时维护与恢复街区水生态系统，提高水体生态涵养能力[104]。模块化的蓝绿色基础设施已经融入了城市建设的方方面面，分散、灵活的模块化设施是对集中排水设施的有益补充[123]。

2. 模块化组合的渗蓄设施

在城市防洪排涝和绿色基础设施规划中，需要合理布置渗蓄设施，并注意控制建筑密集区域建造或改造渗蓄设施的成本。以往围墙之内的公园绿地正在以开放的形态融入居住、工业、办公和商务等用地中，并通过廊道连通形成蓝绿相融的城市空间结构。在这种情况下，以生态系统为基础的雨水渗透系统通过分散的模块化组合来设计渗蓄设施，适应多种场地条件。这些能够就地储存雨水的渗蓄设施占地面积小、布局分散，因此可以依据当地条件，灵活地制定模块化组合[123]。在商丘古都城湖景观设计中，方案根据场所特征广泛使用了分散模块化的渗蓄设施，将雨水就地消纳处理，较好地减少了初雨进入城湖的径流量。比如在入关道路和停车场中使用透水铺装、植草砖铺装、生态滞留池（图 2-25a）、透水混凝土等设施组合，在保证交通需求的情况下满足渗蓄需求；在城郭绿化带和古建筑景点中使用了生态滞留带、雨水花园（图 2-25b）、人工湿地、生态植草沟（图 2-25c）等设施，将渗蓄设施景观化融于古城；在城郭商业区使用了雨水花园、生态滞留池、渗透铺装等设施，围绕商业休闲空间进行布置，满足游客的休憩需要。

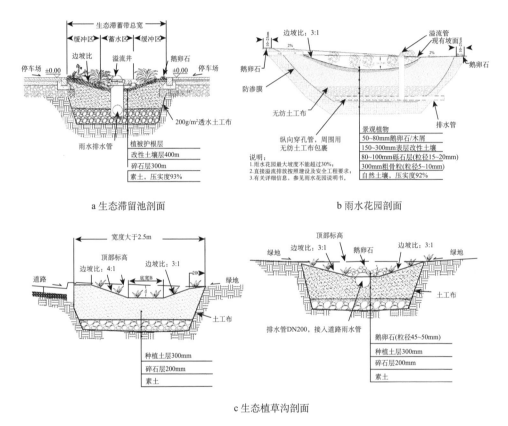

a 生态滞留池剖面

b 雨水花园剖面

c 生态植草沟剖面

图 2-25　商丘古城采用的模块化组合渗蓄设施

2.3.2.4　以家庭为海绵细胞单元

在极端气候事件的影响下，城市面临水资源短缺、内涝频发等问题，虽然城市尺度的规划对问题的解决至关重要，但每个家庭和个人同样发挥着不可忽视的作用。与地下水回补、洪涝调蓄这些宏观的学术概念相比，以社区、居住区和家庭为单位，使雨水作为辅助水源得到再利用，与每个家庭和每个人的联系更加紧密[68]。如果利用好每一个家庭细胞和社区绿地进行雨水收集，那么城市中 20% 以上的居住用地将成为城市雨水的收集海绵，城市内涝问题将会得到极大的缓解。在不同国家的很多家庭，都可以看到传统或现代的雨水滞蓄设施。德国是欧洲开展雨水利用工程最好的国家之一，雨水利用的形式有屋面雨水积蓄利用系统、雨水净化与渗透系统以及生态小区雨水利用系统等。美国的住宅小区则采用由建设屋顶蓄水设施、入渗池、草地、透水地面组成的地表回灌系统，在收集雨水的同时，提高雨水入渗能力。在一些发展中国家，尤其在水资源缺乏的地区，也正依靠简单的雨水存储系统解决居民用水问题[68]。

家庭参与到海绵城市的建设中，是对既有建筑进行绿色改造的一种有效方式，需要多种技术支撑实现。以家庭为单元的海绵细胞可以通过雨水花园、阳台花园等形成家庭雨水收集系统，也可以利用雨水生态墙调节室内温度和湿度，营造建筑自然通风体系等方法技术，提高雨洪韧性和水资源利用率。家庭层面的海绵细胞实践希望通过民众的自发行动，在社区将雨水就地消纳[68]。把家庭和社区空间改造成雨水花园或者雨水滞蓄设施，可以极大地发挥每个海绵细胞单元的功能，进而促进海绵城市整体的健康发展。如果每一个小区的屋顶、庭院对雨水都能起到收集利用，则会大大降低市政管网的负担。我们的水资源短缺和雨洪问题也会得到较大缓解。

在江苏省园博会上，扬州的《序园》庭院设计广泛应用生态海绵等设计理念，建设的雨水花园解决了庭院海绵单元的废水处理、雨水收集及水循环问题。在庭院中将人的通行区域做成硬质的可渗透铺面，其余空间用砾石覆盖或植物绿化（图 2-26a）。下雨时透水铺装、砾石和绿化带能下渗部分雨水，避免庭院积水，待太阳出来下渗的雨水蒸发出来又可以增湿、降温，改善微气候。同时，庭院中设置雨水收集池（图 2-26b），收集雨水浇灌植物。经过景观化处理之后，院进、中庭和休息区等相互交融，突出江苏的特色文化景观表达，发挥场地优势和功能潜力，营造功能弹性、形式多样的百变空间。

a 庭院步道　　　　　　　　　　　　　　　b 庭院雨水收集池

图 2-26　《序园》庭院实景图

2.3.3　工程协同，强化人工干预

传统的工程措施出现了各种弊端，但是也不可否认其带来的红利。城市水环境空间的韧性提升不仅是借助自然的力量，同时人工干预也在非常态下发挥着协同作用，即通过人工干预进一步增强水环境空间韧性。城市水环境空间韧性构筑需要加强水资源的循环利用、厂-网设施维护、工程抵御和节水等人工技术，最大限度地利用人工技术弥补自然水系韧性的不足，适应多变的城市水循环问题。

2.3.3.1　城市水资源循环利用

城市水资源的循环利用不仅是对水生态服务功能的利用，更是通过人类社会的生产与自然系统关系的重构与完善实现各种水资源的合理配置[74]。如何建设水资源循环利用的闭合模式，将雨水、洪水、污水等非常规水资源多样化利用，缓解城市洪涝灾害的同时解决水资源短缺的矛盾，是当代城市水环境空间建设必须面对的重要问题和新的挑战。每一种水资源的开发利用都不应是盲目而无度的，需要进行环境、经济、社会乃至文化等多方面的考量，把城市水循环作为一个整体，将雨水收集与利用、供水、污水（中水）处理及资源化利用视为水循环中相互联系、相互影响的环节[98]。而且积极吸收、利用再生水、海水及雨水等非常规水资源利用的新理念、新技术，最大化发挥水资源的使用价值和利用效率。

1. 再生水

再生水作为补水水源能提高城市水系的多项指标，与其他补水措施进行综合运用，可得到较为理想的补水效果[120]。再生水利用模式采用集中为主、分散为辅的形式。

再生水集中回用，是以区内污水处理厂出水作为再生水水源，经净化处理后通过市政再生水管网回用的方式。城市废水经处理后水质达标可作为生产或者杂用水，如用作工业冷却用水、洗车水、道路广场和绿地浇洒、消防用水和水景用水等。如澳大利亚珀斯市在 2004 年修建了 Kwinana 废水回收厂，专门用于工业废水回收[124]。

再生水分散回用，是结合水源分离的排水模式，以优质的建筑排水作为再生水水源，因地制宜，就近由中水处理站收集处理后回用于小区内的居民生活杂用、绿化及浇洒等[125]。这类解决方案不仅操作更简单还会带来一些额外福利，例如为植被增加土壤水分含量、维持蒸发降温、减少城市洪水风险[71]。

2. 海水淡化水

海水淡化水的制水成本要高于自来水。但随着技术进步，海水淡化水的制水成本有进一步下降的趋势，海水淡化水的利用方向主要为高品质工业用水和生活用水，海水淡化技术也已在很多城市投入使用。如澳大利亚珀斯市分别在 2006 年和 2013 年建立两座海水淡化厂，提供整个城市 49% 的总供水量[124]。

3. 雨水

目前能够做到雨水收集和处理兼顾的城市不多[126]。城市雨水利用主要包括收集和净化后直接利用、利用"海绵体"使雨水下渗补充水资源间接利用、渗透和调蓄的综合利用三种方式（图 2-27）。一是雨水的直接利用，针对水质较好的雨水，将临时储水系统和常规水系统有效衔接，降雨过后为工业用水、自来水厂、家庭非饮用水源、生态用水等提供用水；二是雨水下渗间接利用，可将无法利用的雨水通过自然下渗补充涵养地下水资源，缓解地面沉降；三是雨水综合利用，在降雨量较大的区域，通过雨水收集、下渗，调节洪峰、减少径流污染、应对洪涝灾害等。

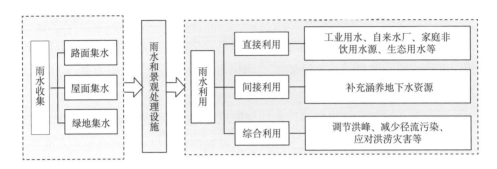

图 2-27 雨水利用系统图

西安市高陵区泾河风光带在雨水利用中根据不同条件和具体特点进行综合分析，将雨水直接利用、下渗间接利用和综合利用三种方式有机结合。在降雨小时，降雨量能全部被调蓄池收集，进行雨水回用流程，用于景区内的景观用水、冲厕、道路清洗及绿化灌溉等；发生强暴雨时，降雨量超过了调蓄池调蓄容积，多余雨水经雨水排口直接排入泾河，避免形成内涝；而超出调蓄收集部分将通过绿地、道路等开敞空间下渗，对雨水就近就地消纳，作为生态补水回补地下。另外，雨水回用系统采用全地下式以保证景区地面的景观性。

2.3.3.2 升级改造厂-网设施

厂-网是给排水系统中的硬件设施，是水环境空间韧性的重要支撑。为防止排水时形成洪涝、供水突发断水等，从城市水安全角度，实行雨污分离、动态调整流量、管网修复以及升级更新，以保证城市供排顺畅，并维护城市良好的给排水环境。

（1）雨污分流改造。过去受经济、技术与理念的制约，合流制和分流制交叉使用以及分流制系统内衔接混乱，使雨污混接的现象普遍存在。为避免合流制系统和雨污混接存在的问题，雨污分流改造工程得到积极推进。在合流制系统中，应该考虑将其改为分流制系统，特别是在合流制系统的剩余容量有限，需要进行大的扩建时。在面对情况复杂的雨污混接问题时，要先对雨污混接的具体情况进行详尽调查，并确保调查资料的准确性和可靠性；再根据雨污混接调查结果显示的混接类型和混接程度的等级，按照"问题导向、因地制宜、合理可行、施工规范"的原则，将不同混接类型的雨污水彻底分流；然而针对现状问题确实无法实施改造工程的，可以采取末端截流和源头减排来降低管网压力以及对水环境空间的污染[127]。需要注意的是，雨污分流改造工程实施难度较大，相关部门应建立完善的日常运维和管理机制，以保障雨污完全达标排放。

（2）溢流设施动态调控。在城市排水系统中，合流制可以安装溢流设施或溢流道，将排水流量通过溢流堰或溢流道流入调蓄池、出水管或受水区，确保排水系统只输送设计的水量到污水处理设施，并降低因排水系统容量有限发生溢流洪涝的可能性。为在更高的流入量和流出量恒定的情况下，使溢流设施保持相同的水力性能，可能需要加宽溢流堰顶或降低溢流堰顶的高度。然而，降低溢流堰顶高度会导致溢流的次数增加。为了保证溢流设施有最佳的水利性能，即确保在不增加回水的情况下使流过设施的水流量达到最大，溢流设施可以设计成可移动的溢流堰，动态控制堰顶高度或配备可移动的闸门，这样还能将上游排水系统的蓄水效应降至最低。除了在设施上合理改进以外，在泄水建筑物处还可以安装处理设施，通常是自动清理的过滤器或网栅，增加清除养分和清洁处理措施。

（3）管道修复与沉积物清理。由于长年累月排放雨污水，受到雨污水腐蚀、侵蚀、冲刷、沉积及地面荷载等影响，排水管网存在着破损、错口、渗水、漏水、淤积、堵塞等不同程度的缺陷[82]。这些问题极大地影响排水畅通和排水水质，迫切需要开展日常问题监测、及时管道修复和沉积物清理等疏通工作。面对管线在地下不便于开挖的特征，通过智能监测厂-管-网系统中的故障点、杂物和固体废弃物，采取整体非开挖技术修复管道，用机械清淤或水力自动冲洗等技术清理沉积物，能够有效降低系统风险。

（4）管网升级。当现状管网确实无法满足排水需求时，在对其进行升级改造前，应当对排水系统进行全面分析，进行必要的更新。确实需要扩建的，可以考虑扩大某些管段的尺寸或者增设管线等降低扩建成本的管路解决方案。面对空间不足难以扩建的污水系统，通过建造隧道，将雨水从集水区输送到能够提供额外积蓄容量的受水区或主干管线，提升系统的排水能力。

（5）调蓄池（蓄水池）。在雨洪期间，调蓄池可以储存水质较差的初期雨水，也可以储存洪水，调节洪峰，避免或降低洪水集中流量，待雨洪过后再外排入河或输送至城市污水处理厂进行处理，降低对受水区的影响。国内外的经验表明，调蓄池在各排水系统中起着重要的作用[128]。比如盐城市第三防洪区为控制面源污染，建设 8 座调蓄池，总面积 1030 hm²。其中在合流制集中控制区建设 6 座合流制溢流（combined sewer overflows, CSO）调蓄池，分流制高污染区域建设 2 座初期雨水调蓄池。

（6）关键设施的冗余准备。在城市水系统中，模块化设计的厂-网设施应当留有备份，为突发公共事件中的设施故障做准备。虽然一些设施在独立应对短时强降雨或者洪峰冲刷时能够运转良好，但在相互连接成一体化设施后，所面临的系统风险也随着整体性能和系统服务水平的提高而有所增加。在设计相关设施系统时，不仅考虑经济效益的最大化，也要遵循冗余的设计原则，如布置应急水厂、模块化的替换设施；同时也要监控水厂、管网的稳定性，避免水厂高负荷工作或者老旧管网破裂导致给排水系统崩溃[129]。例如城市排水系统中的排水干管或者污水处理厂一旦遭到破坏，整个区域的污水收集将中断，造成区域性污染，问题严重时，正常的社会经济活动甚至无法开展。如若及时地监测到故障问题，应急水厂或冗余的排水干管便可以快速代替故障干管，在关键时刻保障基本排水功能。在黄石团城山污水处理厂的提升设计中，就设置了模块化的污水处理泵站。在现污水厂西南侧新建 7 台污水处理泵站，其中 4 台日常使用、3 台备用，3 台备用泵站能够在 4 台泵站无法满足污水处理需求或者有故障的情况下直接接入，极大地提升了污水处理厂的稳定性。

2.3.3.3　防御工程措施抵御冲击

面对罕见的洪水或暴雨灾害，存在依靠"渗、滞、蓄、净、用、排"无法减缓灾害的情况，一定程度的"堵"，可以减轻灾害带来的损失。借鉴大禹治水的智慧经验，理水要疏堵结合，单一的堵或疏是不治本的。因此，因地制宜做好城市防洪排涝工程抵御措施也非常重要，根据城市气候条件和用地现状采取不同的措施，主要防御工程措施有 4 个方面。

（1）修筑防护堤和防护墙。城市防洪工程中常见的一种措施是根据城市河道状况，沿城市内河部分河段修建防护堤，提高城市内河应对洪峰的能力，防止汛期河道洪水漫溢引发洪涝灾害。当城市防护区地势较为低洼时，为了有效保护防护区免遭洪水的侵袭，可以在防护区的周边修筑防护堤坝和防护墙，保证防护区的安全[121]。堤坝可以为线形堤坝也可以为环形堤坝。线形堤坝通过互相连接或是由内陆延伸至高地创造出一个闭合的保护体系。比如位于德国汉堡易北河岸的Niederhafen，长达 652 m、高 8 m 的河滨走廊对城市防洪系统的优化与加固起到了不可或缺的作用。环形堤坝则围绕在防护区四周，受环形堤坝保护的区域一般多为围垦地。而混凝土墙一般点缀在土质堤坝易受侵蚀或堤坝没有足够空间构筑的地方[130]。

（2）护坡和护岸工程。为防止城市内河堤岸溃崩，需在危险性较大的河堤坡面修筑护坡加以防护。当河流径流量较大，河岸冲刷较为严重而洪涝危险较大时，必须做好护岸工程，以确保城市的安全。护岸工程应根据河道岸线的风险等级布置，布置的长度应大于受冲刷或要保护的河岸长度。

（3）修建防洪构筑物。城市防护区内需要修建分洪闸、泄洪闸和挡潮闸等防洪构筑物，动态监管水情，及时合理地分滞洪水，避免洪水对城市及下游地区造成灾害。同时，被拦截的洪水可以储蓄在水库中，在旱时作为生态需水补充。

（4）修建抽水站。对于城市内涝、低洼地区的积水，依靠城市水系和排水道无法及时排出时，应根据积水的程度选择合适地点设置抽水泵站，人工抽出积水，排除内涝。也可以根据城市自身情况，临时加设应急抽水泵，避免过多占用城市用地，减少对景观的影响。

2.3.3.4　建（构）筑物的水适应

建（构）筑物的水适应是长短期结合的更新改造措施，可以是对单体建（构）筑物的部分改造（如洪泛区较低楼层建筑的防护、蓄水池、中水设施等），也可以是极具创新性的系统策略，主要包括较低楼层建筑的防护、建筑蓄水设施、建筑物节水装置等。

（1）较低楼层建筑的防护。洪水位以下建构筑物在一般情况下，会因洪水浸泡存在安全问题（图 2-28a）；常用适应措施可归纳为防水密封、洪水贯穿及抬升上浮[131]。防水密封（图 2-28b），建筑设计之初想要防止地下室遭水淹没，可以通过防水密封，安装止回阀，避免水回流到地下室内。如果将地下室的排水系统与一个把水泵入排水系统的深井泵连通，则防止地下室遭水淹的安全性还可以更

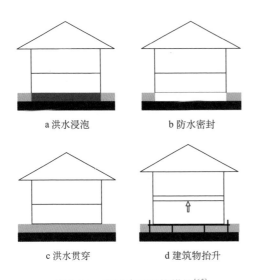

a 洪水浸泡　　　　　b 防水密封

c 洪水贯穿　　　　　d 建筑物抬升

图 2-28　底层建筑防护措施[65]

高，还能保证无论公共排水系统的水位有多高，私人安装的设备都可以使用。洪水贯穿（图 2-28c），通过对房屋的改装修缮，让其具备抵御洪水的能力。即留出一层的空间，让洪水通过，及时排水泄洪。建筑物抬升（图 2-28d），提升居民房屋，让其房屋一层的高度高于预计洪水的深度[130]，既可以防止房屋被洪水浸泡，也可以让洪水贯穿。

（2）建筑蓄水设施。这里所说的建筑蓄水设施，不同于上一章节所讲的海绵细胞，主要是通过在建筑内部或外部设置雨水的收集设施，将雨水处理之后循环利用。这不仅能就地消解一部分雨水，也缓解了水资源短缺。在日本，雨水收集被作为一种替代水源、防治内涝和应急供水的方式，一些大型建筑物或者个人住宅上都布置有雨水收集利用的设施，用于消防、绿化、冲厕等，甚至经处理后供居民饮用[132, 133]。另一个成功的案例是以"花园之国"著称的瑞士。20 世纪末，瑞士在全国开始推行简单、实用的"雨水工程"，鼓励全民参与。如今在瑞士，以户为单位，将收集的雨水储存在地下，通过小水泵接入室内，作为冲洗厕所、浇植物、擦洗地板等生活用水，形成一个完整的雨水利用系统（图 2-29）。此外，瑞士政府还采用税收减免和津贴补助等政策鼓励民众建设节能节水型房屋[134]。

（3）建筑物节水装置。建筑物的节水以节约生活用水为主，节水策略为强制性和自愿性相结合，当建筑规模符合一定标准之后应当在建设或更新改造中设置节水装置，降低水资源消耗。美

图 2-29　家庭雨水收集及利用

国纽约市在 20 世纪 60 年代面临严重的水资源短缺问题，最初提出的解决方案是从新泽西州调水，但工程投资巨大（约 100 亿美元），加上新泽西州民众反对，调水工程未能实施。随后，城市给排水专家提出的节水方案被采纳，政府将纽约市的旧抽水马桶全部改为一次冲洗水量 6L 的节水马桶。经过长达 11 年的建设，累计投入不到 3 亿美元，对全市马桶进行改造后，纽约人均日用水量下降 14%，水资源短缺得到缓解[80]。

2.3.3.5　建设临时多用蓄排设施

在水环境空间面对超出日常承受能力的超常规等级冲击时，多用空间可以及时弥补蓝绿基础设施有限的承受能力，保障城市水环境空间发挥正常功能。在城市中布置多用途的排洪蓄水设施，能够在有效提升水环境空间韧性的同时获得社会和经济效益的多方共赢。

任何形式的蓄洪都具有削减洪峰流量的作用，尤其是当蓄洪容积很大时，可以有效控制洪峰流量；同时，通过丰水期囤积水量、枯水期补水的方式达到洪囤枯用的目的[120]。在平时，临时的滞蓄设施可另作他用，为人们提供休闲健身或其他用途，扩大了人们的活动空间，如叠加慢行系统、交往空间和绿化景观等；在遇到强降水侵袭时，这些设施又可以为城市提供滞洪蓄洪场所，减少城市洪涝积水，为城市的安全发展提供一份保障[121]。可以用于临时蓄洪滞洪的空间很多，应考虑在尽可能多的小流域内设蓄水池，如广场、运动场、次要道路、停车场、立交桥空间等，当城市排水系统的负荷超过其能力时，多余的径流可以引入这些场所临时蓄洪、滞洪。或许在某些地点可以将雨水的进水口做得很大，通过降低出水管的容量使得这些地点在极端降雨时作为小型蓄水池。在荆门竹皮河流域水环境空间综合整治方案中，便采用了学校操场、街区游园、公园、广场、河道近岸绿地等多种可恢复的城市临时调蓄池。城市多用途的排洪蓄洪设施类型如表 2-4 所示。

临时蓄排设施要综合平衡三种基本性能，即城市运转性能、空间交往性能和雨洪韧性性能。这种平衡是在对每种性能的深入分析之上，寻找可以同时满足多种性能要求的策略，最终呈现的结果是对传统空间的性能化诠释。平衡的过程是

表 2-4　排洪蓄洪设施类型

设施类型	描述
广场	场所空间丰富，空旷面积较大
停车场	设施使用较为广泛，结合生态停车场，将洪水渗透、分流并能控制洪水的排放
次要道路	能够容纳一定的雨水，但水深影响道路的通行
运动场	硬质表面场所，通常提供篮球、足球、网球等运动场所
学校操场	学校操场可以提供较大的防洪空间，但应采取额外的措施确保学生的安全
河道近岸绿地	可能地面低于周边地区，提供显著的防洪空间
园区道路	存储空间较小，在相关地区要注意工业设施的安全

复杂的，往往会遇到各种原则的碰撞[109]。由于工程思维的定式化，蓄排设施被作为功能单一的设施单元，是一类容易被忽视的传统灰色工程，并对其他功能和市民参与具有排斥性。然而，国内外一些实践证明，蓄排设施在功能、形态和边界上可以具有更强的包容性，能够成为空间活力的触媒载体。深受气候变化影响的荷兰鹿特丹，有一个可以被淹没的水广场（图 2-30），满足了蓄水功能和城市公共空间高质量发展的需求，在日常是一个体育公园（图 2-31），在暴雨期间可以被临时淹没（图 2-32）。在鹿特丹城市水广场设计中，3 个下沉式的露天集水区用于解决周边街区的雨洪问题，并分别对应不同降雨强度的淹没情况，收集的雨水用于回补地下水及作为绿化用水。3 个集水区分别兼顾了篮球、足球、排球、滑

图 2-30　水广场的雨洪淹没情况

资料来源：http://www.urbanisten.nl/wp/? portfolio=waterplein-benthemplein

图 2-31　水广场作 为公共空间　　　　　　图 2-32　水广场作为储水空间

资料来源：http://www.urbanisten.nl/wp/?%20portfolio=%20waterplein-benthemplein

板和街舞表演等休闲娱乐功能，为创造富有特色环境质量和邻里中心空间创造了机会。将具有韧性的城市生态水环境空间打造成活力十足的公共空间平台，兼顾了持久发展城市经济和提高生活质量。

　　在南京溧水经济开发区的润淮大道设计中，中分带高架区域采用雨水花园的形式收集、下渗、滞留和净化高架雨水管排水，缓解道路积水压力并涵养水源补充地下水（图 2-33）。观赏草能适应极端的水涝或干旱环境，可经过雨水自然灌溉生长良好，减少了人工维护和灌溉的成本。侧分带街旁绿地均营造微地形，使种植效果更生态自然，街旁绿地种植整体遵循流线型，改变了传统道路的空间形态。

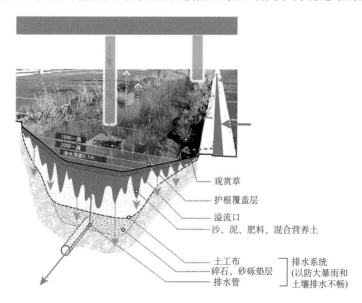

图 2-33　润淮大道雨水花园结构图

需要注意的是：①在排洪蓄水设施中，可以采取新技术、新材料，提高设计标准，满足排水或帮助雨水快速渗入地下。②在以增强城市水环境空间韧性为目标的城市空间开发中，应始终把空间的环境性能放在首位。对任何蓄排设施必须确定渗透是否会威胁地下水的水质，是否对自然水循环的干扰最小。③多用途蓄排设施中的水将通过出流设施排入城市排水系统、河道或者泄洪渠道，有时也可以让其下渗或蒸发，但会大大增加排空时间，延缓这些场所的主要功能恢复[121]。

韧性策略是为了减轻和防止城市洪涝灾害损失、缓解城市缺水现状而采取的各种措施和对策。这些措施相互作用、相互关联，共同的目的是保护所在城市在面对涉水扰动时具有很强的韧性度。因此，应重视转变城市水环境空间韧性理念，特别是结合海绵城市的建设要求，建立科学合理的城市水环境空间防治体系，保障城市安全可持续发展。

第 3 章

平衡，强生态之基

日月丽乎天，百谷草木丽乎土，重明以丽乎正，乃化成天下。

——《易经》

人类活动对自然环境的不合理开发利用造成了生态环境的破坏，水污染形势十分严峻，水生态环境安全面临严重威胁，城市水环境空间问题已经成为城市人居环境和城市社会经济发展的制约因素。归根结底，人类对水系统生态的直接或间接干扰程度超越生态系统的自我调节限度，破坏了其原有稳定的生态系统的结构。"泚水清且浅，沙砾明可数"越来越成为历史的记忆和人们的生活向往。当人们的生存不再受到水安全问题的威胁，人们开始追求环境的健康维护，生态环境优美成为人们的需求焦点。城市健康持续、人们高质量的美好生活需要水生态稳定和自然合美来夯基筑底。城市水环境空间生态迫切地需要将已经退化或损坏的水生态系统进行恢复、修复或重建，在遵循自然规律时结合系统工程最优化方法，使其在人类活动干扰下，仍能维持本身结构和功能的完整性，通过自我演替建成新的平衡状态。

3.1 不堪一击的城市水生态环境

"50 年代淘米洗菜，60 年代洗衣灌溉，70 年代水质变坏，80 年代鱼虾绝代，90 年代身心受害。"这是水生态环境的真实写照。城市是人口最密集、工业最集中的地方，也是用水集中、水污染严重的地方[135]。随着城镇化进程和工业化发展，以往水环境空间的自然生态遭受到过度挤压和污染，多数城市水环境空间的生态和环境容量已无法负荷，污染、黑臭、"寂静"、破碎等成了城市水环境空间的代名词，水生态系统健康遭到严重威胁。当前水环境空间面临的众多问题与挑战，让以水为核心的生态环境问题成为中国城市生态安全的头号问题[68]。

3.1.1 水污染持续

当前，水污染治理整体取得了良好的效果，但水污染防治不平衡，部分地区水环境达标形势依然严峻。2019 年，在 1940 个国家地表水考核断面中①，Ⅳ～Ⅴ类、劣Ⅴ类断面比例分别为 21.7% 和 3.4%；长江、黄河、珠江、松花江、淮河、海河、辽河七大流域及西北诸河、西南诸河和浙闽片河流劣Ⅴ类为 3.0%；其中，黄河、松花江、淮河、辽河和海河流域为轻度污染[136]。2019 年，监测的 336 个地级及以上城市②的 902 个在用集中式生活饮用水水源断面（点位）中，有 72 个未达标，占 8.0%；全国 10168 个国家级地下水水质监测点中，Ⅰ～Ⅲ类水质监测点占 14.4%，Ⅳ类占 66.9%，Ⅴ类占 18.8%；全国 2830 处浅层地下水水质监测井中，Ⅰ～Ⅲ类水质监测井占 23.7%，Ⅳ类占 30.0%，Ⅴ类占 46.2%，Ⅳ～Ⅴ类占比较大；监测的 110 个重点湖（库）中，劣Ⅴ类水质湖（库）个数占比为 7.3%；监测富营养化状况的 107 个重点湖（库）中，中度富营养状态占 5.6%、轻度富营养

---

① 《"十三五"国家地表水环境质量监测网设置方案》建立的国家地表水环境质量监测网共布设 1940 个评价、考核、排名断面（点位），2019 年有 1931 个断面（点位）实际开展监测，其他 9 个因断流、交通阻断等原因未开展监测。

② 新疆维吾尔自治区博尔塔拉蒙古自治州原在用水源因规划调整，变更为备用水源，未纳入 2019 年地级及以上城市在用水源统计清单。

状态占 22.4%[137]。不论地下水还是地表水、河流还是湖（库），大部分水体都存在不同程度的污染问题，甚至部分水体已经丧失使用功能。

水体受污染后，会引发一系列生态环境问题和社会问题。水污染不仅导致区域水质恶化，同时还造成"水质性缺水"，引发水危机，影响人的身体健康。污染的水用到工业生产中，不仅会加剧设备腐蚀，也会影响产品质量，甚至会使生产无法继续进行。农业灌溉用水被污染，会降低土壤质量，使农作物中有害物质含量超标，受污染的农作物进入市场会增加人类发生疾病的概率。污水中的污染物一旦流入饮用水源，通过饮水或食物链进入人体，可能引发中毒、传染性疾病，甚至诱发癌症。据世界权威机构调查，在发展中国家中，有 80% 的疾病是通过饮用了不卫生的水而传播的，每年因饮用不卫生水至少造成全球 2000 万人死亡。2008～2017 年，环境保护部应急与事故调查中心处理了 487 起水污染事件，124起涉及饮用水水源地，68 起因事故影响导致水源地供水不足或停水。从水污染事件暴发频次和影响程度来看，自 2014 年始，涉及饮用水的突发环境事件呈高发态势，2014 年第二季度，连续发生甘肃省兰州市自来水局部苯超标、湖北省汉江武汉段氨氮超标等事件，导致部分地区大面积停水和公众"抢水"；2015 年的河北省邢台市新河县城区地下水污染事件，导致新河县全县停止供水达 5 天，受影响人口十几万；2017 年湖北荆州松滋市杨林市镇三个水厂受矿井废水影响，全镇停水 3 天①。

自 20 世纪 90 年代开始，我国在治理城市水污染问题方面投入巨大，取得了积极成效，但水污染现状尚未得到根治。其根本原因就在于忽视了污染物的产生、迁移和入河规律和过程，忽视了污染物总量与河道水环境容量的平衡关系[138]。首先，对水体污染的治理除了需要控制和治理点源工业和城市生活污染源，更艰巨的任务将是治理广大范围内面源污染[68]。据报道，美国河流的水质污染成分有50% 甚至更多来自各种城市地表径流的非点源污染，其城市下游水质有 82% 为地面径流所控制，可见面源污染对城市水体危害巨大[139, 140]。其次，由于一些城市发展规模对水的需求超出了水环境容量，水资源的消耗和输出量在时间和空间尺

---

① 生态环境部办公厅.关于征求《集中式地表水型饮用水水源地突发环境事件风险源名录编制指南（征求意见稿）》意见的函.环办标征函〔2020〕7 号[2020-03-12]

度上大于输入和自我调节的量，大量污染物滞留于水体，造成生态失衡，使得水体的自我修复和自净能力降低[77, 140, 141]。另外，叠加城市水处理设施有限、企业或个人环保意识淡薄和监管力度不足等原因，水环境空间需要长期且严格的治理环境，否则容易出现反复[80]。

3.1.2 黑臭水体反复

"让市长下河游泳"反映了百姓对解决和治理城市黑臭水体的强烈愿望[142]。水体黑臭不仅影响城市形象、损害人居环境，更直接刺激人们的嗅觉、视觉乃至造成心理阴影，长期黑臭也使水体的生态、饮用水功能丧失，直接危害人们的身心健康。此外，城市河流水量、水质及视觉特征不仅会影响人的行为活动，也影响和约束着临近区域的土地价值[143]。城市黑臭水体一般为劣 V 类，部分水体中污染物超标数倍至数十倍，水体中腐生、底栖及浮游动物丧失，厌氧、硫还原菌等微生物总量增多，除耐污藻类外，高等水生植物较难存活，黑臭特征明显；严重时还会出现"河泛"或"湖泛"[144]。据统计，长江干流沿岸城市污水排放量约占全流域排放总量的 50%左右，其中攀枝花、重庆、武汉、南京、上海五大城市排污量就占了干流城市排放总量的 70%以上[75]。截至 2019 年底，全国地级及以上城市建成区排查出黑臭水体2899 个，其中386 个未消除黑臭现象，占比13.3%[137]。其中，全国 36 个重点城市的黑臭水体中仍有 40 多个未消除①。长江经济带 110 个地级及以上城市共有黑臭水体 1372 个，有 178 个未消除黑臭，约 13%；黄河流域 49 个地级及以上城市共有黑臭水体 253 个，有 29 个未消除黑臭，约 11.5%②。我国城市的河道治理工作虽然取得了不错的成绩，但根治黑臭形势依旧紧迫。

"问题在水里，根源在岸上，核心在管网"，城市水体黑臭的主要原因有 5 个：一是面源污染复杂，难以控制。泥沙、农药、固体废弃物和大气沉降物等难以监测和防控的地表污染物，在降雨或者农业灌溉作用下，随着地表径流和其他形式

---

① 中华人民共和国生态环境部. 关于 2019 年统筹强化监督(第二阶段)黑臭水体专项核查情况的通报. [2020-01-16]

② 中华人民共和国生态环境部水生态环境司. 坚决打好打好碧水保卫战，生态环境部报告 2019 年进展和成效. [2020-01-18]

的水体流动转移到河道并沉积在水体。二是淤积严重，内源污染长期。黑臭水体中水体流动性差，超出河道自净能力的杂质长期沉淀，形成一定的淤积物，生态系统被彻底破坏后，淤积物不断向水体释放杂质，形成长期内源污染。即使切断了外源污染，内源污染也会在相当长的时间影响水质的改善[145]。三是管网截污不完全。中国各市每年发布的环境公报中，污水处理率基本都在 90% 以上，但是城市水体、水质仍较差。原因是只重视污水总管和干管建设，忽视收集管网建设，众多污染源无法纳入污水管网，虚高了城市污水处理率，高处理率数字后面隐藏了污水未经处理直接排放的真相[82]。四是忽视水的流动性。水具有流动性和流域性特点，在河网截污、治污过程中，仅治理部分河段或干流管网以及景观水的循环问题，导致黑臭反复，甚至治理无效。五是管网沉积严重。合流制系统输送距离较远，晴天流速较慢，污水管网一定程度上成为颗粒态污染物的蓄存箱，我国城市合流制排水管网中污水在输送过程，有将近 1/3 的颗粒态污染被沿程沉积[82]。因此，许多城市水体晴天消除了黑臭，但雨天又黑臭反复。

　　雨天黑臭、循环反复，水体污染治理"久治不愈"，不外乎四个维度的缺陷：一是长效，陷入"头痛医头、脚痛医脚"，重治理、轻保持，重应急、轻长效的误区，注重短期成果，忽视长效维持[146]；二是力度，维护责任落实不明确、权责不清，缺乏规划约束机制，"躲猫猫"式管理和环保意识淡薄，使偷排污水现象时有发生，治标不治本；三是高度，治理是否见到成效不仅取决于技术支撑，还需要强大的社会资本投入和政府综合系统协同配合[144,147]；四是广度，难以从流域的尺度进行协调治理也是一个不容忽视的阻力。

3.1.3　水生境破坏

　　水生境[①]确定了水生态系统的自然边界，为生物群落发展和功能发挥创造环境，是生物宝贵的栖息地。水生境需要水来保证其功能发挥，如果无法满足要求，水生境的生产能力及其为生态提供可持续服务的能力将会受到严重影响[148]。事实上，人类活动会引起水生境发生功能性改变，反过来又对人类和水生生物造成快

---

① 水生境，是指维持水生生物生长的生存环境。

速的（急性中毒）、慢性的（长期显露）或者渐增的（由不同的类型污染源造成，且随时间产生持续积累作用）影响，导致很多城市水体的环境容量和生态承载力不堪重负，无法满足该生境中的原有物种生存，水生态彻底失衡[148]。对全国546个重要水体生境状况的评价表明，生境状况为优和良的有206个，占37.7%，主要分布在长江、珠江以及松花江；生境状况为中等的186个，占比34.1%；生境状况为差和劣的154个，占28.2%，主要分布在黄河和淮河流域[149]。

人类活动尤其在开发建设密集的城市区域,给水生境带来了不同程度的挑战。大量的水利工程建设带来了巨大的经济效益，也给生物多样性带来巨大挑战。如河道"三面光"工程会影响附近野生动物的栖息和觅食，河道硬化导致部分鱼类的繁殖环境丧失，水生生物多样性减少[150]。水库淹没区与浸没区导致原有植被死亡，库区周围农田、森林和草原的营养物质随降雨流入水体，改变水质，对水生生物产生影响。同时，水质污染、富营养化也会破坏水生境，导致蓝藻肆虐，水体溶解氧量下降，从而引发鱼类以及其他水生生物死亡，造成巨大的生态和经济损失[151]。水生境破坏深深影响着与之相关的生物群落演替，面对不确定的外界变化，水体可能失去自平衡能力。

在城市中，水生境受到多重人类活动的干扰，水生境的自然异质性常常退化或遭到破坏。这样的水生境结构，一般包含修渠、水泥板衬砌、引水闸、筑坝及其他设施，这些人为设施进一步改变了水生境特性[148]。然而，对于需要"久久为功"的水生境重建，本应采取以生态修复技术为主、物理和化学修复技术为辅的水环境修复技术，往往在物理和化学修复之后，将更为重要的生态修复搁浅了。究其原因，是在水环境空间治理过程中只注重见效快的物理和化学性工程措施，而生态修复过程复杂且耗时，犹如"逆水行舟"，不进则退。难以维持水生生物的生存环境，导致水生境破坏，想要建立新的平衡稳定困难重重。

3.1.4 自然水域缩减

自古以来，城市河网水系犹如城市的血脉，不断给城市补给活力。然而，人类的城镇化发展驱动土地使用价值的转变，随着城市建设规模的扩大，人类在盲目地追求高效发展的同时以人工手段大肆侵占城市自然河湖水域,昔日河网密布、水路并行的历史风韵逐渐被湮没，变成了钢筋水泥的城市风貌[66,72]。一部分河流水系被填埋覆盖，覆盖河道上修建高交通流量的城市干道或建筑，河流由原来的地表明渠变成了地下暗渠，虽丧失了原有的自然水系景观功能，但仍保持连续贯通，继续被作为城市泄洪排涝管道；一部分河流被分段切割、填埋，河道不再贯通，水体流动停止，成为死水，景观功能变差，水体自净功能逐渐丧失，直至被污染；甚至有一部分河流分支被填埋后便直接从水系结构中消失[152]。

城市化进程中，人与水争地现象日益突出，大量的基础设施和开发区建设极大程度地占用了湿地、湖泊、绿地和水域等用地，尤其是城市规划范围内的湿地河流生态系统退化相当严重[153]。据统计，1978～2008 年，中国湿地面积减少了33%[154]。2014 年国家林业局公布的第二次全国湿地资源调查结果表明，湿地总面积 5360.26 万 hm^2，最近 10 年减少了 339.63 万 hm^2，其中自然湿地面积减少了337.62 万 hm^{2}①。2000～2019 年，河流流域面积减少了 52692 km^2，其中长江流域减少了 25785 km^{2}②。"千湖之城"到"百湖之城"的武汉，至 20 世纪末期，湖泊仅存 40 余个，湖泊面积比 20 世纪 80 年代减少了 56%，湖泊调蓄地表径流的能力仅相当于 40 年前的 30%[72]。

不合理的开发模式和人为活动造成水源涵养区、河湖沼泽区、蓄洪滞涝洼淀区等水生态涵养空间被严重侵占，给水环境空间带来严重破坏。河湖库等水循环条件显著变化，湖泊及河流尾闾萎缩，水生生物、两栖生物及岸边其他生物失去了栖息之地，生物多样性极大降低，水生态系统的自净能力与稳定性失去平衡，同时河、湖、湿地等水域的消失造成了景观进一步破碎，自然通风廊道的减少和水域面积的萎缩也加剧了城市热岛效应[155,156]，水域生态空间格局遭到空前的挤压和破坏[149,152]。此外，水域缩减对城市区域排洪蓄水能力和水资源循环带来沉重打击。

目前，城市水生态治理对水域面积保护和维护较为重视，主要是保护现有河道，拓宽河道或者恢复消失的水域等来实现水域面积的增长或者维持不变。但整体来讲，还有很多流域面积较小的河道、湿地没有被有效利用。随着城镇化进程，

---

① 国家林业和草原局政府网. 第二次全国湿地资源调查主要结果（2009—2013 年）.[2014-01-28].

② 中国统计年鉴

人口将继续涌入城市，城市建设用地进一步扩张，水域生态空间将继续受到挤压。在此背景下，应考虑如何确保河湖等水域面积不减少、功能不减弱，实现生态环境质量稳步改善与城市发展的和谐共赢。

3.2 尊重水生态的自然伟大

城镇化率达到 50% 之后，是国际公认的水污染危机的高发期，同时也是修复水生态的关键期，一旦错过这个机会，将会付出极为高昂的治理代价[80]。自然水生态系统的失衡主要受污染和自然径流过程的超常规变化两方面因素影响[157]。解决水环境空间生态问题，不仅聚焦于水体本身和关注水体之外的环境，更要尊重自然生态的规律。水环境空间生态修复强调通过生态途径对水生态系统结构和功能进行调理，恢复水清岸绿的良好生态景观，构建一个平衡稳定的水环境空间。

3.2.1 水环境空间的生态

水环境空间的生态是以水体这一环境要素为中心而形成的水生态系统，与人类活动有密切联系。在自然条件下，不论溪流、河流以及集水区等流动的水生态系统，还是池塘、湖泊、湿地等相对静态的水生态系统，都是极具生命力的复杂生态系统。在城市中，人与水之间的关系相较于自然状态下要密切得多，人类长期生产经济活动引起了水生态要素特性改变，水污染恶化、黑臭水体反复、水生境破坏和自然水域缩减的叠加使城市水生态退化，整个水生态系统的结构及功能受到影响。由于水环境空间是城市中极为重要的部分，城市水环境空间的生态健康在很大程度上决定着城市水生态系统的稳定。

1. 城市水环境空间的生态环境

城市水生态系统是城市生态系统中的一个子系统，是在城市这一特定区域内，水体中生存着的所有生物与其环境之间不断进行物质和能量的交换而形成的一个统一整体[158]。按照系统论的观点，一个系统从属的更大系统，就是这个系统的环境。就城市水环境空间的生态环境而言，分为内部生态环境与外部生态环境，包括：①城市水环境空间的内部生态环境，即水体本身环境。包括水体和水体内的各种生物成分、物质循环、能量传递，水体中发生的各种物理、化学和生物作用，以及各种生物成分之间的相互作用。②城市水环境空间的外部生态环境，即系统论中所讲的外环境。水的流动和循环特征决定了水生态系统的特殊性，不仅受水体自身的影响，更受自然过程和人类活动的广泛影响。外部生态环境因素主要包括气候、地貌、土壤、土地利用、社会经济等，通过水文过程和水体性质的改变对水生态系统产生影响[159]。总之，我们要避免就水论水，不仅要重视河湖内部生态环境的维护，也要从流域角度治理山水林田草，支撑河流恢复生命，站在更高的视角、更广的尺度去认识水的生态系统服务功能[160]。

2. 城市水环境空间的生态特征

城市水环境空间的生态系统作为自然-人工高度复合的复杂生态系统，具有显著区别于自然生态系统的高效性、开放性和易变性等。

（1）高效性。高效性是城市水生态系统区别于自然生态系统的根本特性。在城市水环境空间中，人是核心关键，影响着水生态系统的演化方向。城市水环境空间在这个系统中承载着人类社会的多种复合功能，包括生态、经济、文化、科学、技术及旅游等[158]。系统运行的目的不是为了维持自身平衡，而是为了满足人类社会对水的多种需要。对于城市生态系统而言，城市以很少的地方占有着大量的能源、物质和人口[158]。作为城市生态系统中的重要子系统，城市水生态系统也同样占有着大量的能源和物质，具有很高的能量转化率和产出率。而人类具有巨大的创造、调控城市水生态系统的能力，构成城市水生态系统的设施体现着当今人类的科学技术水平，这也使得城市水环境空间中的生态活动更为高效。

（2）开放性。城市水环境空间的外部环境决定了其不是一个"自给自足"的系统，城市水环境空间的能量和物质流动很大程度依靠人类社会的输入和输出。城市水环境空间的生态变化由自然水系统的自身规律和人类涉水活动的影响叠加形成，功能维护主要依靠人类及人工建设的各类设施。其中对于水环境空间中的生产者和消费者，人工的介入使它们失去了原有的生境，导致生物群落数量少、结构简单，主要以人类为主；而对于分解者，因其数量不足且功能减弱，排放物不能完全被其分解还需要借助人工设施来处理。在这个系统中，人既是生产者也是消费者，还是调节者和被调节者。也正因为此，人造就了水环境空间系统的开放性，水环境空间需要依赖外部人类社会对其各种投入，也会产生正面与负面效应反馈于人类社会。

（3）易变性。城市水环境空间的生态容易受到各种人为因素的影响，自我稳定能力弱，并会随着人类活动而发生变化。人类科技的快速发展和更新换代也给水生态系统带来了更多的不确定性。由于人类对水环境空间的长期污染、破坏，水生态系统的自然调节机能受到了破坏，水环境空间生态系统的不确定性进一步加剧。原先，水体具有较强的纳污能力和净污功能，能为城市水生态系统提供削减城市径流性污染负荷和部分点源负荷的容量[161]。但如今，人类向水体中排放的污染物远远超出了水的自我调节能力，排水量和排水水质的变化也给水生态系统的自我恢复带来挑战。此外，人类由于自身需求的转变，也对水提出了更高的要求，不仅要求满足生活用水和工业需水，还要满足各类水景观的打造，而城市水生态系统也就要随着人类的需要变化进行相应的变化。

3.2.2 城市水生态，自我调节维平衡

3.2.2.1 水环境空间的生态健康

1. 水环境空间的代谢过程

"代谢"一词源于希腊语，其本质含义是"变化或转变"，现多用于生物化学和生态学。1857 年 Moleschot 在其论著《生命的循环》中最早对"代谢"做出阐释，他认为生命是一种代谢现象，是能量、物质与周围环境的交换过程。城市代谢由 Wolman 于 1965 年首次提出，用来维持城市居民生活、工作和娱乐的所有物质、商品及废弃物处理形成了城市代谢，更进一步的理解是将城市代谢作为发生在城市中的技术和社会经济过程的总和[162]。城市复合生态系统依靠物质和能量的输入和输出生产和代谢，是生命体生长、繁殖和延续的基础，没有代谢，健康的生命也无从谈起[163]。

城市水环境空间的生态系统存在类似于生物体的代谢过程，包含水的自然代谢和社会代谢。水的自然代谢中，天然水体通过蒸发、水汽输送、降水、径流、下渗等环节进行循环；水的社会代谢同样从天然水体出发，通过取水、输水、用水、耗水、排水等环节再重新排入自然水体。城市水的代谢更强调在自然水系统运行的基础上发挥人工水处理系统的功能，最终为人类社会发展及生态环境提供支撑[164]。水环境空间不断通过生态系统代谢维持人类以及其他各种生物体的生命活动，并不断地与周围环境进行物质和能量交换。水、太阳能和其他人工能量作为物质输入经过给水系统和生态系统进入城市水生态系统内部，通过管渠运输至各用水单元以满足各种用水需求，并以产品的形式实现价值。在这个同化过程中，清水也随之转变成污水和废水，再通过排水系统排到系统外部。城市水生态系统通过消耗部分水量和产生与处理污水完成整个代谢过程，因此，该代谢过程中主要发生的是水质变化，即清水—污水—清水的水质循环。代谢的方向和速度受各种因素的调节，有针对性地研究水环境系统的代谢机制，是保持整个系统机体健康成长的关键[165]。

2. 水环境空间的生态健康运行机制

水环境空间的生态健康是在人类活动干扰下，仍然保持生态系统的稳定性和可持续性。城市水环境空间生态的健康运行是当今城市空间可持续发展的必然要求，是城市水生态系统具有的维持内部稳定性和整体可持续性的能力，即具备维持其自身结构完整、内部各要素协调发展，以及面对胁迫的较高恢复力等能力，并维持人水和谐。其包含两个层面，第一个层面是对水生态系统本身而言，要求水生态系统自身健康；第二个层面是对人类生存发展而言，要求水生态系统具有满足人类正常生存发展的能力[166]。

城市水环境空间的生态健康运行要求水代谢中的自然代谢和社会代谢相互促进、相互协调，完成水循环的健康持续。一方面，人类对水资源开发利用的本质是对自然水循环的一种干预，如果人类对水资源开发利用过多，就会导致自然水生态系统中的水资源大量减少，不能得到及时补充，造成河流断流、湖泊干涸等，进而影响人类正常取水，加剧水资源短缺问题；同时，水资源的纳污能力是有限的，过量的污水排入天然水体，一旦超出纳污能力，就会导致水环境空间的生态情况恶化，造成水质型缺水，形成恶性循环。另一方面，人类不断提高用水和科技管理水平，通过减少取水、输水过程中的损失，分类别用水以及增加回用水资源量来减少水资源的开发利用量；通过增加污水收集能力，提升污水处理能力来减少污水入河量，减少人类涉水活动对自然水循环的负向干预，起到正向促进的作用。城市水环境空间的生态健康运行相互作用关系如图 3-1 所示。

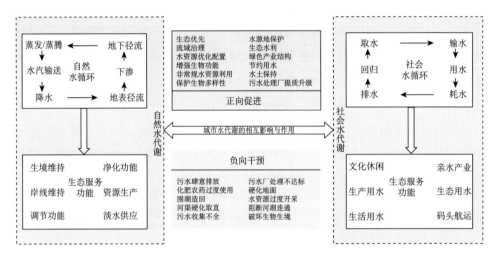

图 3-1　城市水环境空间的生态健康运行相互作用关系

在此基础上，城市水环境空间的生态健康运行具有两个要求：

（1）以优化人类各种涉水活动为根本。在城市水生态系统健康运行的过程中，人类应该明确自己在其中所处的位置和作用，承担起保护水资源环境、维护生态平衡的义务和责任。要以人与水、人与人的和谐共生为基本宗旨，在利用水资源的同时，预测自身的社会活动对水资源造成的可能影响，合理开展各种涉水活动，包括开发、治理、保护、修复等活动。归根到底就是把人和水资源摆在同等位置，不再认为水生态系统只是针对自然"客体"，而是同时针对人与自然两个"主体"[166]。

（2）以实现水生态产品可持续供给为目标。水生态系统包括了水、生物等大量经济社会发展所必需的资源，为整个城市的健康稳定发展提供基础支撑。而水环境空间提供的生态系统服务功能并不局限于水资源，还包括各种支持、保障人居环境的功能，这些都会通过"生态产品"得以表现。因此，推进城市水环境空间生态建设的目标不仅仅是恢复水量、改善水质等传统目标，而且是要实现整个城市水环境空间的生态完整和健康，确保城市水生态系统提供的各种生态产品的可持续供给。

3.2.2.2　水环境空间的生态修复

人类活动的干扰是水生态系统破坏的主要因素，受损害和退化的速率也远大于其自身及人工的恢复速率，水生态系统退化对人类福祉和经济发展造成了深远影响[167]。城市水环境空间的生态修复即在遵循自然规律的前提下，利用生态系统基本原理使水体恢复自我修复功能，采取各种工程、生物等生态措施修复受损的水生态系统，强化水体的自净能力，重建健康的水生态系统，并与城市规划有机协调，以修复水文、地貌、水体化学物理性质和生物这些水生态要素，最大限度恢复水生态要素的特征，达到水污染控制与水生态恢复的双重目标[168]。

修复到健康的水环境空间才能适应外部或内部扰动带来的新陈代谢，建立平衡稳定的生态系统。自然水体中生物的新陈代谢活动驱使物质能量循环，形成水体的自我净化能力。社会代谢中的污水处理设施加速了物质、能量流动，形成人工净化系统。具备这两种功能的城市水环境空间才具有较为稳定的生态系统和良好的自然景观，即使在某一时间或空间发生水污染现象，也会很快通过系统功能自行恢复。与传统的污染控制设备、装置相比，水环境空间的生态修复具有建设成本低、修复效果好且环保效益高等优点。城市水环境空间的生态修复在治理水污染的同时还可以修复周边环境，甚至可以解决其他手段无法解决的一些问题，带来整体放大化的生态效益。

一般而言，水生态恢复应该包括以下 3 个方面的内容。

1. 修复流域水环境空间生态

水环境空间的生态修复不仅针对水环境空间本身，也应当考虑流域的影响和变化、流域范围的城市发展、土地开发和自然保护等因素，其中一些因素可能是水生态破坏的根本原因。以往局限于场地内的生态修复无法改善整个流域生态系统的退化，因此水环境空间的生态修复不仅需要在水体退化最严重或最敏感的区域进行加强，也要建立全流域的生态修复。流域性的生态修复计划有利于全局性生态功能的改善和系统稳定，全流域的修复活动可能会对部分区域的修复暂时造成某些不利影响，但总体上是有利的，比如流域性的水利调整可能会降低部分区域的生态适宜程度，却有利于整个地区的生物栖息地连续性恢复和生物多样性修复。因此，对流域的相关因素及其发展趋势的综合分析与评估，是制定水环境空间生态修复策略的重要依据。

2. 修复水环境空间基底

水环境空间生态修复要求恢复或重建已经退化的水生态系统，依赖于整个流域、水环境本体及沿岸的地质地貌、水文条件等自然本底的修复能力。人类活动的干扰，例如排污造成水质恶化、沿岸土地开垦造成的水土流失、河道整修造成的河道沟渠化、湿地开沟排干造成的湿地消失、河流岸线的调整等，都改变了水生态系统的基础条件，带来生物栖息地退化、河流流态变化、河道淤积、生态系统隔断等问题。在水环境空间的生态修复中，恢复水域的自然蜿蜒形态、横向结构和自然特征是生态恢复成功的关键。

3. 修复水环境空间的生态结构和功能

水环境空间的生态结构包括群落的组成结构、营养结构和时空结构，修复生态结构的目的是实现各组成结构在时空分配上有序稳定。水环境空间的生态结构与功能密切相关，对其重新调整可以有效修复生态系统功能，如生物迁徙、生存繁衍、能量流动和营养物循环等，逐步提升水环境空间对外界影响的抵抗和适应能力，并逐渐恢复自我调节、自我净化和持续发展。需要注意的是，结构的恢复不完全等同于功能的恢复，要实现水环境空间的生态长期稳定，还需要建立长期适应当地环境的生物群落和生物关系，即多样的生物、适当的种群和稳定的群落关系。

3.2.3 水环境空间的生态目标

生态平衡健康不是一个终极目标，是一个动态调整、协调进化的过程，或者说是一个"动态的目标"。城市水环境空间的生态目标，不能定位在某种单一要素上的某种状态，比如仅仅修复水文条件以保障生态需水，或者仅仅改善水质等。

这种单一目标的生态修复不能满足生态完整性的要求[168,169]。必须认识到的是，水环境空间生态修复的目标必然是将生态破坏的现状扭转为人水和谐的状态。即通过恢复水环境空间的基本功能、维护生物生境并建立健康稳定的生态系统，让水环境空间在人类活动的干扰下仍能维持平衡稳定状态，长期保持水清岸绿、"鱼翔浅底"和长久稳定。

3.2.3.1　清境

"源洁则流清"（唐·王勃《上刘右相书》），"清"为城市水环境空间的第一境界，在城市发展的进程中，还水体感官上的自然清澈，改善水体的清洁度，实现水清如画是城市水环境空间生态修复的首要目标，也是生态修复的基础。在城市水环境空间的生态修复中，针对水体黑臭、污染物较多的情况时，通过人工干预措施把水环境治成不臭、不黑、不浑的水体，是评判水环境空间治理是否成功的首要因素，决定着城市水环境空间治理水平的下限。水体清境是水体治理的阶段性治理目标，满足水体干净要求，保持水质良好，水体水质达标，满足水中生物生存的基本需求，使水生态系统的自我调节功能发挥作用。

3.2.3.2　生境

《管子》一书认为："水者，何也？万物之本原也。"认为万物都是依靠水来生存，水是一切生命的根源。生态的本质是生物多样性，生物多样性需要栖息地的多样性来支撑，如唐朝诗人张志和描写湖州的迷人春色："西塞山前白鹭飞，桃花流水鳜鱼肥。"这种具象场景容易被感知，不同的生物有不同的生境特征，实现水中"鱼翔浅底"的景象是水环境空间生态修复的另一重要目标。城市水环境空间多样的生境是陆生、水生及两栖生物生存的基本条件，是水生态系统维持稳定的关键。整体上来看，生境确定了水生态系统的自然边界，为陆生、水生和两栖生物发展和发挥功能提供环境保障，进一步保护生物多样性[148]。

3.2.3.3　臻境

荀子曰："万物各得其和以生，各得其养以成"，自古中华文明强调尊重自然规律。水不是用来削减和容纳污染的，而是人与自然之间缓冲关系和调节功能的载体。自然界有其自身的奇妙之处，有着相融相洽的发展规律，能让城市中的水环境空间走向欣欣向荣兼具生态美与人工美，呈现一湖清水、两岸翠绿、三季花香、四时常青的生态景观。这样一种自然的美好愿景是城市水环境空间生态平衡的长远目标。臻境的实现就要我们维护好休戚与共的水环境空间，使其在人类活动的干预下建立自我平衡、长效稳定的生态系统，并拥有健康的水生态调整能力和自我修复能力，并发挥生态、社会服务功能，实现城市水生态系统进化演替的动态平衡。

3.2.4 "执本而末自从"——水环境空间生态修复的原则

水环境空间的生态修复建立在尊重自然规律的基础上，以生态优先为要义，通过适当的人类技术参与，坚持生态优先、系统整体性、空间异质性、结构复杂性、生物多样性、景观协调性等原则，帮助城市水环境空间的生态重新走向平衡，更好地服务于人类的生态健康需要。

3.2.4.1 生态优先原则

生态优先是生态生产力系统运行的基本规律，也是处理人与自然关系的基本原则。城市在以往发展的过程中，经常为了保证经济快速发展，而罔顾对水生态环境的破坏，认为"先污染后治理"是一条必然道路，忽视了水环境空间的生态功能和价值。在如今的水治理中，为了"立竿见影"，追求见效快的治理方式，忽视了水生态系统受不同因子共同作用影响的客观事实，这些因子包括短时段作用因子（经济、技术、资源利用方式）、中时段作用因子（社会文化、价值观念、行为方式、人口资源结构）和长时段作用因子（城市的地理环境、自然资源、生态本底）[170]。虽然中、短时段作用因子加以人工技术可以使水环境空间短期内得以生态改善，但长时段作用因子难以改变而且发挥着决定性作用，一旦生态彻底失衡，修复过程也缓慢，所以"生态优先"是生态修复要坚持的首要原则。水环境空间的生态修复所强调的生态优先原则，是以环境安全为基础，以自然属性保护为主，禁止在水环境空间内进行有损生态环境的各种活动，注重多角度保障和创造满足自然条件的良好水生态。并且在不影响城市经济发展的基础上，强调生态环境建设与资源合理利用在经济、社会发展中的优先地位，根据城市自然环境特征，优先考虑水生态承载力和功能的一致性，并以此引导、约束社会经济活动，寻求可持续发展的逻辑起点。

3.2.4.2 系统整体性

水环境空间的各生态要素不可被分解成孤立存在的要素，也不可能独立产生作用，而是产生多种综合效应，并与各环境因子形成系统整体。水环境空间的生态具有高效性、开放性、易变性的特征，是一个依赖外部、不完善的生态系统，内部环境会对外部环境的物质和能量输入做出反馈，影响水环境空间的生态走向良好或是进一步破坏。当城市社会生态系统中某一要素发生改变，水环境空间的水质、水量都可能发生颠覆性改变。这种系统的非独立性，决定了水环境空间的生态修复与恢复要坚持系统整体性原则，将其作为整个社会生态系统中的子系统，从全面整体的角度进行综合考虑，才能从本源上解决问题。水环境空间的生态整体性强调生态修复与自然环境、社会环境的共生性、契合性。一方面，在水环境空间生态修复中，应尽量维持原有生态空间资源的完整性，不仅考虑水本体的自然性、相似性和连续性，还要考虑水环境空间与周边以及整个生态系统的联系，建立生态缓冲带和多尺度联动。另一方面，把水环境空间的生态系统与区域生态系统视为一个有机整体，把水环境空间内各小系统视为自然生态系统内相联系的单元，妥善处理好上下游、左右岸、干支流、流域与区域、开发与保护、建设与管理、近期与远期等各方面关系。

3.2.4.3 空间异质性

水环境空间的空间异质性①，即水环境空间中地貌形态的差异性和复杂程度，决定了生物栖息地、生物分布以及污染物接纳的多样性、有效性和总量。城市水环境空间的地理位置、地形地貌，及水域自身的形状、面积和水深等密切相关，这些特征决定了水环境空间的空间异质性，深刻影响着水生态系统结构与功能。

---

① 空间异质性是指生态学过程和格局在空间分布上的不均匀性及复杂程度。

如果空间异质性特征显著，那么对应的水生生物空间分布也会具有强烈的区域性和特异性。水平方向地貌变化影响生态功能，垂直方向水深变化影响光合作用，光合作用率随水深增加、辐照度衰减而逐渐衰减；水温的垂直变化直接影响湖泊的化学反应、溶解氧和水生生物生长等一系列过程；岸线不规则程度会影响栖息地面积和风力扰动程度，岸线不规则程度高的水系具有较大的湖滨带面积，并具有更多适于鱼类、水禽生长的栖息地，也使湖湾少受风力扰动；另外，不规则的岸线具有较长的水-陆边界线，能够接收更多的源于陆地的氮、磷等物质。因此在不同水环境空间的生态修复中，根据空间特性的差异，空间大小、地理位置、水文情况及污染状况等方面各不相同，修复工作也必须根据实际情况采取相应的有效措施。也就是说，我们在水环境空间的生态修复时要根据不同区域水土特点、退化程度、污染类型、动植物种类等不同方面的空间异质性进行空间差异化修复，提出针对性的水治理、生态修复技术及具体的生物配置方案，使水环境空间生态修复达到预定效果。

3.2.4.4　结构复杂性

城市水环境空间的生态区别于自然生态系统，是一种人工生态系统。城市的形成与发展改变了水环境空间的自然生态系统结构，人工技术的广泛参与让原本复杂交织的水生态系统走向简单高效，降低了水生态系统的自我调节能力。因此，城市水环境空间的生态修复与恢复要重视系统结构复杂性的恢复，以提高城市水环境空间的生态平衡能力。结构复杂性与生态平衡存在这样的逻辑关系，生态系统的进化历史越长，其功能复杂性越高；功能上的复杂性也决定着系统的稳定性；生态系统的复杂性保持得越好，系统自我维持平衡能力越强。当结构复杂程度达到动态平衡的相对稳定状态时，生态系统能够自我调节和维持正常功能，并能在很大程度上克服和消除外来的干扰，保持稳定。大量事实证明，生态系统的组成越多样、结构越复杂，其抗干扰能力就越强，也越易于保持动态平衡的稳定状态。此外，城市水环境空间的生态系统结构的复杂程度与生物物种的多样性分不开，复杂的生物关系影响着生态系统在面对干扰时做出反应的可选择性，即功能性群组中不同物种面临扰动和压力时出现的反应不同。由多样的生物链组成的生物网络能够更好地维持系统的平衡状态,结构复杂表示更多数量的生物具有相似功能，可以由任意功能组团提供生态系统服务，并在面对扰动时做出不同的反应。这意味着城市水环境空间生态系统拥有更为强大的恢复能力并维持自我平衡。

3.2.4.5 生物多样性

水环境空间的生物多样性修复应当有目的，坚持对生物多样性整体构建或者对原来遭到破坏的生物种群进行全面的生态维护、培育，包括植物群落的多样性和动物物种的多样性。水生植物在水质净化中扮演重要的角色，对各种污染物的去除起到不可或缺的作用。水生植物群落配置时首先应考虑其作为一个生态系统具有的多样性和复杂性，应在保证处理效率的原则下，尽可能地使用多种植物，最大限度地提高群落的稳定性和抗干扰能力。充分利用不同水生植物的生长习性和生长规律，使水体中植物的季节演替具有连续性，保持水质的稳定和景观的连续。此外，多种类的植物群落配置有利于构建多物种、多系统、多层次的动物物种多样性，为水生动物或两栖动物提供有利的生存环境和繁殖条件，特别是在河流生态系统中。在植物品种的选择上，尽量选择当地品种，防止外来物种侵占生物生存空间，造成二次水污染。对于动物多样性的恢复，不仅需要创造栖息和繁殖场所，还需要通过人工适当地对动物多样性恢复进行系统引导，促进不同物种种群的科学恢复。比如，在鱼类、两栖类、昆虫、鸟类、兽类等动物多样性的保护与修复中应优化生态安全格局，以生态系统整体保护修复为中心，避免以单个物种为中心的保护模式，提高水环境空间的生物稳定性。

3.2.4.6 景观协调性

水环境空间的生态修复除了有看不到的工程措施外，也会有出现在人们视线中的设施，这些设施需要与区域景观风貌相协调。城市水环境空间不仅是水的汇聚点，更是水景观的汇聚点，整体景观风貌与沿岸绿地、滨水影响区、城市内陆以及空间中的人有密切联系，融合到一起共同构成了水环境空间的独特景观。为了更好地维护水环境空间中珍贵的自然景观，在设计之初就要考虑将所选技术方法与环境有机结合，合理地选用工程方案和生态设施，积极改进工程方法使其与生态保护功能相融合，降低水生态工程对空间环境的影响，让生态保护理念从功能和景观上得到更好的兼顾。在空间层面上，水环境空间的生态修复不仅要注重对水域和沿岸的治理，也要注重水环境空间与城市环境空间的整体融合；在技术方法上，将各类生态工程措施融入设计美学思维，同环境有机结合，降低对水环境空间的景观破坏，提高其生态效用的附加效益。这就要求在生态修复设施的设计中，在保障自身生态功能发挥的基础上，根据水文条件、地域现状和场地特征来构思具体的表现形式，杜绝模仿、照搬，以及不顾周边整体景观协调的工程方式。

3.3 生态夯基融合自然力量

在水环境空间的生态修复过程中着眼于快速见效的同时要考虑水生态系统自身修复和恢复的缓慢过程，遵循自然规律是生态修复与重建的基本准则，这才是真正意义上的修复与重建。《淮南子·说山训》中提到"欲致鱼者先通水，欲致鸟者先树木"，表明事物间存在因果关联的先行后续。城市水环境空间的生态修复首先是构建宏观水生态网格体系，以顶层设计引领水生态文明建设，夯实生态基底；其次水环境空间的本体健康是生态修复的决定性因素之一，影响着水生生物的生境条件；最后需要重建完整的生态系统，让水生态系统走向自我循环、自我调整的平衡稳定状态，实现水环境空间"清境、生境、臻境"相融合的美好愿景。

3.3.1 生态空间保护，构建城市水生态网络体系

高密度建设、人口密集的城市，有着更为复杂的空间环境和人文特征，顶层设计对城市水生态文明建设的指导作用更需要被强化。在掌握实情、理清思路的情况下，绘制出一张能够解决现有各类规划自成体系、内容交叉重叠、空间管控分区相互冲突等问题的蓝图，并针对当前部分城市河湖生态空间受挤压的现象，突出河湖生态空间保护的重要性，守住城市水环境空间的生态，实现城市功能与水域空间的有机融合与渗透。

3.3.1.1　构建水网生态连通体系

水网连通是保障水网生态整体健康、畅通的基础，是城市水环境空间生态系统构建的必要条件。水网生态体系的连通，不仅能保证河湖间注水、泄水的通畅，增大河湖水环境容量，维持湖泊最低蓄水量和河湖间营养物质交换，还能修复河湖生态系统及功能。水网连通为水生、湿生植物的交替生长提供了推进力量，为鱼类、水禽和迁徙鸟类提供了理想栖息地，也为洄游型鱼类提供迁徙通道，提升了水生态系统的生物多样性[169]。

构建水网生态连通体系应当坚持自然与人工连通相结合，以自然河湖水系、调蓄工程和连通工程为依托，以构建流域生态水网体系为重点，在有条件的地区加快推进河湖水系连通工程建设，提高河湖的连通性。水网的连通可以分散大尺度的集中建设区，以水系为纽带，结合绿带，分组团发展建设区，形成良好的生态水网结构。在城市内部，考虑在主河道旁开挖景观水系，鼓励运用生态护坡、生态湿地与污水处理等净化技术，促进地表水系与地下水系渗透平衡，并增加水网密度。在具体规划设计中，新开挖的景观水系应该有固定的水源和流向，保证规划水体与自然河流的连接，形成活水。在城市公园或城市绿地中，规划水系可被适当放大，形成蓄水单元，既能为人们的休闲活动提供动态景观，又能为城市小气候改善做出贡献。

例如在盐城市区第 3 防洪区水环境综合治理中便以"环城水系"为设计思路，以水为脉，以城为轴，将不同节点通过廊道进行连接，构建"百河交织成网、蓝绿相融成景"的城市空间结构（图 3-2）。规划区内通过 17 条重点景观河道、44 条次级景观河道、57 条一般景观河道等构建了一个相互交织的水网，并连接城市公园及湖泊，共同构成完整连通的城市生态水网体系（图 3-3）。完整的生态水网体系，为生物多样性增加、城市微气候调节、能量转移提供廊道，同时在夏季暴雨时集聚雨水，降低城市内涝风险，提升生态涵养效益。

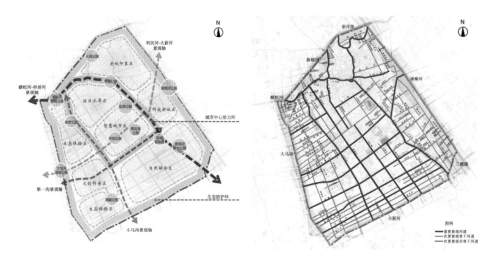

图 3-2　"百河交织成网、蓝绿相融成景"　　　图 3-3　连通的城市生态水网体系
　　　　　的城市空间结构

3.3.1.2　合理划定水生态线

　　城市管理部门需要以足够的魄力和坚定的措施来保护城市中不能动用的水环境空间。水环境空间的生态建设规划绝不是在图纸上简单地勾画红线、蓝线和绿线，要想真正地将规划蓝图变为宏图，实现城市水环境空间治理后的和谐稳定，应当充分考虑环境建设与周边群众切身的利益关系，兼顾可操作性与实践性，切实维护水生态空间。首先，要对水环境空间的生态规划、生态开发、生态利用加以保护性的引导和约束，明晰水生态功能定位和空间分区，划定河流、湖泊及河湖滨带的管理和保护范围，划定水生态环境敏感区、脆弱区等区域水生态红线；其次，城市规划应明确蓝绿空间占比，严格控制开发强度，杜绝城市建设项目侵占自然岸线；最后，控制生产生活用水总量，逐步退还被挤占的河道，积极修复城市中已遭破坏的水体斑块，提高区域水面率，确定江河主要的控制断面，区域地下水系统的生态水量标准以及湖泊、地下水的合理水位[149]。在水生态环境保护以及修复过程中，需要始终遵循流域的整体规划，协调好开发与保护之间的关系[171]。

　　除保护现有的水环境空间，还应当积极合理地恢复消失的城市水环境空间。

其一，积极恢复城市中的原有河湖。许多城市为解决发展进程中遇到的土地、交通等问题，盲目地填埋河湖水系或改河渠为排水管道，带来了生态环境恶化、历史遗迹消失等一系列严重问题。而韩国首尔的清溪川修复则是一个成功范例。清溪川是一条具有 600 年历史、穿越城市中心的古老河道。1958～1978 年，它被水泥板覆盖，后来当地在水泥板上又建起了高架桥、高速公路，原有的自然河道彻底消失。2002 年，首尔市政府提出了拆除高架桥、修复清溪川的计划，经历了 2 年 3 个月的工期，将长达 5.9km 的高架桥拆除，并打开覆盖在河道上的水泥板，清除河床上长年淤积的污泥，修建了清溪川护堤，让"尘封已久"的河流重新呼吸，原本的水泥森林中一条"蓝色腰带"破地而出。其二，结合现有水域提高水面率。由于城市建设长期侵占，城市中的水体普遍存在着不同程度的萎缩。对此，可结合河道整治，按规划疏拓河道，增加水面面积；也可在进行防洪规划或河流规划建设时，梳理城市水系，恢复被城市建设破坏和占据的水体空间，并根据行洪要求拓宽较狭窄的河道。其三，结合大型绿地、林带建设，根据需要新开河道或规划新的河湖水系。如商丘古城在历史的变迁下水域大量溃缩，为此开展了城湖清淤扩容项目规划及城湖区域总体设计，建立了新的城湖格局。商丘古城是当今世界现存唯一一座集八卦城、水中城、城摞城为一体的古城遗址，《商丘县志》如此描述城湖："池距城丈余，阔五丈二尺，深二丈。"1959～2017 年，受洪水灾害影响，城湖最大水域面积为约 330 hm^2（5000 亩），随着城市开发，湖堤被填埋，护城堤被改造成环城公路，关厢一带延绵成片，形成了人口密集的居民区。至 2017 年，规划区内水域面积约 145 hm^2，而城湖面积仅余 115 hm^2（图 3-4a）。根据古城遗址及城市发展需要，在商丘城湖总体设计中，规划水域面积约为 346 hm^2（图 3-4b），并将商丘古城融合到商丘城市总体发展框架中，突破现有的城湖格局，引入活水源，保持湖水流动，生态调节水质；再结合现状地形做景观改造，将保留的小水面做湿地开发，保护水系原貌。城湖的修复，不仅恢复了古城风貌、扩大了水域面积，也极大地降低了商丘城区的洪涝风险，给动植物提供了生境，提高了生态系统的稳定性。独特的古城风貌产生了繁荣的经济产业，给城市带来持久活力。

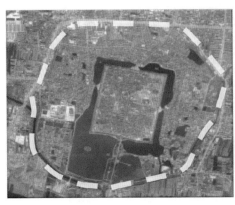

a 2017年项目范围卫星影像   b 规划总平面

图 3-4 商丘古城水域的扩容

3.3.1.3 建立水生态分区体系

对水环境空间进行生态分区是水生态空间规划的重要任务。水生态分区是以水生态系统为对象,划分出的具有相对同质的淡水生态系统和其组成的地域单元,反映水生态系统的空间分布规律和特征差异[172, 173]。因为水生态分区是依据自然属性、社会经济属性及流域、区域的差异性特征,而划分出的具有相似环境特征的水生态系统或相似的潜在水生态功能的区域,所以水生态分区可以帮助人们清晰地认识和分析水生态问题的流域性和区域性差异,水生态区内的环境特征也可用于比较同一水生态区内受干扰和未受干扰之间的河流差异,为制定分级、分类的区域水生态环境保护与水资源开发决策提供依据[172]。水生态分区的划定,在实际工作中更多的是根据流域的尺度大小建立相应的指标体系,进行系统分析,从而划定具体分区。指标的选择是分区的基础和关键,要与分区对象及其等级层次保持一致[174]。有的学者提出宏观尺度、中等尺度、小尺度的指标体系[173],也有的建立一级、二级生态分区框架[175],目前多根据流域特征,基于专家和项目人员的经验和知识构建,在具体项目中指标的选择存在差异。总体上,在大尺度上以气候和地形因子为主,在中等尺度上动植物、土壤、人类活动和水生态系统结构特征为主,在小尺度上重视土地覆盖变化、水环境物理化学特征和生物种群特征等易受人类干扰因素。以上对水生态分区的主要影响因素的认知,获得了普遍共识。因此，建立科学合理的水生态分区体系，明确各分区的主要生态问题、生态保护方向以及限制或禁止措施，为水生态保护与修复规划提供前提和基础，普适性的流域划分方法可以有效遏制城市水生态危机[172]。

在北京水生态分区规划中，北京市根据所处的海河流域水生态环境恶化情况，建立了具有自身特征的三级分区管理体系。北京市水生态分区从保护水系、水量、水质的角度对城市用地布局、规模及水陆交错带的城市设计提出要求，结合各类型的水生态现状和问题进行有针对性的分区保护，分区探索相关规划措施的落实。其中，一级、二级水生态分区遵循生态系统内在的客观规律基础，一级以地形为分区指标，二级以植被自然因素和平原区土地利用方式为指标，采用自上而下的定量方法划分，而三级水生态分区在确定北京市主要的水生态系统服务类型基础上，综合考虑城市发展限制用地，以服务功能为分区指标，绘制各类型专题图，并与二级分区结果叠加，最终完成三级分区[172,176]。

3.3.1.4　生态系统的多尺度联动

由于水的流动与循环，城市水环境空间的生态系统在不同时空尺度下进行着能量、物质及生物体的循环交换，水环境空间的规划边界与建设受到系统层级和时空尺度的影响。因此，水环境空间的生态修复须从系统角度出发，综合多尺度时空，建立多尺度联动的水生态系统。城市中水环境空间生态系统依据尺度大小具体可分为 5 个相互存在且紧密联动的层级（图 3-5），各层级分别具有不同的特征与效益。

1. 全流域级

全流域级的城市水生态系统包括水系干流和支流所流经的整个区域，往往跨行政界线甚至跨国界。对全流域性水资源的经营管理涉及江河上中下游不同地区的权责机关，水生态系统的串联与保护有助于对河川流域进行组织性管理、合理利用及水资源分配。例如，中国台湾淡水河廊道景观发展整体规划以淡水河整个流域为空间范围，跨越台湾岛内多个地区，流域面积达 2726 km²，而陆域方面以具有视觉冲击、历史发展轨迹及人文社经相关的范围为主。整体规划根据淡水河不同河段的土地形态和资源构成，制定了同质区段的分类意象，区分出 16 种空间形态，以整合及引导河流廊道整体发展方向，并涵盖河川流域、溪流及其支流[4]。

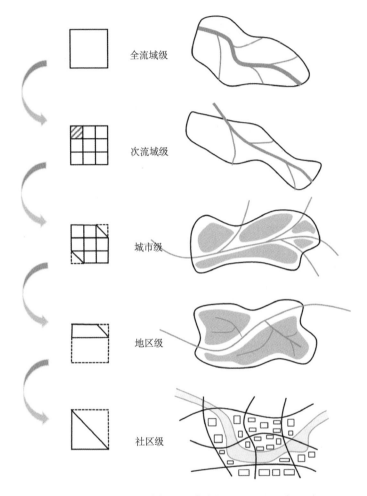

全流域级

次流域级

城市级

地区级

社区级

图 3-5　不同尺度的城市水环境空间的关系及层级示意图

2. 次流域级

次流域级一般是水系的支流所流经的整个集水区域。全流域级以下的水生态系统与流域尺度有关，就实际地理分区而言，有些次流域级与省域范围相似，但大多数在行政辖区内仅涵盖次流域级的部分区域，包括大多数已发展区域的水域景观以及未发展区域的水域景观。系统的次流域的重要作用在于串联乡镇级别行政辖区，避免空间破碎化。虽然不同行政区划的规划范围不同，但在流域尺度上应是相互连通的。例如，《湖北省城镇体系规划》的编制便是在对省域生态空间结构和生态功能结构进行了全面定位后，从湖北城镇发展的"水之优与水之忧"切入，深入分析城镇发展与资源匹配性、环境安全性及生态稳定性之间的关系，提出以大中城市为生态支撑点，以交通干线为生态廊道，以江汉平原为生态绿心，以鄂西山地、鄂北岗地、鄂东北山地、鄂东南山地、鄂西大型水库人工湿地群和鄂东平原湖泊天然湿地群为生态屏障，构筑生态和谐、环境优良、景观优美、开放互动、良性循环的湖北省域生态结构框架[4]。

3. 城市级

城市级包括城市与城市之间的水域空间层级以及城市与毗邻乡镇或部分县市间的水系串联。城市中的水环境空间受城市影响已不再是原生自然状态，除了拥有水环境空间的特点，还承担着蓄水排涝、水源供给、环境净化、物质生产、生物栖息、景观休憩等城市生态服务功能，是城市空间发展与布局的重要生态骨架。城市的水系结构与城市空间结构的良好融合，可以降低城市化对水文循环的影响，促进水生态恢复，保障其在城市中的稳定，最大化地发挥城市水环境空间的生态效益。基于水系自然变迁过程理解城市，在城市规划中整合城市形态和城市水系统[114]，将河流水系作为一种支撑或限定城市空间结构的关键元素，以河流水系为导向，建设水城相融的城市空间结构[115]。

4. 地区级

地区级水环境空间的生态系统多与整个区域的生态系统有密切关联。由于各地区自然与人文景观不同，地区级的水环境空间景观保护与系统串联必须有上位纲要计划的支撑和下层更细致生活层级的利用。地区级水环境空间景观的建构也应连接已有的文化历史脉络，将景观网络与历史文化变迁接轨。例如，美国卡得维尔市（Caldwell）印第安纳河（Indian Creek）复苏规划是爱达荷州（Idaho）劳尔博伊希河水系（Lower Boise River）城市设计和环境管理改善水质计划的重要组成部分[4]。

5. 社区级

与人们生活关系最密切且接触频率最高的是社区级的水环境空间。社区级水环境空间不同于自然风景区，它不仅创造了社区居民与自然环境沟通的场所，更提供了人与人的交流空间。社区级水环境空间的生态修复重点以生态技术为先导，以可持续发展为战略，节约资源、减少污染，与周围生态环境相融共生，创造舒适健康的居住环境[177]。另外，社区污水处理与回收利用、雨水回收与利用同景观规划设计相结合是未来营造生态社区的发展趋势。对污水、雨水的处理不再是通过管道直接排放，而是转换为就地回用或就地渗透，营造水景、人工湿地等；或通过自然净化，恢复生物多样性，使水环境空间具备综合功能[4]。

3.3.2 水体环境修复，还流水清洁畅通

城市水环境空间首先要修复的是受损水体内部的物理环境，目标是恢复水体健康并能够长久满足生物生存需求。水体环境修复主要通过源头控制、内源清理、水质净化和引水调度等人工干预措施实现截污清源和畅流活水，加速使水体恢复清洁和流动，恢复水体基本功能。

3.3.2.1 截污清源——源头控制修复水基底

城市水环境空间生态治理首先要从源头上杜绝污染物排入，主要采取控源截污与内源治理两大措施。控源截污是指从源头控制污染源进入水环境空间，结合雨污分流及管网系统建设，将污水截流并纳入污水收集和处理系统。内源治理主要是通过人工或机械进行清淤，来消除水体内部污染，并改善修复水体的基底条件，为构建健康水生态系统做铺垫[144]。

1. 控源截污

在城市发展过程中，应当将生活污水、工业废水及初期雨水等点、面源污染严格按照相关规定排入城市污水处理系统，严禁排入自然水域。对点源污染和面源污染采取有针对性的控制措施，只有控制污染源，才能为控制内源性污染奠定一个良好的基础[178]。

要想恢复水体的清澈，平衡水环境空间生态系统，就必须杜绝工业废水、生活污水等点源污染源进入水体[179]。其中，工业废水污染是水污染的重要来源，污染物成分复杂度高、差异大、浓度高，与生活污水存在明显差异；生活污水污染可能的来源有合流制排水片区中雨水溢流，污水管网建设滞后导致的污水直接进入城市水系，污水处理厂尾水由排放口汇入城市水系等，具有多处分散、改造难度大的特点。针对不同的点源污染，需要针对性地提出对应措施，常见措施如下表 3-1 所示。

表 3-1　点源污染处理措施

污染类型	来源	处理措施
生活污水	雨水溢流	雨污分流：根据排水水质和改造要求，结合管网形式现状，改造合流制管道系统，增设雨水管或污水管；对于城区，改造时应将管径较大的排水管作为雨水管
	污水直排	1.提高污水收集率：将现状的直接排污口统一接入市政管网；对新建社区，应考虑污水的集中收集和就近处理，再回流河道 2.污水生化处理：主要采用接触氧化法和序批式反应器（SBR） 3.提高污水处理率：通过工艺技术提高污水处理效率或新建污水处理厂扩大污水处理量
工业废水	工业生产	1.生产工艺减排：对于原材料和生产辅料，应基于污染控制优选；提高原料的利用率与产品化率，促进固体废物转化 2.废水循环利用：通过工艺内回用、工厂内回用、工厂间回用等措施提高废水利用率 3.优化处理系统：不同种类的废水需要单独收集与处理，优化处理系统的运行管理 4.深度处理：对污水进行深度处理，提高污水厂尾水的水质，降低河流负荷

提高污水处理能力是有效降低点源污染的重要因素。根据污水水量、水中污染物的不同，采用不同的排放标准及处理工艺，做到旱季污水全收集全处理，雨季多收集多处理。首先，扩大管网覆盖面积、提高污水收集率，这是提升污水处理率的重要前提；然后，修建污水处理综合性能强的污水处理厂，密切结合工艺研究和设备开发，在推广应用先进工艺技术的同时推出高质量的成套设备，不断扩增污水处理厂综合性能，从而降低运行成本，实现就地治理的目标[180]。例如工业革命兴起后，英国的泰晤士河被大量工业废水、生活污水及沿岸大量垃圾污物污染，成了伦敦的一条排污明沟。政府为改善河流环境，花费二十余年时间、耗资 20 亿英镑进行艰苦整治，修建了拦截式地下排污系统、污水仓库和污水处理厂，对排污口采用了化学沉淀法，完善了污水处理系统，让如今的泰晤士河成了世界

上最洁净的城市河道之一。

图 3-6 "清溪梯田"设计平面

城市面源污染是初期雨水以及降水对城市地面进行冲刷，污染物在这个过程中通过地面径流汇集进入城市水体。面源污染治理可以分为源头控制和末端控制两种。源头控制是指在各发生地采取拦截措施，通过对降雨径流采取"拦截、消纳、渗透"等治理措施减轻入水面源污染负荷。当前，面对初期径流污染主要采取构建"海绵城市"的措施，有效削减面源污染负荷，即从源头上实现点-面源的有效控制[144]。此外，引导城市居民在生活中使用环保的洗护用品，并开展垃圾分类和有效处理，能够减少污染来源，也是控制城市面源污染的重要途径。少量经源头控制措施作用后仍存在污染的径流会汇集进入水系，可以通过湿地或多级净化景观实现末端控制。如鹤山市沙坪河治理便采用了梯田景观实现雨水净化。根据场地沿河岸雨水管网直接排入沙坪河的现状，设计师在居住密集的河道凸岸，结合地形高差打造错落的梯田景观（图 3-6），将现有雨水口接入梯田，对初期雨水层层过滤（图 3-7），避免雨水直接排入河道造成水体污染。

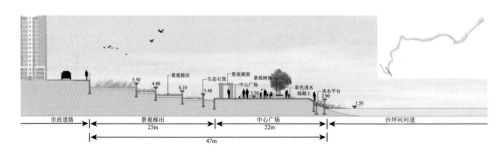

图 3-7 层层过滤的梯田剖面

2. 内源治理

对内源污染处理和控制，是处理水体基底污染的重要内容。内源污染主要是指城市水系水体底泥中所含有的污染物和水体中各种悬浮物、岸边垃圾、漂浮物、未清理的水生植物或水华藻类等所形成的腐败物对城市水系造成的污染[120,181]。在治理修复河道水体时，主要采用底泥疏浚、化学除藻、沉淀净化、重金属化学固定等方式，对内源污染进行控制，防止二次污染。此类修复技术除污情况好、效果明显、成本可控，且可提升水体净化速率。

1）底泥疏浚

底泥中含有大量的有害污染物，如金属离子、氮、磷营养盐及其他难降解的有害物质等，这些有害污染物在缺乏流动的城市水体中，逐渐淤积，致使底泥成为了重要的内源污染[178]。底泥污染不仅容易给水体造成二次污染，还有害于人体健康。因此，底泥疏浚成为内源治理的重要工作。底泥疏浚可以在不增加外来物质的情况下快速去除积累在其中的有毒有害物质，使水体在短时间内达到相应的水质标准[182]，有着效果快、效率高的优点。

生态疏浚的成本受到设备类型、项目大小、底泥密度、输送距离等因素影响，如果底泥中有毒有害物质需要进行额外处理，疏挖及处理的成本将更高。在实际操作中，需要注意预防因底泥泛起而导致有害物质进入水体，须合理选择底泥处理技术，防止二次污染。疏挖深度也是需要考虑的问题[183]。根据营养盐在沉积物中的沉积规律可知，一定深度下沉积物中的可溶性磷和氨氮可能高于表层，在疏挖后可能加重水体富营养化程度，继而无法达到预想的修复目标，因此在疏挖前需细致调查沉积物的分布及特征，并合理设计工程量[184]。需要强调的是，底泥的清除会在一定程度上破坏水底生态系统，故疏浚之后须对底部生态系统进行修复[178]。综上，在对底泥的疏浚清淤过程中，应坚持以工程、环境、生态相结合的生态疏浚方式，以较小的工程量，最大限度地将储积在淤积物中的污染物质移出水体，改善水生态循环，遏制河湖稳定性退化，同时注重生物多样性和物种保护，不破坏水生生物自我修复和繁衍，为生物技术介入创造有利条件。

在南京溧水区金毕河的水环境综合整治中，设计团队根据河道工程情况，采用干塘清淤围堰开挖法。在围堰后排干河水，待淤泥部分晾干后，挖至设定深度。

通过对底泥的清理疏浚和调整河道，全面改善了河道水质并拓宽了河道岸线，恢复了水体清澈的生物生境（图 3-8）。

图 3-8　南京金毕河治理后实景图

2）化学除藻

城市水体富营养化是水污染的重要表现，应对它最有效的方法是化学除藻，也就是通过向水体投放化学药物来控制藻类的生长繁殖。例如在昆明世博会期间，对滇池的化学除藻治理，在短期内大大降低了滇池的藻类含量[178]。此方法虽省时省力，却无法从根本上改善水质，还易造成水生态的二次污染，随着药剂品种不断更换，投放量逐渐增多，城市水质环境将恶性循环更加严重，例如生物多样性降低、鱼类死亡、溶解氧下降等，对生态系统的结构和功能造成更严重影响，导致整个水生态系统不能正常运作[182]。选择此方法要开展严谨的实验设计和投放模拟，将化学除藻可能带来的二次污染的影响降到最低。

3. 沉淀净化

絮凝沉淀技术是较为常用的化学方法，将铁盐、钙盐等药剂投入受污染的水体，使其与河道底泥中的营养物质产生化学反应，形成难溶类的沉淀物，并沉淀至河床中[1]。

内源性磷含量过高是城市水体富营养化的一个重要原因，如何去除水体中尤其是淤泥中的磷是解决富营养化问题的关键。采用化学方法使磷沉淀和钝化，可以缓解内源性磷在底泥中的挥发，控制水体富营养化。需要注意的是，沉淀净化技术与化学除藻一样，也只能是一种临时性的应急措施，不宜长期使用。此外这种技术受 pH 影响很大，在高温、厌氧、酸性水体中都会减弱或消除沉淀净化作用，因此这种方法有严格的条件限制。

4. 重金属化学固定

重金属化学固定可以通过化学试剂、物理方法等手段来改变河道水环境。当河道水质呈碱性时，河道底泥中的重金属元素会与水中的羟基发生反应形成亚氧化物，并最终沉淀在河床中，从而降低重金属元素对水体的污染。此外，重金属治理通常与河道疏浚相结合，通过化学方法固定在河流底部的重金属污染物，随着河道疏浚离开水体，从源头上降低了重金属重新释放的可能性。随着技术的发展，从河道底泥中提取重金属并重新利用的做法已经慢慢普及，这种做法不仅能够较好完成河道治理，还能促进废物的循环利用[135]。

3.3.2.2　畅流活水——增强水动力，实现水流不腐

由于受自然地理条件限制和流域污染排放的影响，城市部分河道水体流动性不足，治理之后出现水质波动大、黑臭反复等现象，给水环境空间的生态修复带来极大阻力。在实现截污清源的基础上，增强水动力，让"水畅其流"才能"流水不腐"。水动力控制可根据水体规模和修复要求，由下至上，从末端到主干，因地制宜地采取断头浜治理、整治岸坡、拆除阻水坝闸、建桥建涵等多种措施，加快内外水体的交换，提升河湖水系的畅通性，达到清水循环，共同推进水质持续改善。

1. 生态缝合断裂的水系

城市化进程的推进，导致水生态系统网络的支离破碎。大尺度的城市道路顺应了城市的发展，但这种"断水辟路"的做法也破坏了水生态系统的自然连通性，割裂了自然内部、城市与自然间的联系。水城共生发展理念强调水生态系统的整体性，应通过顶层规划设计，缝合水系之间的断裂部分，以恢复水网的连通。核心任务是保证主干河流与支流的连通性，使城市河流形成畅通网络。恢复水网结构的连接，要找到水系断裂的关键节点，修补断裂的河流廊道[185]。对水系断裂节点的修复，要结合清淤疏浚，拆除必要的建设工程，修复关键断裂节点，才能保

证水网流水畅通。完整贯通的水网结构不仅能加速水体循环流动，提升水体自净能力，更有助于提升河流的生态功能。在结构完整的河流水系构建蓝绿基础设施网络，有利于河流生态系统的健康发展，也有利于丰富城市空间、提升居民生活质量。例如江苏省张家港小城河综合整治工程恢复了原有小城河水系，使水系结构的完整贯通得以保障。由于河道在 20 世纪 90 年代初被商住楼覆盖，且近年来雨污水直排河道，小城河的水质被严重污染，部分河道被建筑物常年覆盖而无法清淤疏浚，严重影响了城市的排涝泄洪[186]。在对小城河的综合整治过程中，在治污同时实施修复河道工程，拆除覆盖河道上方的建筑物，清理疏浚，修复原河道。连通的水系为沿河雨污水提供了排放通道，改善了河道的水质，也提高了老城区排洪蓄洪能力。结合修复的河道构建沿河生态休闲走廊，建设滨水公园，将整个河段打造为宜居生态、"以人为本"的城市核心区，小城河已成为张家港闪亮的活力带[186]。

2. 引水调度加强水体交换

引水调度是引用外流对水体进行稀释和冲刷的技术，加强水体间的物质交换，短时间内能够有效地降低污染物的浓度和负荷，使河道水质达到相应标准。引水调度是提高城市水源内外交换的良策，有活水循环和清水补给两种方式，治理水体的补充水源主要有城市外流水、城市再生水、清洁的地表水、海绵城市收集的清洁雨水等。针对优质水源，需要制定多源互补的引调方案，因势利导地分析水系格局与水量分配响应关系，科学计算动态需水量、换水周期及水量，实现城区水资源保障的时空适配性需求。科学评价河网连通度，优化控制节点水动力分配，指导区域河网连通工程的综合精细调控，实现河网水体有序流动①。例如南京的玄武湖、杭州的西湖、昆明的滇池等都曾采用引水调度进行稀释和冲刷[184]。

实现引水调度要注意三个前提条件：①建立完善的泵闸系统，泵闸的开启与关闭可以实现水流量的调度；②系统内要有可以动态调度的水资源量，满足水系的内外循环；③能够将治理区段的上下游水位控制在合理的水位差。在面对污染河道的上游或附近拥有充足的清洁水源且设施较完善的河网地区时，可选择利用

---

① 张建云. 平原河网地区城市水环境如何提升？中国水网.[2019-07-17].

投资少、成本低、见效快的调水方式改善河道水质[184]。引水调度虽原理简单，但在真正实施时需要统筹周边水系、考虑环境影响，做好可行性分析和理论推算工作。一方面，如果稀释速率选择不当，反而会增加污染物浓度；另一方面，环境调水在减少当地河道污染的同时，会将污染物通过引水带至下一区域，加重下一区域的河道污染，要防止在调水的过程中引入新的污染源[135]。

秦淮河南段（东五华里）在引水补水工程方案中，考虑河道一次引换水量与蓄水总量基本相同，河道蓄水总量为 22.5 万 m³。按照泵站一天 24 h 开机，考虑10%的蒸发量和渗漏量，秦淮河南段（东五华里）引水规模（图 3-9）及引水周期为 7 天，引水规模依次为：2.86、1.43、0.95、0.72、0.57、0.48、0.41 m³/s。

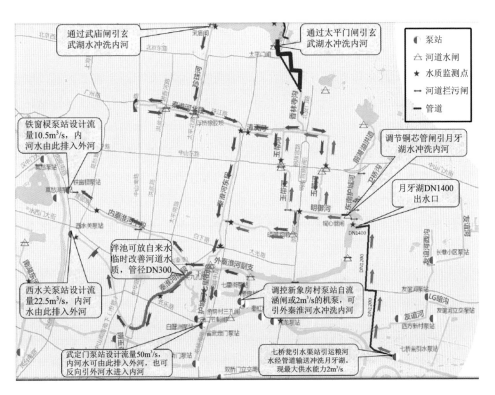

图 3-9　秦淮河南段（东五华里）引水规模示意图

七桥瓮泵站引水现取自外秦淮河，经七桥瓮泵站引水管道提升输送到东南护城河、内秦淮河水系。泵站引水现状规模为 2m³/s，规划规模为 3m³/s。象房村新泵站以外秦淮河为水源，将外秦淮河水引入东南护城河及秦淮河副支，通过东南护城河及副支九孔闸将水引入内秦淮河南段、中段河道，引水泵站规模 2m³/s。除了上述两个泵站引水外，内秦淮河水系现在的引水线路还有 3 条河道，分别为：①通过武庙闸引玄武湖水冲洗珍珠河、内秦淮河北段、东段、中段、南段，水从西水关、铁窗棂泵站排出；②通过太平门闸引玄武湖水冲洗香林寺沟、清溪河、东西玉带河、明御河，最后汇入内秦淮河东段；③夫子庙泮池可放自来水临时改善内秦淮河南段核心景区的水质。综上，考虑引水的水质、水量，选择外秦淮河、玄武湖作为秦淮河南段（东五华里）的供水水源。

3. 拆除阻水构筑物

引水调度让水体有了流动的基本条件，但让城市水活起来还需要拆除阻水坝闸或升级改造其关设施疏通河道。历史上很多城市为防止洪水侵袭，多直接用坝或者闸阻隔外河高水位入侵，虽然具有防洪功能，但是却阻断了水系沟通，削弱了河道行水泄洪能力，"一潭死水"也带来严重的水问题。以恢复水体自然循环为导向，对水系纵向连续性有影响的人工构筑物，如大坝、水闸等，进行适当改造或部分拆除，实施水库、闸坝生态调动运行，可以提高水系的自流性，从而满足河流生态需水，达到全面、持续、自流活水的最佳效果。以典型水网地区的苏州吴江区为例，自 2015 年当地开始全面实施"畅流活水"工程后，至 2018 年共拆除、打通阻水坝头或其他构筑物 231 处，新建桥、闸、涵等各类建筑物 348 处，提高了水体流速，大大降低了水体成为"死水"的概率，为"畅流活水"工程提供极大的支撑[1]。

4. 活动溢流堰精准控制水体流动

活动溢流堰是一种新型的可调控溢流坝，为底轴驱动式翻门，工作方式为底轴驱动旋转升降，可以直立挡水、卧倒放水，溢流时会形成人工瀑布，适用于宽度 10～100 m，水位差 1～6 m 的河道[2]。度汛期间，闸门降于河底，不影响河道行洪；其他时间，根据有关调度运行方案，适时启用，利用活动溢流堰进一步增

---

① 实施"畅流活水"工程 大力提升水环境质量.吴江日报.[2015-03-23].

② 张建云. 平原河网地区城市水环境如何提升?.中国水网.[2019-07-17].

加主城区河道水动力，是平原河网用增加水体流动性来改善水环境空间生态的重要工程措施。

5. "活"断头浜助力水系流通

河流末梢是阻碍水系流通的末端，形成了断头浜。断头浜的河水常年不流动导致水质腐坏，产生难以治理的黑臭反复。解决措施就是从末端让水流动起来，形成"活"断头浜，常用的技术是采用隔墙+闸门或者河道末端跌水技术。其中，对于较难治理的断头浜，采用末端跌水技术，即在河道末端添加盖板，盖板上部为清水，形成流动的跌水，以满足景观水的要求。比如在无锡丁巷浜的治理中，为了增加水动力，在末端做跌水设计，在现状挡墙基础上做截污槽，顶部覆盖种植土遮挡，实现水体流动。

3.3.3　生态系统重建，让生态走向自我演替

水环境空间的生态修复中有效的一种方法是保持水生态系统的自我演替，恢复水生态系统的自我修复能力和水体自净能力。自然生态系统恢复依靠自然的修复过程，对多数生态遭到破坏的城市水环境空间来说，单一地依靠自然生态的自我重建是远远不够的，需要结合人工的生物-生态修复技术，模仿自然规律，强化自然界自我调节能力去治理，使城市的水生态系统得以逐步恢复，走向平衡稳定。

3.3.3.1　恢复生物群落，重建水生生物平衡

水环境空间不仅为水生生物提供了生境系统，也为其他生物提供了不可替代的栖息环境。依据生态学原理，采取保护生物多样性和修复栖息地、恢复水生态系统结构中退化或缺失的部分、调整生态系统的内部组成、能量平衡与信息传递等措施，能够有效遏制生态退化，重建良好的水生态系统结构，并强化系统自净能力，使水生态系统恢复至动态平衡的稳定状态。

1. 水域自然流线恢复

恢复多样的水域自然流线及岸线，可以给生物生存提供自然生境（图 3-10）。自然弯曲型水系形成了丰富的生存环境，能够更好地适应不同生物生存、繁衍，

也具有一定的自然选择性和自组织能力。生境恢复在于多样化的栖息环境恢复，遵循自然演变规律，保护水系原有自然蜿蜒的平面形态，维护湿地、河湾、急流、浅滩等多样性栖息生境，在此基础上修复水环境空间的自然流线及岸线。在水系平面形态整体规划设计中，应充分利用其自然形态，考虑原河床及沿岸滩地，维持原有浅滩深潭交替出现的自然景观，还原其蜿蜒样貌，尽量确保水系用地宽度，给予其一定自由的塑造空间[120]。设计核心思想是充分发挥河岸与自然水体之间的交换调节能力，实现天然自净，为多种生物尤其两栖类、鱼类创造生存的空间[2]。

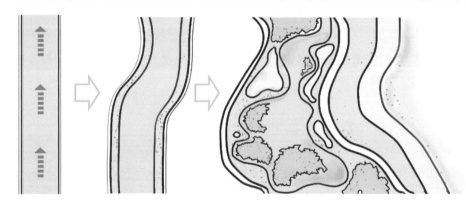

图 3-10　自然蜿蜒的河道营造多样生境

中山翠亨国家湿地公园位于广东中山市翠亨新区南朗镇横门西水道，规划面积 625.60 hm²，规划后陆地面积 168.01 hm²，水域面积 62.15 hm²，湿地面积 395.44 hm²，湿地率 63.21%。

公园处于珠江口岸的咸淡水交汇处，内部有丰富的红树林湿地资源，是世界八大候鸟迁徙带上的重要节点。公园设计以保护红树林湿地资源为重点，恢复横门西水道近海与海岸湿地生态系统为宗旨，改善周边生物的栖息环境为核心，营造了不同深度、宽度、长度、形态的滩涂、内湖、岛屿等拟态生境（图 3-11a），模拟红树林自然结构，构筑了安全稳定的红树林生态体系。与此同时，融珍稀红树品种展示于丰富多彩的游览体验之中，打造红树林"博物馆"。并且在公园与南沙湿地和淇澳岛间共同构成红树林保育区和国际候鸟栖息地（图 3-11b），在强调生态环境保护的同时提高了新区居民的生活质量，助力了周边乡村生态旅游发展，实现了社会效益、经济效益、环境效益的共同提升。

a 湿地公园丰富的生境环境　　　　　　　　b 湿地公园中的飞鸟

图 3-11　中山翠亨湿地公园

2. 驳岸的生态恢复

　　生态驳岸是指恢复后的自然河岸或具有自然河岸"可渗透性"的人工驳岸，它不仅能滞洪补枯、增强水体的自净能力，还使滨水区植被与堤内植被连成一体，为动植物提供适当的生境空间，构成一个完整的水生态系统[187]。生态驳岸按照具体情况可以分为自然原型驳岸、自然改造驳岸和人工自然驳岸。自然原型驳岸是最接近自然状态下的河岸，顺应原有地形，利用植物的根系来加固岸堤。这种驳岸适用于土地充足、水土流失不严重的河流。自然改造驳岸除了利用植被加固外，通常还要采用刚性材料如块石、石笼等护坡。这种措施主要是为了解决坡岸陡峭或是冲刷严重问题。人工自然驳岸基于前者之上，加入钢筋混凝土等材料，以保证更大的抗洪能力。这种措施的结构稳定且生态效益较好。在护岸材料的选择上，应当尽可能选择乡土材料，如地方特有的卵石、块石等，一方面更容易在色彩、质地上与周边环境相协调，另一方面也可以减少对原有水体、土壤的破坏[188]。在绿化和植物种植上，遵循地域特点、适宜生长的原则，选择多样化的植物配置，通过"近自然"的设计方法，合理搭配，模拟自然植被的生长特征，注重恢复城市水系植物群落生态，促使城市水生态系统回到自身健康发展的状态[120]。

　　在洛阳市洛河水系综合整治示范段工程的生态护岸设计中，针对不同坡位的生态建设需求，分析了不同生态护岸构建形式的优劣，提出生态护坡建设的可行性方案。根据现状条件，洛河修复区存在 4 种不同形式的驳岸改造，河道植物物种多样性低，河道景观破损，为解决现状提出适宜洛河堤岸的工程优化方案。

1）生态混凝土护坡方案（图 3-12）

适用于河道的行洪大堤，对河岸的稳定性和抗冲刷性能要求非常高。河岸坡面采用植被型多孔混凝土，构造形式可采用多孔混凝土预制单球、预制四连球组合、预制具孔矩形砌块等，并预留植物生长空间。驳岸坡度、堤顶、坡脚高程保持现状。多孔混凝土铺装后，覆盖种植土，并填充坡面孔隙。生态驳岸设坡脚、坡顶，每隔 50m 设一道横梁。

2）硬质护坡+植物入水护坡方案（图 3-13）

适用于河道常水位附近，处于水位变动区（近水陆域），由于洛河水位受多级橡胶坝控制，水利条件稳定。同时该区域也是人们近水、亲水的重要平台。考虑到洛河景观营造的重要性，优选藤本植物覆盖和近岸水域的植物修复作为方案。自水面开始的第三阶、第六阶和最顶层的台阶进行绿化改建，种植藤本植物等景观植物，以增加岸线的"柔性"感觉。在近岸水域的亲水平台附近，以平缓的植物护坡入水形式为主，主要选种观赏性的水生植物、亲水植物和喜水植物，充分利用植物自身的生物净化功能，净化水体，选种不同植物也营造了变化的滨水景观。常用的藤本植物包括云南黄馨、中华常春藤、紫藤等，挺水植物包括菖蒲、水葱、美人蕉、香蒲、泽泻、马兰、鸢尾、千屈菜等。

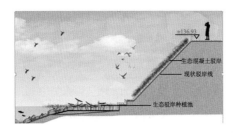

图 3-12　生态混凝土护坡方案　　　　图 3-13　硬质护坡+植物入水护坡方案

3）生态驳岸入水护坡方案（图 3-14）

这类驳岸位于 30 年一遇洪水线以下，为常水位的水位变动区。汛期，驳岸会遭受水体的浸泡和水流冲刷，枯水期则漏出水面，但能保持相对湿润的植物生长生境。该区域的防护措施和植物应有固岸护坡和美化堤岸的作用，应选择根系发达、抗冲性强的植物种类。该区域是挺水植物生存的重要场所。

现状主要是现浇普通混凝土不透水驳岸。一类位于河道北岸，局部为六角砖砌护坡（图 3-14a）。另一类位于洛河南岸，为普通混凝土的现浇护岸（图 3-14b）。方案中坡脚、坡顶、坡度高程与现状保持一致，设计生态护坡，混凝土护脚、压顶一道，清除坡面杂物，平整坡面，每隔 50m 设置单元横梁，多孔混凝土铺装前设土工布反滤层一道。预制混凝土砌块铺装于每个单元格之间，嵌套铺装，铺装后覆盖种植土一层，结合河道景观建设，选种耐湿性植物或挺水植物，实现生态驳岸护坡入水。

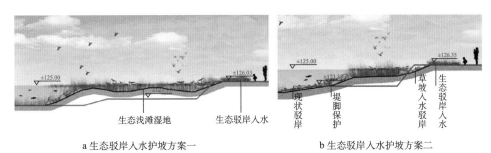

a 生态驳岸入水护坡方案一   b 生态驳岸入水护坡方案二

图 3-14　生态驳岸入水护坡方案

4）生态混凝土护坡+生态驳岸入水护坡方案（图 3-15）

这类驳岸水位变化大，现状自坡脚到堤顶由单一坡度的普通混凝土硬化护砌，

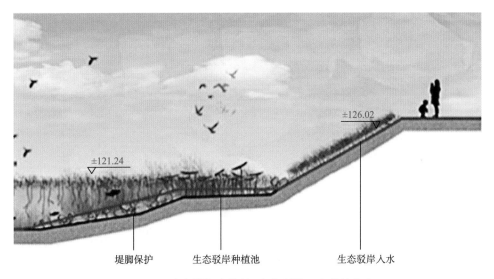

图 3-15　生态混凝土护坡+生态驳岸入水护坡方案

驳岸坡面完全硬化，缺少生机，景观性较差。根据河床地形图，坡脚设抛石或普通混凝土护脚一道，自上而下铺装多孔混凝土预制砌块，底部铺装鱼巢式、自嵌式多孔矩形砌块或四连球砌块，30 年一遇洪水线可铺装预制单球组合砌块，坡面预留较大型灌木的植生空间，多孔混凝土铺装前设土工布反滤层一道。上部的 100 年一遇洪水线的坡顶设压顶一道。坡面每 50 m 设普通混凝土横梁一道。根据河道景观营造需求自下而上依次种植沉水植物、挺水植物、湿生植物、中生植物等。

3. 水生生物群落恢复

水生生物群落恢复的主要目的是在水体中构建拥有完善的"生产者—消费者—分解者"物质循环链条的水生生态系统（图 3-16），通过食物链和食物网的恢复促进物质的转化和能量传递，从而实现水体的自净，维持生态平衡。水生生物群落的修复维护，需要人工布设不同类型的生物种类，帮助构建良性更替的生物群落。城市水环境空间的人工生态系统构建以初级生产者的恢复为主，主要包括

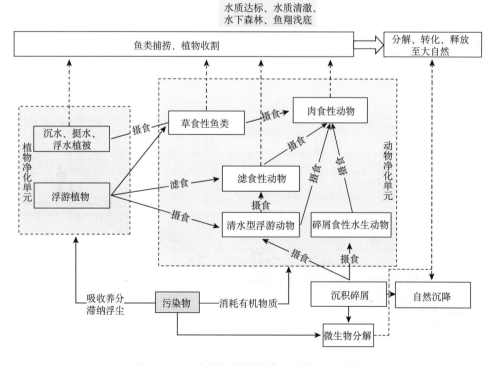

图 3-16　水生生物群落构建与水体自净原理

挺水、浮水、沉水植被恢复，同时根据食物链原理适当增加虾类、鱼类、底栖动物、浮游动物等水生动物，通过控制水生植物、动物、微生物等来转移和降解水体污染，形成水环境空间的完整生物群落。在水生植物群落的恢复中，应注意不同水生植物的适应性高度，按照根系发育程度和净化要求进行植物群落的排序。一般而言，中间深水污染区域多采用布置高水下植物、四季常绿水下森林等方式处理；接近于中央主河道的污染区域应使用以芦苇为主导的根系发达但观赏性欠佳的植物；对浅水区域的污染常见的处理方式是布设常绿矮型植被或布置水下草皮等方式降低污染。水生动物群落恢复中，以建立食物链和食物网为原则投放动物群，常见有大型鱼类、底栖动物和浮游动物群。鱼类以食用枝角类浮游动物为主，底栖动物可消耗有机物质、腐烂水生动植物残体，浮游动物群可摄食蓝绿藻、水体中细微腐泄物，并将水体中蓝绿藻、有机物转化为动物蛋白，利用它们保证和控制水体的透明度。

在遂溪县风朗河流域生态修复中，下游滩地鱼塘在现有湿生植被和塘底清淤的基础上，利用乡土植物的合理布局，构建景观格局多样的浅水池塘，为湿地动物营造了良好的繁衍和栖息环境。首先，将塘底清淤土方就地处理，塑造多样性地形和水域生境；然后，以乡土植被为主，选择对水体污染物适应性强、净化力高的植被，恢复乡土水生植被群落（表 3-2），同时考虑乡土水生植被的多样性，营造适宜的湿地动物栖息生境；最后，在池塘内投放适量滤食性鱼类、滤食性软体动物和刮食性软体动物（表 3-3），促进食物链的形成。

表 3-2　水生植被恢复面积

植被类型	配置比例/%	面积/m²	主要品种
挺水植被	50	8900	芦苇、香蒲、白茅、菖蒲、水葱、泽泻、纸莎草、野慈姑、花叶芦竹、水蓼等湿草甸植被
浮水植被	10	1780	热带睡莲、萍蓬草、荇菜、野菱等主要具有自然野趣的植被
沉水植被	25	4450	苦草、黑藻、金鱼藻、眼子菜
湿生草本植被	15	2670	莎草科、蓼科和十字花科

表 3-3　池塘水生动物投放清单

类型	名称	工程量/kg	标准要求
滤食性软体动物	三角帆蚌、褶纹冠蚌、背角无齿蚌	300	5～8 cm/个，生长健壮

续表

类型	名称	工程量/kg	标准要求
刮食性软体动物	梨形环棱螺、铜绿环棱螺、耳萝卜螺	750	2～3 cm/个，生长健壮
滤食性鱼类	鲢鱼	690	3 种规格混放，100 g/尾、200g/尾、300g/尾，生长健壮
	鳙鱼	230	3 种规格混放，100 g/尾、200g/尾、300g/尾，生长健壮

4. 乡土生境恢复

以水为媒介构建相适应的乡土生境，可以开启自然演化过程。因为生态系统修复过程涵盖了土壤、水、空气 3 个界面，为了确保与毗邻生态系统进行适当的物质流动和交流，生态系统修复应该从场地特征入手，在区域尺度上开展。水是生态系统的核心和关键，因此采用水作为媒介进行生态系统修复是成功的关键。深浅不一的洼地收集的雨水量不同，越深的洼地，土壤饱和后水越深，雨水滞留时间也越长，甚至常年含水；越浅的洼地，雨水饱和后积水有限，甚至流入周边洼地。地形差异结合水量差异会导致水热条件的差异，为营造丰富的生境打下了基础。利用土壤、水热条件的差异组合，通过乡土植物混播开启与微环境相适应的乡土自然群落演替过程，形成的植被在相互竞争平衡之后，形成更为复杂和稳定的系统[68]。

甘州区北郊湿地恢复治理规划设计，项目总面积约 335 hm²。现状用地类型主要有农田、林地、草地、住宅用地和水域及水利用地五类；现状水系多为水渠和鱼塘；林地多为沙枣林，植被类型比较单一，相应的动物种类较少。但规划区内湿地资源比较丰富，湿地类型多样，恢复区域内主要为草本沼泽、内陆盐沼和森林沼泽 3 种湿地型（图 3-17）。

a 草本沼泽　　　　　　　b 内陆盐沼　　　　　　　c 森林沼泽

图 3-17　现状湿地类型

　　规划设计以自然恢复为主，人工促进为辅，恢复该地生态完整性。在现有退化湿地的基础上，通过人工手段恢复原生湿地生态系统，重建具有内陆河流域特色的沼泽湿地、盐沼湿地，扩大湿地公园的动植物栖息地。

　　湿地生态恢复工程主要分为湿地生境恢复和湿地物种恢复。在湿地生境恢复上，种植耐盐碱的乡土植物、修建截渗沟和加固坡面，对土壤盐碱化改良，恢复适宜本土生物生存的土壤环境；通过人工表流湿地对污水处理厂的中水进行处理，起到对湿地水源的补充作用，营造丰富的生境。在湿地物种恢复上，以低成本完成自然演变和生境修复（图 3-18），逐步建立动物栖息地，恢复湿地的生态价值。首先进行河岸微塑，营造滨水湿生环境；接下来撒播草种，进行树种补植，初步并逐渐改善河滩生态系统，其中对植被进行恢复的手段主要有人工播种、栽植和湿地恢复封育，依次按照滨水、近水、水岸，有针对性地恢复湿生植物群落结构、乔灌草群落结构、乔草群落结构，形成复杂的植物群落；然后在动物多样性的营建上，分阶段投放动物种类，逐步丰富场地内的动物群落，从而构建起理想的、完善的食物链系统（表 3-4）。项目设计灵活运用工程、技术、生态方法，将水污防治、水体景观建设与水生态修复有机结合，充分挖掘利用湿地资源，实现湿地生态系统的地表基底修复、中水处理、生物群落建立，提高生态系统的生产力和自我维持能力。

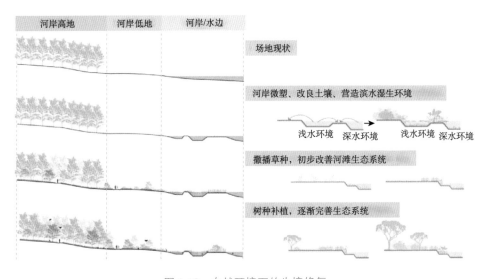

图 3-18　自然环境下的生境修复

表 3-4　动物多样性营建

阶段	内容	类型	动物种类
第一阶段	培养第一级消费者	浮游动物和底栖昆虫	大鳞副泥鳅、重穗唇高原鳅、梭形高原鳅、酒泉高原鳅、大鳍鼓鳔鳅
第二阶段	培养第二级消费者	鱼类和两栖类	中华细鲫、麦穗鱼、棒花鱼、花斑裸鲤、鲫鱼、草鱼、鲤鱼、花背蟾蜍、中国林蛙
第三阶段	培养第三级消费者	爬行类	兔狲、草原斑猫、赤狐、沙狐、水獭
第四阶段	培养第四级消费者	鸟类	普通鸬鹚、苍鹭、大天鹅、红嘴鸥、黑鹳、金雕、白尾鹞

5. 人工湿地修复和加强

人工湿地净化技术对有机污染物有较强的降解能力，是利用自然生态系统中物理、化学和生物的共同作用，实现对污水净化的生态工程措施。人工湿地系统是在一定长宽比及底面有坡度的洼地中，由土壤和填料（如卵石等）混合组成填料床，污水在床体表面或填料床的缝隙中辗转流动，或在床体表面种植多种处理性能好、成活率高的水生植物，形成一个独特的动植物生态环境，对污水进行处理。湿地将污水中的不溶性有机物沉淀、过滤，进而再使其被微生物所利用，而可溶性有机物则被植物根系生物膜吸附、吸收或被生物代谢降解。湿地床中的微生物随着处理过程的进行大量生长、繁殖，通过对湿地填料床的定期更换及对湿地植物的收割将新产生的有机体从系统中去除。

加强城市人工湿地，建立高效、复合的湿地净化系统，将严重污染的水体或中水净化为安全、干净的水体[122]。与传统的污水处理系统，以及目前国内外常用的"多塘-湿地耦合系统"（包括表流系统和潜流系统）和"沉淀池-促渗草坪系统"相比，该技术模块整合了物理沉淀、土壤过滤净化和生物吸附净化等技术，城市人工湿地本身是城市绿地的一部分，具有明显的创新和技术优势：①以乡土生物配置为主体修复措施，让系统具有高度的稳定性；②采用梯田湿地、曝气跌水和景观墙形成复合净化设施，并结合城市公园建设，占地较少，更适合城市的复合型面源污染治理[122]；③湿地作为河道治理的旁路强化技术，能够实现在河岸异位修复水污染问题。

在长沙洋湖湿地公园的规划设计中，采用了尾水湿地生态强化净化工程。洋湖湿地公园水域面积约为 106.5 万 m^2（含雅河 10 万 m^2），水深 0.8～3m，平均水深约 1.5m，水体停留时间约 18.8 天。同时接收周边 23 个市政雨水排口的汇水，公园汇水面积约为 432.58 万 m^2。

当时存在如下问题：①尾水与地表水Ⅲ类标准差距较大，其氮、磷及营养盐远超地表水Ⅲ类标准，来水造成污染负荷持续性输入，湿地公园净化压力大。②部分区域水体流动性较差，在低流速状态、高营养负荷条件下极易爆发水华。③大部分水域呈现藻型浊态，生态系统功能受损，水体自净能力有限，难以满足洋湖湿地水质达标需求。

生态恢复设计：基本原理是再生水厂尾水首先通过复合生态滤床过滤之后，经过人工水草、立体生态浮床、沉水植物净化带等的净化，再通过两次初步构建的健康湿地系统强化区净化（图 3-19）。这条狭长的过滤带在净化水的同时，也变成了一个生物多样性丰富的生物栖息地。不同植被吸收不同的养分，有的植物甚至可以吸收重金属，如芦苇就是一种有净化重金属功能的植物。设计从污染物控制出发，通过强化尾水生态净化，建立生态缓冲区、生态展示区、生态稳定区实现再生水厂尾水强化净化。水生态系统稳定后，极大地提升水域自净能力，杜绝藻类水华的爆发。系统的尾水湿地生态强化净化工程如图 3-20 所示。

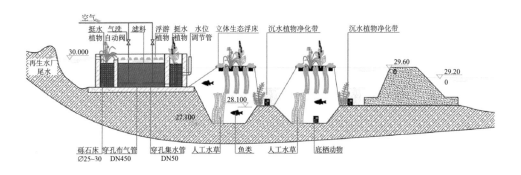

图 3-19 生态系统强化区净化原理

图 3-20　尾水湿地生态强化净化工程

3.3.3.2　利用生物修复，增强水生态系统自净能力

污染物进入河流后，水生态系统就开始了自净过程。生物修复技术是利用水中生物体的新陈代谢对有机污染物及氮、磷营养物质产生同化作用，富集转化，降低污染物浓度，达到治理水污染的目的[180]。这种技术是一个人工强化生态演替的过程，因生态协调性好、不易产生二次污染，且具有投资少、效益高、潜力大等优点，被广泛应用于城市水环境空间治理。常见的技术包括：微生物强化、人工增氧、水生植物、生物膜、稳定塘、生物过滤等。

（1）微生物强化。现代科学研究表明利用微生物的代谢作用，在污染场所投放成品菌株或筛选驯化的现场菌株，能迅速提高污染介质中的微生物浓度，在短期内提高污染物的生物降解速率。当水体污染严重且缺乏有效微生物作用时，为促进有机污染物降解，可以选择适当投放微生物，其中投放的微生物可分为土著微生物、外来微生物和基因工程菌[178]。微生物治理水污染是一把"双刃剑"，不同水环境空间的生态都有其独特性，因此需要针对水环境空间实际情况来培育相对应的微生物群落，培育时间较长，同时过多地使用可能会影响水体内的生态平衡，危害到其他生物的生存安全。

在荆门市竹皮河流域水环境综合治理（城区段）综合整治项目中，为改善竹皮河城区段末端的江山水库水质，提出了水库生态清淤和原位微生物修复工程。竹皮河接纳的城区各类污废水中含大量有机物、淤泥，沉积于水库中，内源污染严重，水质常年为劣 V 类。而江山水库水面开阔，水流缓慢，水质改善技术复杂。在水库清淤的基础上，采用漂浮式生态反应器+微生物在线工厂+生态基+浮动湿地+太阳能水循环复氧系统组合技术，利用生态反应器内的内置生态修复剂对库区土著微生物进行激活，使微生物迅速繁殖，释放至水体中降解氨氮、磷等营养物质；同时安装微生物在线工厂连续在线培养强化型脱氮和除碳微生物，降解不断淤积的底泥污染物；生态基和浮动湿地则作为微生物附着载体，形成生物量较高的强化净化区，在净化区内布置太阳能水循环复氧系统，为生态净化提供充足的溶解氧，强化有机物分解。综合整治措施实施后，常温和冬季低温条件下 COD去除率分别达到 20%和 15%，氨氮去除率分别达到 25%和 20%，TP 去除率分别达到 20%和 15%，江山水库出水水质达到Ⅳ类水标准[189]。

（2）人工增氧。溶解于水中的分子态氧称为溶解氧，对于研究水体自净能力而言，溶解氧是一项重要指标。当水体中的有机物含量超高时，微生物会加速分解有机物，继而消耗氧含量的速度加快直至氧气被耗尽，使水体处于"缺氧"状态，此状态下水体中会繁殖大量厌氧型微生物，引发水质恶化。通过人工增氧补充水体中过快消耗的氧气，及时恢复和平衡水体中溶解氧的含量，可以保证微生物分解污染物时的需氧量，提高水体自身的净水能力。人工增氧需要根据水体的充氧情况、河流水利条件等进行合理增氧，并不是对所有受污染的水体完全适用。目前，曝气增氧是提高河道水体含氧量采用的主要方式[135]。

曝气增氧是根据水环境受到污染后缺氧的特点，人工改善水动力循环，向水体中连续或间歇式充入空气或纯氧，加速水体复氧过程，以提高水体的溶解氧水平，恢复和增强水体中好氧微生物的活力，使水体中的污染物质得以被快速净化，从而改善水质。对一条已受到严重有机污染且黑臭的河道进行人工曝气后，充入的溶解氧可以迅速地氧化有机物厌氧降解时产生的硫化氢、甲硫醇及硫化亚铁等致黑、致臭物质，有效地改善、缓和水体的黑臭程度。例如位于沙坪中心城区的北湖公园，其作为非流动性的城市景观湖泊，水体自身的循环性差，溶解氧过低，缺少水生动植物的生存环境，且自净能力不足。北湖公园水生态的恢复主要是在水中造流、增氧，使死水变为活水。通过构建曝气增氧系统产生足够的溶解氧，使原本断裂的生物链得到修复，同时打破静态水体的垂直分层现象，改变了水体溶氧垂直分布的极端不均匀性，破坏了蓝绿藻的富集层，变水体底泥界面的厌氧环境为好氧环境，激活水中好氧微生物的活力，有效地防止非流动性、缺氧带来的水质腐烂发臭问题，从而改善水质环境。

（3）水生植物。水生植物净化技术主要方式是通过在水体中种植各类水生植物（包括沉水植物、挺水植物等）来建立水生植物范围内的小生态系统，并通过改善水生植物群落结构改善河道水质。一方面，水生植物的生长可吸收水中底泥内的大量营养物质，有效降解有机污染物质；另一方面，种植的水生植物能够保障水生生态系统物种类型和有氧、缺氧环境，适宜各类微生物群落生存，促进微生物发挥净化水质的作用。生态浮岛净化技术是利用水生植物净化的深化措施，主要运用高分子无土基床来培育水生植物，利用生物群落共生协同作用改善水域生态环境。例如在南京珍珠河黑臭水体的整治前（图3-21a），珍珠河两岸硬质护岸，底部抛石护底，植物较难扎根，且泄洪期间河道流量大，栽种的植物极有可能会被冲走，于是采用生态浮岛固定于河岸（图3-21b），净化了水质的同时也提高了河道的生态和景观效益。

a 珍珠河硬质河岸　　　　　　　　　　　　　　b 生态浮岛固定于河岸

图 3-21　珍珠河北段整治前后对比

（4）生物膜。生物膜由可供微生物附着的基底组成，基底材料可以是天然的，也可以由人工合成。当微生物通过一定的方式附着在基底上时，基底表面会形成一层生物膜，吸收并降解随着水流附着到基底表面的有机污染物，并通过水流冲刷降解后的代谢废物，实现持续净化污水的目的。卵石、砾石及天然河床等天然材料具有较大的比表面积，生物容易在其表面聚集生长形成生物膜，在河床中布置这类材料，可创造适宜生物膜生长的介质来强化水体的自净能力。水中的污染物通过水流被生物膜吸附，进而作为营养物质被生物吸收、分解和转化，从而使水质得到改善。在湖北省荆门市竹皮河流域水环境综合治理工程中，作为流经荆门市城区的唯一自然河流，竹皮河出现了污水直排、底泥淤积、季节性干涸等诸多问题，水质逐渐恶化，水生态系统受损，水景观功能下降。为改善竹皮河水生态环境，恢复自然河流的生物多样性，设计师在浅水段采用生态砾石床技术对河床进行生态化改造，建设生物膜河床（图 3-22a），强化河道生态净化能力。即在河道底泥清淤的基础上，先覆盖细砂，再覆盖砾石，砾石采用网格固定，为生物膜附着提供载体，以吸附和过滤水中的污染物。在深水段恢复水生动植物，创造多样化生境，促进水生态系统的建立，逐步提升水体自净能力、恢复自然河道景观（图 3-22b）。

a 生物膜河床景观　　　　　　　　b 逐渐恢复的自然河道景观

图 3-22　竹皮河治理后的建成景观

（5）稳定塘。稳定塘又名氧化塘或生物塘，是一种以塘为主要构筑物，形成由细菌、藻类、微型动物（原生动物与后生动物）、水生植物以及其他水生动物组成的稳定生态系统，利用自然生物群体净化污水。净化作用主要包括稀释、沉淀和絮凝，好氧及厌氧微生物的代谢，浮游生物以及水生维管束植物的吸收[190]。根据塘中的溶解氧量、生物种群类别及塘的功能，可分为厌氧塘、兼性塘、好养塘、曝气塘和水生生物塘。在百里伊通河（北段）水系生态治理工程中，设计师应用了多种氧化塘技术。伊通河北段的污染来源主要是农业污染，经排放口排放。进入的磷按形态分为有机磷和无机磷，按溶解性分为溶解磷和颗粒磷。其中农业污水中磷的主要存在形式为颗粒磷，可以沉淀于兼性塘底部，通过投放人工介质，增加微生物浓度，提高兼性塘效率。人工湿地内的上层砾石对浮游植物起到了高效的过滤作用，浮游植物在由氧化兼性塘进入湿地后，会被上层的砾石拦截，并在逐渐衰亡分解后被其他植物和微生物吸收利用，人工湿地不会像兼性塘那样出现藻类大量繁殖的现象，因此，选择兼性塘与水平表流人工湿地组合。在这两种方法处置完成后，设置石灰石滤床，一方面进一步沉淀部分从表流湿地中流出的浮游植物及藻类，另一方面石灰对磷有一定去除能力。经过处理后，考虑将水生植物塘与之前的工艺结合，水生植物塘中的植物有利于微生物的附着生长，强化了微生物的种类和浓度，提高了净化效果，也使河道兼具了景观效果。

第4章

互动，营活力之源

> 烟雨清明，烟花上巳。楼台四百南朝寺。水边多少丽人行，秦淮帘幕长干市。
>
> ——踏莎行·秦淮清明（王士禛）

对城市而言，活力是城市发展动能的代名词，城市活力程度已经变成了城市发展的标志性评价指标。城市的长远发展得益于城市活力的营造，城市活力甚至比城市实力更为重要。城市水环境空间承载着人们多样的生活需求，更是城市活力的重要源泉，人们行为活动向水靠拢的现象一定程度上体现了城市依水发展的客观规律。水环境空间的活力是以城市水系为载体，强调环境、经济产业条件以及城市社会活动特征对人行为的良性引导，通过水环境空间的布局与形态来提升城市整体生态环境的品质，促进水经济环境的发展，激发人、水、城三者的互动，把人的需求牵引和空间供给创造有机结合起来，推进各要素协同联动发展，带动经济格局和区域布局的重塑，为高质量发展提供源源不断的循环动力。

4.1 人-水-城的冷寂

在新时代高质量发展背景下，城市水环境空间的发展建设不能再局限于水环境本体，而应同时重视人-水-城的持续活力。水环境空间的活力反映了水环境空间各要素的活跃性、开放性及耦合能效性，并综合表现为空间运行和发展的效率。

水环境空间的活力在很大程度上与该区域的综合发展相互影响，二者若出现了一些不协调问题，如水环境空间建设与经济发展水平不匹配、产业规划不系统、土地利用率低下且功能性质单一等，会使得水环境空间与人和城的关系隔离。城市水环境空间治理的复杂性使得临水冷寂的现象存在已久，究竟是水拒人还是人不乐水，这扼制了城市水环境空间活力的提升。

4.1.1 水环境空间与城市空间联系不足

当代的水环境空间受到城市道路、周边建筑以及场地限制，多聚焦于"一河两岸"的滨河绿地，建设过程欠缺整体规划布局，导致难以与城市内部空间在功能布局、交通系统以及空间结构上保持有效联系，与城市产生了隔离，使人水关系疏远。

4.1.1.1 土地利用联系弱

水环境空间发展建设未能综合考虑周边居民的综合需求，空间设计缺乏与周边土地功能利用的呼应。许多水网城市或者滨水城市难以亲水见水，水城相隔现象大量存在[191]。城市水环境空间被大量住宅、商业建筑或封闭式绿化公园所占，呈现"私有化"倾向，导致社会公众难以进入，部分或完全丧失了公共空间的共享性[192]。城市水环境空间往往是城市中自然和人造景观相对集中、整体环境品质较高的公共空间，是面向社会公众开放、全民所有的公共产品。大量"私有化"空间与休闲步道、亲水步道等通道的直接联系不足，断开了连贯而畅通的滨河游憩路径，阻碍了滨河空间的可进入性。原本应当连续无阻的公共岸线被这些"私有化"空间阻断。市民的活动空间连续性被打断，遇到这些地块不得不中断或折返绕行，失去兴致继续活动[43,193]。水环境空间孤岛化现象严重，由于缺乏对城市整体的关注，水环境空间与城市腹地脱节，往往孤立在城市整体之外。此外，受到地形条件和建设规模的限制，城市水环境空间在建设时主要以散点小规模的方式分布在沿岸地区，这种分布不均导致公共空间等级结构不完整，容易形成分散的孤立斑块。水环境空间未能很好地被纳入城市整体功能布局。

4.1.1.2　交通系统性较低

1. 内外部交通网络不连贯

在交通系统上，外部交通、水环境空间与城市的连接处以及水环境空间内部的交通体系都会影响到整体交通网络的连贯性。对于外部交通而言，当前许多城市内部的多数道路仅与滨水车行路相连接，缺乏与水环境空间的次级联络通道，导致外部与水环境空间的联系较差。例如城市道路建设中结合堤防修建的城市快车道，这类过境道路的分割很大程度上造成了水环境空间与城市空间的隔离。车道多、路幅宽、车速快、交通状况复杂的滨水大道追求快速和通畅，仅满足了行车的视野需求，而忽视了行人的安全穿越需求，严重削弱了水环境空间的可达性。此外，城市快速路多采用高架桥或直立式挡墙的模式，这种建设模式阻碍了水环境空间与其腹地的步行联系，使得水环境空间人行可达性较差，水环境空间被严重分割的现象产生。有些大城市的水环境空间，交通流量大、路面宽，割裂城市内部与水岸联系的同时导致沿水岸只能形成单一的一条线性空间，难以建立复合功能形态，难以保障空间活力。

2. 交通连接不畅

对于水环境空间与外部的连接而言，连续的滨水快车道增加了城市居民便捷地到达水环境空间的难度。水陆之间的不同高差，需设引桥、台阶等衔接，不同设施间需建设慢道等衔接。行人缺乏可供使用的人行天桥、人行道路来穿越滨水道路，为了到达距水环境空间最近的入口往往需要绕行和穿越快车道，这种现状切断了城市内陆空间与水环境空间的联系，造成步道系统混乱。并且沿线公共交通站点不足，线路覆盖率低，停车场较少，加上从公共交通站点到水环境空间衔接不畅，进一步加剧了水环境空间可达性不足的问题。比如，新奥尔良某滨水地区在城市活动空间与水环境空间之间布置了大面积的社会停车场，尽管水环境空间绿化丰富，却从心理层面削弱了市民穿越停车场抵达水环境空间活动的兴致，导致水环境空间的无人问津[43]。

4.1.2 水环境空间产业不系统

随着时代发展，公众对水环境空间的需求也在发生变化，开始期望满足自身的休闲娱乐需求。城市水环境空间具有丰富的自然资源和人文资源，无论是风土人情、城市文脉，还是宜人的自然风光、丰富的娱乐和运动项目，对人们都有着巨大的吸引力，具有发展休闲产业的有利条件，可以通过合理的开发促进城市经济的发展和环境的整治[194]。在水环境空间的利用上，单一生产功能的水岸、破坏性产业、简单的配套设施等与社会发展需求不符，低效企业需要积极整改和产业结构需要调整，并完善服务配套设施，更好地服务人的需求。

4.1.2.1 水环境空间产业结构组合不均衡

水环境空间产业涉及第一产业、第二产业和第三产业。第一产业主要是水产业，包括水产动植物的捕捞和养殖以及加工、销售等配套产业。第二产业主要是一些耗水量大或依赖水路运输的工业，如钢铁、石油、纺织等企业。第三产业包括服务性行业，如商业、餐饮、娱乐、金融等。毋庸置疑，城市水环境空间的生活用水和生产用水是相对便利的，因此，在还属于发展中国家的中国，对水需求量大或依赖水路运输的产业占据了大量的水环境空间资源，并沿岸形成产业带。如长江中下游两岸的滨水产业带，曾聚集大量大型钢铁、机械、纺织、化工、建材企业以及生物工程等高新技术企业，成为两岸经济发展的核心区域。但是，水环境空间产业在带来巨大经济效益的同时，已经或正在对水环境空间的生态资源和环境造成巨大危害[194]。随着经济的发展和城市结构的调整，大型工业应远离水岸，同时对水环境空间利用不合理的产业也应该逐步被淘汰。

4.1.2.2　水环境空间的经济形态缺乏有机联系

水环境空间是城市重要的公共生活发生器，市民渴望有足够的滨水休憩场地与公共娱乐设施，来满足活动需求。由于环境优美、空间开阔，并在城市发展中处于重要位置，城市水环境空间往往被规划成集商业办公、文化娱乐、居住、休闲旅游等为一体的多功能区以吸引公众人气，增添城市活力。然而在市场经济条件下，其经济形态呈现出越来越强的利益驱动和利益冲突的特征，过分强调短期经济效益。水环境空间被超强度开发，有以居住为主或被工商业占据为主的单一生产生活岸线及未充分利用的地段，各地块独立建设、缺乏有机联系，新建项目与老旧企业混杂并存，出现了交通、工厂、码头、商务办公和住宅等功能类型混杂的现象。当下，随着工厂、码头等老旧企业撤离，水环境空间有无序发展的趋势或者无人问津的状况，公众需要的娱乐、文化、休闲、购物等活动空间却依然缺失。可见滨水经济已无法在经济业态上满足新时代的发展需求，不能更好地服务于城市居民，难以与城市和公众产生交流互动。

4.1.3　水环境空间对行为活动考虑不足

在以市场为主导的城市经济体制和房地产为主导的开发过程中，各种利益驱动着大规模的开发建设，这种开发多寻求高人口密度、高建筑密度和高容积率等，这些"过高"问题给水环境空间的承载力带来前所未有的压力[10]。城市的文化传统、情感记忆丧失殆尽，衰败地区被遗忘，在缺少人气的公共空间谈论活力发展更是无稽之谈。随着社会的发展，城市居民对于活动空间的需求有了更高的标准，缺乏考虑人的行为活动的单一空间模式，已经无法满足人们对多元综合空间的需要。

4.1.3.1　水环境空间缺少活动交往考虑

20 世纪 90 年代涌起的城市美化活动激发了人们对改善城市生活环境的迫切需求[195]。"魅力城市""宜居城市"带动了大规模的城市改造更新活动。华而不实的大广场，仓促建造的"标志性"建筑，表皮化的线性城市形象等现象令人担忧。

城市水环境空间也面临同样问题，在建设过程中，过分追求视觉上城市形态及近水岸线空间的美化，反而致使许多城市水环境空间成为冷漠的城市空间、超尺度的人造环境。这样的建设没有实质性地顾及市民的生活和行为感受。

水环境空间在建设时有三方面原因导致活动交往空间缺失。其一，政府与开发商都希望拥有高效的环境——政府希望环境便于管理，开发商追求经济效益。两者的共同目标决定了水环境空间趋向专门化和规模经济，使得水环境空间丧失连续性与功能性，功能与形态单一无法满足人们日常游憩、娱乐活动的空间需求，甚至会出现闲置空间。例如，长春伊通河两岸的城市空间同质化严重，没有利用周边资源进行差异化营造；岸线步行道路没有与水面形成变化丰富的关系，步行区域与河流互动较少，亲水活动空间不足，功能略显单调，缺乏游憩体验。其二，以往的沿岸布局模式中缺乏城市设计指导，仅在河道两岸控制了一定宽度的绿化带，导致水环境空间形式功能单一，不利于多种活动的发生。例如，上海景观水体规划构想中仅提到在黄浦江两岸规划 50m 的绿化景观带，这种粗放的规划方式易造成具体地块设计时景观单一、穿越空间多、停留空间少等问题产生。其三，对于水环境空间内部交通而言，缺少连贯的绿道系统，不仅使得水环境空间的每个活动场所间的联系较差，而且没有考虑预留供市民驻足、步行、亲水、休憩的空间，从而使得水环境空间无法产生足够的吸引力。例如上海外滩段水环境空间沿岸建筑与滨水平台联系甚少，带状的沿岸漫步空间缺乏休闲娱乐设施，活动可选择性弱，致使市民在日常生活中不愿在此多停留活动。因此，单一的空间类型和形态功能导致城市水环境空间的趣味性大大降低，难以满足市民日益增长的休闲娱乐等活动需求，使得水环境空间缺乏活力[193]。

4.1.3.2 水环境空间缺乏引领性项目策划

1. 空间景观吸引力不足

从景观细节来谈，景观设计单调死板，缺乏趣味性，还有些水环境空间内栽种的植物缺乏多样性和层次性，种类单一，春冬两季景观缺乏生机，距离"三季有花、四季有景"的目标有较远距离。比如，长春伊通河具有很强的季节性特征，景观与活动会随四季更替发生显著变化，缺乏赏玩性。自然景观上，河流状态和植被季候变化明显，冬季时，河道结冰，植物没有充分体现寒冷地区的特色，缺乏观赏层次，自然和人工景观单调。活动方式上，温暖季节人们通常在河岸散步、健身等，到了冬季，虽然有户外活动意愿，但受到温度影响，人们对空间利用率较低。空间设计上，人工景观设施缺乏丰富的视觉感受，夜间照明不足。季节防护性设计不足，部分地区树木配置不密集，种类较少，冬季无法有效防风、夏季缺乏遮阳功效。公共设施配置难以灵活变化，功能转化性较差[196]。园林绿化的多样性在很大程度上会影响水环境空间的景观品质，而景观品质低下、吸引力不足的缺点又会使得人们远离水环境空间[197]。

造成许多城市水环境空间景观品质低下和吸引力不足的主要原因是未能合理地进行规划布局和植物造景。从整体上来看，首先，景观无合理布局，面向城市方向景观渗透不足，总体来看分布不均[198]。其次，没有选择因地制宜的设计方案。再次，水环境空间绿化地块分布不合理，公园集中了大量绿化空间，没有在市民活动量更大的区域，如广场、滨水步道等进行布置，整体环境效益较差。炎热的夏天人们无法在缺少树荫的场地上驻足，活力更是无从谈起[199]。

2. 公共活动影响力不足

水环境空间可开展的活动多样丰富。公共节日期间，水环境空间在城市生活中的重要性上升，政府和市场利用各类节日来推动经济、激发商机，广大市民则希望有更多的活动机会来进行互动和交流，水环境空间中开展的娱乐活动给予城市以生机。当然，引入复合的新活动是一种激活城市水环境空间，使其成为城市更具活力的一部分的最为有效的策略。因此，有关方面往往会在水环境空间举办各种节日活动，例如纽约的南街港美食节、斯德哥尔摩水节、波士顿海港节、查尔斯河划船比赛等。这些节日活动大多以城市水环境空间为舞台，其中的公园、露天剧场和其他表演场所成为城市居民聚集，欣赏音乐、食物、文学作品、舞蹈或航海时代遗产的汇集点[200]。事实上，这些都是具有典型代表性的水环境空间利用案例，更多的水环境空间中并未开展组织丰富的公共活动，或者已策划的公共活动无法延续开展，或是活动缺乏广泛的参与性与影响力。

4.2 连接人与城的水环境空间

4.2.1 城市水环境空间活力

4.2.1.1 "活力"的概念

"活力"一词的解释为旺盛的生命力，意思是指使事物或生物维持生存、发展的能力，英文多用 vitality、activity、energy 等来表达。国内外对活力的内涵进行了广泛而深入的探讨，认为城市的空间活力与人的活力密切相关，但不同的学者对于活力的理解有所差异。

凯文·林奇曾在 1981 年提出"好的城市形态"设计评价的 5 个标准，即"活力、感受、适宜、可及性和管理"[201]，其中，活力被作为评价城市空间质量的重要目标，他认为城市是一个复杂多变的社会系统，其中人作为社会空间的重要组成，能更好地激发场所活力；扬·盖尔、简·雅各布斯等也认为空间活力取决于人的活动，正是空间中人的活动和与之对应的空间场所互相影响的过程产生了活力[202,203]；伊恩·本特利等在 *Responsive Environments* 一书中将活力表述为"活力是影响着一个既定场所，容纳不同功能的多样化程度的特性"，"它能够适应多种不同用途的场所，提供给使用者的选择机会远多于那些只限制他们于单一固定功能的场所，我们把能够提供这种选择机会的环境称为具有活力的特性"[204]。

国内学者蒋涤非在《城市形态活力论》一书中认为城市生活是城市活力产生的基础，研究活力需要从城市生活的角度进行全面解析，因此需要从社会活力、经济活力和文化活力三个体现生活多样性的生活构成要素进行剖析[205]；也有研究从物质空间本身的形态、空间等展开，认为活力指城市公共空间旺盛的生命力，即空间提供市民人性化生存的能力[206]；大多数研究都是以物质空间为基础，强调其背后的社会活动，提出活力可从空间形态特征和居民选择性活动强度进行界定，应该以人和空间为核心来共同体现活力[207, 208]。人们在生活或者活动场所相互交织的过程是城市生活多样性的源头，人群活动的强度赋予了城市活力的高度[209]。

4.2.1.2 城市水环境空间活力

水环境空间活力是对水环境成长性、健康度、影响力等的一种形象概括,代表了城市水环境空间未来可持续发展的动力。水环境空间活力依赖于良好的水环境空间载体,引导人与人、人与场所的互动,形成人与城市水环境空间的普遍共鸣,营造活跃的社会生活氛围,持续激发空间活力。而水环境空间的活力氛围会吸引人的聚集,促成消费,并产生新消费,刺激产业经济发展,进一步推动满足人需求的城市水环境空间建设。

水环境空间应是包容的、健康的、舒适的,它为来到水环境空间的市民提供多元化的活动方式及场地,不仅给不同层次的城市生活提供了便利的展示舞台,也为人们提供了新鲜舒畅的空气和优美景观。水环境空间因具有水域、陆域、空域等多个维度,相比城市空间体系中的其他部分,具有更高的打造空间活力的潜力。水环境空间的活力离不开人的参与,人们在空间中活动的过程为空间提供了活力与多样性[210]。行为学家扬·盖尔在《交往与空间》中把公共空间活动划分为三种类型:必要性活动、自发性活动和社会性活动,其中自发性活动和社会性活动受物质空间环境的影响较大,只有当户外空间质量良好时,这两种丰富多彩的类型活动才会随之发生,而这些日常活动正是公共空间的活力源泉[211]。因此,水环境空间活力是一个具有明确直观含义却又不易精确把握的概念,它可以被定义为是一个城市在竞争和发展过程中依水产生的能够促使自身积极向上发展的一种推动力。这种动力是自发的、良性的,是在城市发展中不断积累的。水环境空间与其他的城市公共空间相比较,能够更好地吸引、争夺、拥有、控制和转化资源。这是一种优势能力,可以比其他的城市公共空间或区域创造更多的价值,并且为居民提供更多的福利。

当然,水环境空间活力必定是建立在多种功能聚集和活动复合的基础上,多样生物环境维持着城市自然生态平衡,不同功能的空间以多样性和互补达到共生形态,特色产业通过整体功能互动产生规模效应……因此,水环境空间活力不仅仅是简单的物质空间环境改善,更重要的是如何应对当今社会、经济与文化的多元挑战。

4.2.2 城市水环境空间活力构成要素

图 4-1 城市水环境空间活力构成要素

城市水环境空间与其他城市空间相比，在自然资源、人文历史、空间容量等方面都有着一定的优势，因此我们在讨论其活力构成要素时，无法忽视它具备的特殊属性，需要综合全面地进行分析。城市水环境空间是一个涵盖范围广、内容丰富的空间，它作为城市空间的重要部分，对其进行相关研究时不仅要考虑与人类城市活动关系密切的经济、社会、文化，更要考虑与生态环境和物质环境的关系。因此，结合自身特点，城市水环境空间的活力要素可分为生态活力、环境活力、社会活力、文化活力和经济活力五大组成部分（图4-1），它们共同推动城市水环境空间活力的产生和发展。

这五大活力既相对独立，又相互交织；既存在并列关系，也存在递进关系。值得注意的是这五大活力之间并没有非常明确的界限，它们是相互影响并交融、耦合在一起的。生态活力是城市水环境空间活力的首要基础，是人与自然和谐相处的体现和保障；环境活力是城市水环境空间活力的硬环境基础，会从根本上影响城市水环境空间的景观品质和空间质量；社会活力是城市水环境空间活力的核心所在，这种基于人们行为活动产生的活力，是活力最直观的表现形式；文化活力是城市水环境空间文化品质的外显，是内涵品质的需要；经济活力是有力推动器，带来资本的同时也促使其他因素为城市水环境空间带来价值。由于本章节内容是建立在前面章节的基础上，生态活力的内容已有涉及，而文化活力的内容会在下一章节综合阐述，因此本章不再赘述生态活力和文化活力，对水环境空间活力营造进行介绍时，重点从环境活力、经济活力和社会活力 3 个方面展开论述。

4.2.2.1 城市水环境空间环境活力

人的活动是城市水环境空间活力产生的源泉，而高质量的物质环境是城市水环境空间活力产生的必要条件。水环境空间活力形成的前提是要有一定数量和密度的人群，同时人们的心理期待、水环境空间的可达性以及舒适度都是影响城市水环境空间活力的重要因素。由此可见，水环境空间的物质环境质量直接决定了人类社会行为。选择良好的物质空间环境进行社会活动是生物本能，因此提高水环境空间的环境活力可以有效地引导人们开展自发的行为及活动，这对城市水环境空间的活力营造有着至关重要的作用。

舒适公共空间的特点是景色宜人、尺度适宜、自然环境良好等，满足这些条件的空间即为富有环境活力的空间，这种空间对城市水环境空间活力产生极大的促进作用。良好的物质空间创造丰富空间环境的同时也吸引人们来此活动、游憩、娱乐并展开互动，各类活动交织在一起，赋予了空间多样性，也触发了环境活力。水环境空间具备强烈鲜明的个性，在满足居民对水需求的同时提供了多样化的活动空间，是居民互相交流并开展社会公共活动的绝佳场所。人们越能方便快捷地到达水环境空间，就越能在水环境空间聚集更多人气，形成水环境空间活力。因此，环境活力提升的主要内容是水环境空间的多维度物质空间设计，其设计目标在于将高质量的物质空间设计与综合功能融合，自然协调地置入场地，为水环境空间活力提供高品质的空间环境。

4.2.2.2　城市水环境空间经济活力

经济活力是产生现代城市活力的推动器，城市的不同地区具有不同的性质和功能，对经济要素的依赖程度也不同。对于城市水环境空间来说，经济活力扮演着重要角色，影响着水环境空间活力的繁荣程度。城市水环境空间代表着当代城市应有的运转高效性、物质丰富性以及经济空间活跃性，它的经济发展可以拓展更多的价值空间，也可以使不同性质的用地复合利用，从而带动基础设施建设，进一步刺激城市水环境空间的经济活力。城市水环境空间各类用地的开发以城市经济和社会发展为背景，目的是满足人对城市空间的不同需求，本质上是在开发空间内融合经济活动。城市水环境空间的开发方式会影响不同的功能组织和活动安排，需要基于人们居住餐饮、运动健身、休闲旅游、商贸会晤、公共服务等多种日常生活需要统筹规划，形成有人气、有活力的经济业态。当城市水环境空间聚集相当大密度的经济要素时，若对这些要素进行有效组合，使之相互作用，便能够产生仅靠单个要素无法实现的巨大经济效益。城市水环境空间的开发规模和聚集程度可以有效地打开空间经济，这些空间经济的价值也打开了开发商、建设者和普通居民的商业空间，促进了经济的良性发展，给城市带来活力。

4.2.2.3　城市水环境空间社会活力

社会生活以人为主体，由人在空间中的活动行为产生。在城市生活中，人是创造社会活力的最直接来源[212]。人和人之间的活动交往组成了社会交往活力，即社会活力。营造有活力的城市水环境空间，须有大量市民活动支持，形成人与开放空间的互动。因此，人群聚集的数量和密度对社会活力的形成具有关键作用。在城市水环境空间中人是行为主体，活力的主要特征就是人的汇聚，分布在高人口密度区域的城市水环境空间具有较大优势。空间之间的和谐程度主要取决于人们是否能够便利地开展活动，这些会对社会活力产生较大影响。从社会学角度来讲，良好的社区或社团组织、公平的社会关系、开放的交流平台、多样化的社会活动等都是不可或缺的。社会活力往往受城市水环境空间内部因素的影响较大，依赖环境活力促进自发性的社会交往行为。在城市中心的城市水环境空间中，空间与水体密切关联，滨水活动占据主导地位，拥有鲜明特点。城市水环境空间作为重要的开放交流平台之一，为多样化的社会活动提供良好的场所，而其中的社会活力也呈现多元性。通常来说，城市水环境空间中绝大多数的社会活动都与水体产生关联，即城市水环境空间是建立在鲜明特点基础上，进而提供多样化社会交往活动的平台。

4.2.3　城市水环境空间活力营造

水环境空间活力的营造应关注人的健康行为①，来促进水环境空间活力的产生和发展，以实现水环境空间活力的多维持续。通过人的"健康行为"为空间带来"生命力"，而充满活力的水环境空间会为"健康行为"的发生提供条件，使"行为"和"活力"相互激发，达到动态平衡。高品质的城市水环境空间是城市中重

---

① 健康行为：指人们为了增强或保持健康状态而进行的各种活动。

要的生态廊道，是一个城市的形象展示平台，也是区域发展的催化剂，同时是承载市民公共活动的理想空间，围绕市民公共生活而存在。高质量的生态环境水平是水环境空间活力的硬件基础，理想的经济、社会、文化活力的交织是水环境空间活力的软件优势，软硬件的相互协同作用是城市水环境空间活力的保证。城市水环境空间活力营造立足于整体大环境，通过生态价值的品质提升与优化、公共交往空间的塑造、文化自觉下的创意创新、特色产业经济的培育、多种社会活动的引导等，构建生态维度、环境维度、经济维度、社会维度和文化维度 5 个维度协同作用的持续活力（图 4-2）。本章将重点探讨环境维度、经济维度和社会维度的活力营造。

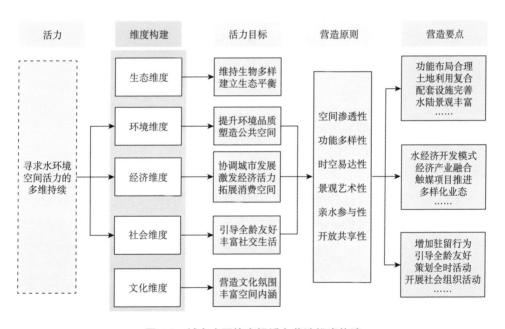

图 4-2　城市水环境空间活力营造维度构建

1. 环境维度

优质的城市水环境空间物质环境是活力的基础性条件。环境品质提升、功能布局合理、土地利用复合、配套设施完善、水陆景观界面丰富等构成环境维度活力要点，也是塑造健康城市水环境空间的必要前提。

想要发挥水体环境的自然优势并吸引人接近水体或水体中的其他自然景物，首先要保障城市水环境空间的自然生态性，创造清洁安全的活动环境。水的质量是促进水体健康功效发挥的关键。水环境空间中自然流动的水体带来清新的水陆风，两岸的绿色植物群落带来优美的景观，这些都建立在生态平衡的基础上。此外，将水环境空间与城市空间作为一个整体进行设计也考虑了将人由城市活动空间引向近水活动空间直至水域活动空间的连贯性，尤其要重视可步行抵达水边的连续性，补足后续亲水设施，增添游客的游览兴致[43]。这不仅对水环境空间本身提出开放空间布局和景观设计要求，也对水环境空间的交通组织、用地结构提出优化要求，甚至改变区域或城市整体形态结构，形成与众不同的特色景观风貌与城市格局，从而在更大范围上提升水环境空间活力。水环境空间的规划设计要最大限度地为市民提供优美舒适的公共活动空间，满足人对公共活动和观景的需求，满足人们健康生活的场所需求。

2. 经济维度

理想的经济活力的交织是城市水环境空间活力的驱动性优势。包容化的水经济开发模式、与城市经济融合的产业、触媒项目的推进、多样化的消费业态等多元举措激发新的经济活力区诞生。

水环境空间具有良好的自然环境，可以吸引人们长时间驻足。这种驻足可以为水环境空间带来可观的经济效益，这也是水环境空间的附加作用。如在水环境空间设立必要的商业配套设施不仅可以聚集人气，还可以带来一定的经济效益。随着水环境空间经济繁荣，水环境空间的活力得到提升，城市的发展也因此受益。水环境空间创造经济效益的案例不胜枚举，产生的经济效益会对水环境空间活力乃至城市的发展起到促进作用。人们在这里建设港湾市场、餐厅及咖啡厅等，这些场所成功地吸引了游客消费，在带来经济效益的同时带动城市旅游业的发展，提升了城市整体形象。

3. 社会维度

健康的社会活力是城市水环境空间活力的具体表现形式，是根本性内容。增加驻留行为、引导全龄友好、策划全时活动、开展社会组织活动等丰富社交生活，是形成丰富社会活力的营造要点。

　　单一的空间形态和用地功能给人群提供的选择机会少，充满活力的多样性水环境空间应是满足多种用途、多种类型的活动场所，并可以满足多种类型目标人群的需求。而亲近自然、体育锻炼、休闲娱乐、社会交往这四类健康行为并不会孤立地发生，而是紧密地交织在一起，活动空间与设施可以有叠合与渗透。因此，针对人流活动的特征和需求，通过多方面的设计处理，最大限度地释放公共活动空间。水环境空间包含水上、水边、陆上的范围，丰富的空间形式便于组织和设计丰富多样的活动。水环境空间的活动适用性不仅体现在对服务人群的把握，也体现在对不同季节、不同时段活动的自然与社会属性的关注，营造适合全时性休闲的场所，延长市民在水环境空间的驻足与活动时间。此外，水环境空间不仅在春夏秋冬四季景观特征不同，在一天之内的清晨、日间、傍晚、深夜也呈现出不同的魅力，如潮汐周期、植物物候、早晚差异、日常工作与周末娱乐的差异、节假日活动等，均可以打造成特色社会活动。健康促进型水环境空间应把握景观资源优势，使水环境空间成为全天候的公共生活场所，成为城市中最富有感染力和吸引力的地段[43]。

4.2.4　城市水环境空间活力目标

　　城市水环境空间从原始单一的生产生活形态到现今环境、经济、社会相互交织并存的形态，三者的完美组合是城市水环境空间活力的最佳综合表现。城市水环境空间的建设应实现"优地优用"，获取社会、经济、环境三方面的最大综合效益。对水环境空间活动场所进行人性化设计，不仅可以给居民带来丰富多样的活动空间，同时可以吸引更多的人集聚，从而更显活力。对于提升城市品质、激发经济业态、引导丰富的社交生活和持续发展能力、创造良好的居住环境具有重要价值。

4.2.4.1　塑造高品质的空间环境

　　城市水环境空间的良好品质会增加人们的认同感与归属感，引起人们的向往并前往开展活动，因此水环境空间营造的目的首先是为人们活动创造更健康并且符合大众期望、受大众喜爱的空间环境。城市水环境空间的亲水性需求是最强的，对人们的吸引力也是最持久的。引导人从城市腹地抵达滨水区是水环境空间发挥健康行为引导的重要前提。水环境空间通过建立完整的步行通道、连续的视觉廊道、丰富的绿化系统和便捷的公共交通系统将人由城市腹地吸引过来，使水边清新宜人的空气、赏心悦目的美景发挥社会价值。健康导向的水环境空间交通模式设计，应将步行、慢跑与骑车等既能锻炼身体又不会对环境造成负担的非机动交通出行方式作为首要价值标准。简单来说，城市水环境空间品质提升是以吸引更多的人到此开展健康活动为目的，为人们提供舒适、优美、便捷的公共活动空间便是城市水环境空间活力营造的前提目标。

4.2.4.2　激发创意服务的体验产业

城市水环境空间活力要求创造一定的经济活动，将公众的休闲娱乐需求融入水环境空间的互动体验，激发水环境空间的创意服务体验产业。这就要求结合周边产业和水环境空间内部商业，整合产业类型，更新衰败的旧产业，吸引新的投资主体建立新的产业，引入新的经济增长点，培育特色的创意产业，将水环境空间建成以商贸文化、娱乐休闲、互动体验等公共服务为引领的滨水服务产业经济链条，实现各结构功能的互动，营造热闹的氛围，形成多元共享共建的城市活力区，同时水环境空间的产业更新也为城市经济发展注入新的活力。体验式产业消费在现代城市生活中无处不在，水环境空间也在消费空间化，消费环境已真正成为定义现代城市空间的重要元素。当空间环境是尺度适宜的商业步行街、店铺、茶座、庭院等受到市民喜爱的业态组合，便会激发人们购物、观展、集会等消费意愿，为水环境空间带来经济效益。

4.2.4.3　引导丰富的社交生活

丰富的社交活动可以吸引人群并延长其滞留时间，让不同年龄段的人们参与活动并共享乐趣，也为活动场所塑造形象和营造氛围提供了更多的社会效益。城市水环境空间的活动不仅是观景和休憩，而多元的活动和有机的交通联系将河岸与城市居民的工作、居住、休憩紧密结合，使他们能与自然随时亲近。水环境空间可以开展类型各异、大小不一的体育活动、文化活动、社会活动和教育、娱乐活动，通过组织多种滨水公共活动，尽量满足不同年龄、不同背景、不同时间人群的活动需求。各种活动能为水环境空间带来"人气"，提供许多在城市非滨水空间不能进行的活动，人的健康行为作为活力的激发点进一步促进水环境空间活力的再生与持续，使其真正成为市民参与共享的城市活力区，并引领更加健康的生活方式。

4.2.5　城市水环境空间活力营造原则

综合考虑人群活动与城市水环境空间形态的联系，确保城市水环境空间活力目标的实现，引导市民健康行为。城市水环境空间形态应遵循空间渗透性、功能多样性、时空易达性、景观艺术性、亲水参与性、开放共享性的设计原则，以公众的行为体验和心理感受作为设计原则的主要依据。

4.2.5.1　空间渗透性

水环境空间只有与城市整体结构连接一起，才能形成完整的空间系统，才会带来更大的开发价值[213]。水环境空间作为城市公共空间的重要组成部分，在空间和时间两个维度上与城市整体的衔接显得尤为重要。这种衔接包括用地功能、交通、绿地、景观等方面的空间维度衔接，也包括原有城市肌理、城市活动、外部空间、特色建筑保留和延续等时间维度延续。空间渗透性要求在道路的可达性与便捷性中予以展现，即在解决水环境空间内部交通的问题中得以考虑。城市界面与水环境空间界面应该是相辅相成、互相衬托提升的状态，这体现在多层次空间的渗透。一方面指交通上顺畅通达、相互渗透，另一方面也指景观视廊、建筑的相互渗透。河道连同两岸的城市空间形成了一个连续开放的整体，这种连续性既体现在岸线方向的延续，也体现在从街区内部到达岸线以及两岸之间的空间连续。滨河两侧地带要有连续的岸线系统，主要是公共空间步行系统，中间不宜阻断远离河岸的街区内部与滨河岸线的联系。道路引导人们融入城市水环境空间，景观、建筑将水环境空间渗透进城市[213]。

此外，应从整个城市的空间肌理上分析水环境空间布局，使之与城市的其他部分达到最完美的"结合"。从全局出发考虑水环境空间的结构变化，站在城市的角度来考虑主次与取舍，使水环境空间建设为完善和延伸城市整体结构的重要组成部分，将单体设计、城市设计、市政设计甚至防洪设计看作一个整体，把水污染治理、历史建筑、街区保护、景观设计看成一个连续渐进的过程，才能使水环境空间得到全面激活。

4.2.5.2　功能多样性

一般来讲，人们在城市水环境空间中开展的活动是多样的、复合的，而不是单一的、定向的，因此水环境空间的功能应该遵守功能多样性原则，也就是说打造多样化的空间形态、建设多功能的设施是不可或缺的。简·雅各布斯曾建议纽约的海边建成"复合多种功能和活动的地方，不管是按照不同日程出行的人，还是因不同目的来到此地的人，他们都应该能够使用很多共同的设施。"水环境空间的功能多样性是体现公共空间活力的具体表现。单一的空间形式和设施会给人带来压抑、拘束，人们在没有选择的情况下被迫进行的活动必然是乏味的、缺少活力的，这也必将影响水环境空间的活力营造；多样的空间形式为人们提供了多元化的选择，功能上的复合和形式上的多样性使得水环境空间更具吸引力。

城市水环境空间通过多样的功能引导人积极参与多种类型的空间活动，是增强活力的有效保障。功能多样性是实现公共空间活力的基础条件之一，实现多样性的目的在于增加选择性。多样性的空间是一个具有多种用途的场所，如多样的建筑类型，多样的使用功能以及多样的形式。它能在不同的时间吸引多类人群为了各种目的来到这里，进行各种活动，并且可以为这些活动提供支持。在多样性的水环境空间中，人们可以选择多种健康活动，不同年龄的人群可以根据需求选择合适的活动方式，多样的形式和不同人群形成了具有丰富感官刺激的复合体，这使得水环境空间更具吸引力。由此更多的人选择水环境空间作为休闲娱乐的场所，人气的增加无疑会进一步发挥水环境空间对健康行为的促进作用，进而营造出活力四射的城市水环境空间。

4.2.5.3　时空易达性

人们可以到达水环境空间享受优质的自然资源，这是让人们在场所内开展活动，聚集人气，使城市水环境空间更具活力的重要前提。因此，水环境空间与城市空间的联系与融合是活力营造的重要工作，这就需要水环境空间从传统的封闭形态向现代的开放、可达空间形态转换。通过加强水环境空间的时空易达性既能增强水环境空间与城市空间的联系，使得各功能有机结合；又可以激发空间中活动主体间的互动，在此基础上优化使用人群到达或进入水环境空间的便捷性和舒适性，从而为高品质的市民公共生活营造良好的空间环境。

时空易达性反映了人们到达或穿越一个空间的难易程度，是衡量城市场所活力的重要标准。水环境空间的时空易达性是指城市其他地区到达该地段的方便程度，包括行为、视线和心理的易达性，与交通、环境质量有关。在交通上，易达性有三个具体影响因子：一是水环境空间与外部的联系，水环境空间与城市通过贯通的交通路网紧密联系在一起，包括陆上交通和水上交通，这为到达水环境空间提供了多种方式；二是水环境空间与周边环境的连接口，不受居住区和滨水道路干扰的连接口使得人们可以快速地到达水环境空间；三是水环境空间内部的交通网，它决定人们能否便捷地在不同场地间穿梭，以及较容易地亲近水岸[214]。环境质量上，具有特色的景观环境加强了水环境空间对人们的吸引，预留出来的视线廊道保持了目标持续可见，维持了人们的游玩兴致，使人们在心理上感觉增加了到达水环境空间的更多可能。因此城市水环境空间的易达性与水环境空间的活力密切相关[215]，易达性是人们前往公共空间进行活动的前提，公共空间活力的产生与之密切相关。

4.2.5.4　景观艺术性

城市水环境空间作为人工景观与自然景观相结合的纽带，应具有符合大众审美的景观艺术性。水环境空间是由陆地和水域共存并将多样的生物、沿岸的广场、绿地、桥梁及林荫道连接构成的一个整体，这个整体应当是城市中较具自然性的场所，人们通过它可以感受自然，融入自然。在水环境空间活力营造过程中，人们应该尽可能减少对自然环境的干扰，保持水环境空间的自然景观。并且在维护生态功能的基础上，塑造具有景观艺术性的绿色景观，从而吸引人群停留和聚集，创造更宜人、富有活力的空间环境。如此，城市水环境空间能够通过提升自我修复能力，保障景观的质量和艺术性，进而提高其对人们的吸引力，使得人们能够在水环境空间更频繁地开展健康活动。

良好景观序列和特色景观层次的营造是水环境空间景观艺术性充分发挥的关键。人对于景观的感受不是一成不变的，而是不断变化的。随着时间、空间的不同，人对景观的感受也会发生相应变化。水环境空间是城市与自然交接的敏感地带，其景观要素的内容相当丰富，因此水环境空间的规划设计要把握好空间的变迁和建筑群体性的概念，使环境景观随着时间、空间的转变而不断完善。同时，人对景观的感受是具有层次性的，无论从前景-中景-远景，还是宏观-中观-微观，都会产生不同的滨水城市意象。同时水环境空间的自然环境不仅在四季表现出不同的景观特征，在一天的不同时段也表现出不同的魅力。清晨日曦预示朝气和蓬勃的生命力，傍晚的夕阳描绘了水天一色的美景，晚间水面摇曳的灯光让人浮想联翩，深夜水体的拍打声好似正在轻轻细语……这里是理想的全时性休闲空间[216]。

4.2.5.5 亲水参与性

亲水是人的天性，生活在城市环境中的人们对亲水的自然空间有更强烈的需要。在城市水环境空间进行活动时，乐水、亲水、戏水是人们共同的心理趋向。人到达水环境空间中更渴望深入地接触水、体验水，这就需要水环境空间的设计根据所承载的不同功能，关注人们的参与体验感。因此，城市水环境空间设计要考虑亲水参与性，设计更多的空间来满足人的亲水需求，给人们提供一个多方位、立体化的、充满趣味性的水环境空间。在城市水环境空间的更新改造中，结合重点功能调整使两岸焕发活力，使空间使用者在亲近自然的同时能够参与和体验多种活动。

亲水空间可以分为游水空间、戏水空间、观水空间和听水空间，不同空间与水的距离不同，而这种不同则会影响人们亲近水域的兴致和意愿。因此在亲水空间的设计过程中，人们需要根据不同空间的特点设计相应设施，从而提高人们对水亲近的意愿，使得人们能够长时间驻留，提高水环境空间的人气与活力。水环境空间是水陆生态环境交错边界区，从利于亲水的角度考虑，应加强水陆边界的可渗透性，建立柔性边界，使水体与陆地的衔接不生硬，带来视觉和形态上的活跃感，实现人工与自然的相互渗透、转换和融合。根据观者与水所处位置的不同，亲水参与性可表现为多种形式：从高地点和低地点感知水、从桥梁上看水、从堤坝上看水、从亲水平台看水、在水中船上游水、在浅水岸边戏水，不同的亲水位置决定了人们感知的强弱。水环境空间更应关注亲水活动中运动休闲设施的丰富性，为市民提供多样健康活动场所，鼓励市民锻炼身体，有效提高全民的自发参与性。

4.2.5.6　开放共享性

城市水环境空间具有开阔的视野、美丽的自然景观和良好的生态环境，这些都是其具有的健康资源。城市水环境空间活力营造的本质是一种对城市水环境空间健康资源的综合利用。只有当人们能够充分接触并享受这些资源的时候，城市水环境空间才能更具活力。城市水环境空间应该是属于全体市民的，是开放共享的公共空间，应该使得每一个市民都可以享受自然的乐趣。同时，城市水环境空间具有共享性才能吸引更多的市民，进而带来无限活力。

促进市民健康的城市水环境空间应对市民大众开放，确保其作为城市重要公共空间的"公共价值"。水环境空间是全社会共有的宝贵财富，不应被私人或少数利益集团所占有。首先，开放是引导市民自由进入近水区，享受城市水环境空间健康资源的第一步。然后，共享为人们提供了交流的场地，使人们可以在此共同开展健康活动。正是由于人们在开放的水环境空间里进行健康活动，人与人之间的交流才更加充分，人们的社会适应能力也到了较大程度提升。开放共享性的设计原则使得城市水环境空间更容易被多数市民接受，这在一定程度上使得城市水环境空间更具吸引力。开放共享的城市水环境空间应该是在"以人为本，开放共享"的原则下设计的，只有这样才能提升使用者的体验感受。同时，岸线两侧的建筑体量、密度、高度等指标对城市水环境空间开放共享性也有一定的影响。尺度过大、密度较高会给人们心理上带来压迫感，沿岸开放界面也会变得沉闷，进而使人们排斥到水环境空间中进行活动。

4.3　活力营新，释放内生动力

城市水环境空间的活力营造，涉及居住空间、休闲空间、工作空间、交通空间等，各个空间又分别有自己的属性特点，多因素的复合给水环境空间活力的营造设计带来更大的难度与挑战。为了适应现代城市的要求，使城市水环境空间更好地发挥环境效益和社会效益，采用系统化的整体发展策略，对空间原有功能进行整合，即从全局出发，对功能进行系统化梳理，挖掘空间环境质量的深层内涵，使得城市水环境空间焕发新的活力。因此，水环境空间活力营造不仅仅是物质空间环境的改造，更重要的是为适应时代需求对整体功能的整合与优化，从而使水环境空间产生巨大的聚合力，吸引不同人群。永续化的环境活力、包容化的经济活力、乐活化的社会活力的协同作用释放了水环境空间活力。

4.3.1 环境活力永续化

4.3.1.1 构建以城市水环境空间为纽带的活力渗透格局

1. 功能空间布局的整体统筹

凯文·林奇指出"城市应该具有高度连续的形态，它是由许多各具特色的部分连接而成的，也正因为此城市才能被了解、被感知。"水系穿城而过，流经不同的城市功能区，有城市中心区、居住区、商业区、工业区以及城市自然景观保护区等。这些不同的城市功能区确定了水环境空间风格基调，为营造多元化的水环境空间提供了先决条件。城市内大大小小的水环境空间作为活力核心，拥有较为集中开阔的水体空间，容纳性强，活力聚集，能够在同一时空下布局多种多样的功能，满足不同生活习惯和年龄段居民的需求。

对水环境空间的充分利用必须具有强烈的空间引导和功能性创造。"以水为核，辐射周边"的布局模式，即通过利用岸线周边交通、设施、景观人文资源更新功能，与周边地区现有城市功能形成互补并相互促进的关系，一方面集约用地，另一方面成为区域公共触媒，以点带面，激发活力。城市设计不应将水环境空间规划为功能单一的独立体，并与城市其他功能区分隔。在研究不同地段的水环境空间如何定位，发展何种功能时，需要结合水系上下段关系进行流域协调，并结合城市功能分区、水环境空间腹地功能等综合考虑和协调。例如新加坡河沿岸通过区别供地使土地使用多元化，主要从生产用地转变为生活用地，岸线也从生产型岸线转变为生活型岸线。按功能不同，从上游到下游可分为三段（图 4-3），第一段为罗伯逊码头滨水区，更新以住宅、酒店为主；第二段为克拉码头滨水区，更新以商业、娱乐为主；第三段为驳船码头滨水区，接近国会大厦，更新以体现市政及文化特色为主。同时，为实现河道和岸线空间整体发展，设计行人桥和地下行人道增加两岸联系[217]。

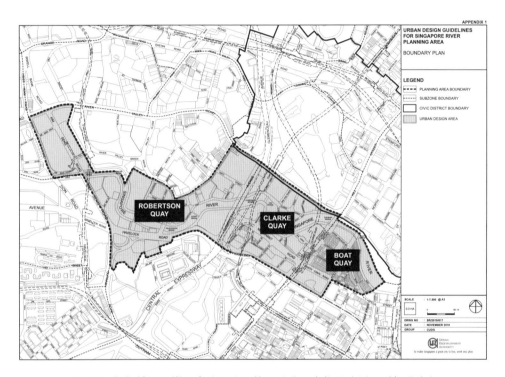

图 4-3　新加坡河沿岸三个分区（罗伯逊码头、克拉码头以及驳船码头）

资料来源：新加坡城市重建局（URA）https://www.ura.gov.sg/Corporate/Guidelines/Urban-Design/-/media/
F30CA1501B2E4E07B688E0EE784EA2D1.ashx

2. 城市水环境空间活力带的串联渗透

城市水环境空间是城市公共空间的重要组成部分，具备线性、流动性、可塑性的特征。根据水环境空间活力带上功能节点的不同规模、区位和功能，城市水环境空间应能容纳多样性功能，成为城市的观景客厅而不是"水边空地"。因此水环境空间通过将城市各公共空间联系起来，连接多种城市功能系统，提高其作为城市公共系统节点聚集和转换的空间使用效率，形成一个城市活力网络系统。大型城市水环境空间应当考虑活动人群行为的多样性，随时间和事件的发展逐步设计，避免过多的规划和预判。小型城市水环境空间应充分满足市民活动空间的灵活性、适应性，提高使用效率及开放性。城市水环境空间因此具备"地表加厚"的理由，使有限的空间叠加出多种城市功能，打破僵化的图底关系，并增加城市的空间利用率。

水环境空间本身具有自然生态性，是城市中理想的生态走廊，保护和强化其生态效应，可以有效地改善环境，把清新的空气引入城市内部，吸引当地市民和外地游客在此进行休闲活动，从而提升城市的吸引力[218]。结合城市景观廊道不仅可以连接水环境空间的景观，而且可以通过绿地将生态景观渗透到城市腹地，使水环境空间与城市绿地产生有机联系。通过设置多处生态及景观通廊，一方面可以把开敞的水景、自然风以及生态景观引入城市内部，使水环境空间与城市互相渗透，连为一体。另一方面也为滨水的户外公共活动提供了城市绿色交往空间，促进景观形态的美化和环境质量的优化，吸引人们更多地开展活动，并为此创造通往场所的途径。通过滨水绿化带和公园的建设，利用开放环境中的生态活跃因素，将河湖、岸边绿化带、公园和两侧道路串联成空间绿化网络，促进环境质量的整体提高[219]。波士顿"翡翠项链"公园系统（图4-4）就是依托水系串联开放空间形成网络的典型案例。设计师将不同的城市和社区公园通过水系、步道和自行车道等基础设施串联，形成公园系统，不但强化公园作为开放空间的连续性，使公园向着城市"生长"，影响周边与其紧密结合的城市、社区的未来发展，而且也实现城市生态系统的自身循环。整个公园系统不但提供娱乐休憩的绿色空间，也成为城市生态涵养区，更激活了沿线社会经济和生态效益的最优化发展。

4.3.1.2 优化城市交通，完善活力路网

交通要素在提升城市水环境空间的人群密度和稳定区域活力方面扮演着关键角色。它不仅推动环境活力的提升，也为其他方面的活力营造保驾护航。城市水环境空间道路设计的目标是结合空间的实际状况，把公交系统、公交站点、步行交通、水上交通及码头有机地结合起来，通过足够的、无阻隔的、便利的通道，增强水环境空间的易达性，加强水体与周边绿地和服务性设施的联系，把水环境

空间与毗邻地带及水域较远的地区整体地联系起来，以便为想在这一区域生活、工作和娱乐休闲的人提供最大限度的交通便利[220]。

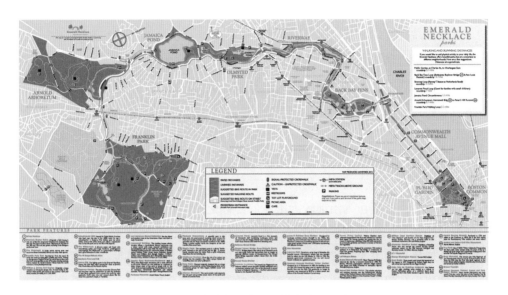

图 4-4　波士顿"翡翠项链"公园系统

资料来源：Emerald Necklace Conservancy（https://www.emeraldnecklace.org/）

1. 完善交通网络，增强内外联系

多元、联通的城市水环境空间交通组织顺应了人们多元活动行为的需求，在提升活力以及增加城市体验感上有着至关重要的作用和意义。内外交通间的紧密联系是增强人们游憩意愿的重要因素。通过调整城市水环境空间的对外交通布局，削减人群到达的阻碍因素，嵌入内外贯通并具有城市特色的滨水慢行系统，增强水环境空间与城市整体空间的联系，形成高可达性的空间。首先要有连接城市内部与城市水环境空间的城市交通；其次是城市水环境空间与城市界面连接处的开放性，能使人们可以比较便捷地接触水面；最后是水环境空间的内部交通能成体系，合理的内部交通可以有效地增加人与水环境空间的接触面积，包括亲水步道、游憩步道、游览电瓶车和管理用车的行驶道，以及提供骑车、跑步、滑板等健身活动的运动交通空间等。这三者对于提升城市水环境空间社会活力有着非常重要的影响。城市水环境空间的交通易达性与活力水平密切相关，加强水环境空间与

城市交通联系，完善路网体系，提高与城市的易达性，为行人提供多种到达水环境空间的路线选择，可以促进人群活动交流，激发城市水环境空间的活力[221]。

1）建立高效的外部交通

交通系统不仅能够连接人与城市水环境空间，而且还能连接城市水环境空间内各个景点。合理的外部交通可以使得人们更加方便地到达城市水环境空间，建立起城市水环境空间和城市的联系。城市水环境空间对外交通系统的布局主要分为两个方面，一是陆域机动车交通规划，二是水域游船交通规划，两者是城市水环境空间对外沟通联系的主要途径。对于陆域机动车交通规划而言，首先，合理设置滨水路和连接水域两岸的跨水桥梁，并将其纳入整个城市的交通网络，这是城市水环境空间对外交通布局易达性的首要前提。其次，完善城市水环境空间公共交通体系，公交车作为当前较为常见的公共交通工具之一，具有环保、方便、投资少、线路多、价格便宜等特点，是连接城市和城市水环境空间的主要交通工具，其合理的规划很大程度上决定了城市水环境空间是否具有便捷的易达性，因此要对城市水环境空间周边公共交通系统的站点进行合理布局。除一般意义上的滨水车行道外还应考虑如公交车线路、轨道线路、航行线路、自行车线路、步行线路等多种交通方式的配合。再者，根据场地现状和交通需求规划设置一定数量的公共停车场，方便人群通达和集散。对于水域游船交通规划而言，主要分为两种改进方式。首先，在设置码头时注意选址，尽量保留原有码头，减少对生态环境的干扰；其次，根据人群活动点的需要打造富有特色的游船线路，保证人们日常通行的同时也可以创造富有地域文化的观光活动。值得注意的是，交通规划还应衔接周围地块，建立城市节点间的有机联系，创造连续的开放空间网络，从而提升更新地块的可达性，同时交通的安全性及原有城市肌理的保护也应得到重视。

在扬州东南片区水环境综合改造中，针对河道七里河片区现有交通体系紊乱、通达性差的情况，规划提出完善内外交通体系，将原七里河路部分路段由七里河南侧调至北侧，强化内部交通组织，提高内外交通连通性，优化了片区整体的综合交通体系。

2）削弱滨水路对人群易达性的阻碍

为了能够使人们更好地享受城市水环境空间的健康资源，城市水环境空间的内外交通需要保持一定的连续性。一般来讲不同的交通方式重叠会使每一种方式都产生断开的情况，因此城市水环境空间的内部慢行交通和外部快速交通应该避免相互干扰。为实现这种阻隔，人们设计了高架桥和地下隧道，将地表的空间完整地留给水环境空间，使其保持形态完整[222]。可采用"人车分流"的方式削弱滨水路对人群易达性的阻碍，使人们重新回归滨水生活，这种相互独立的交通系统整体设计既满足了易达性原则，又使得城市水环境空间不被外部交通所干扰，进而促进了城市水环境空间的活力营造。主要有以下 3 种方法：

（1）车行道下移（图 4-5a）。将车行道埋于水岸下方，减少了机动车产生的废气、噪声等给滨水环境带来的污染，也削弱了机动车道对水环境空间的阻碍，保证了城市水环境空间的交通畅通，形成了完整的步行空间，使城市水环境空间更有层次感和整体性。波士顿的 Big Dig 为了重新建立城市、人与空间的联系，将滨水道路进行下移，为人们提供了可直接到达海边的通道。

（2）建立二层步行体系（图 4-5b）。综合考虑城市水环境空间的地形条件等，因地制宜，选择性地保留地面的车行道路，通过置入人行天桥的方式实行"人车分离"，既保证了车行交通不受干扰，也可以构建一个独立的步行体系。

（3）取消部分滨江路的道路隔离带（图 4-5c）。滨江路中的道路隔离带虽然可以有效提高机动车行车速度，但也在一定程度上横向切断了人与城市水环境空间的联系，因此可以取消部分滨江路的道路隔离带，增加斑马线，保证行人的通畅穿行。

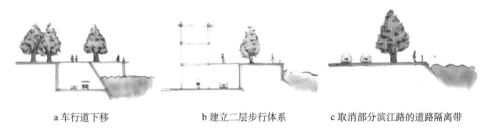

a 车行道下移　　　　　　b 建立二层步行体系　　　　c 取消部分滨江路的道路隔离带

图 4-5　人车分流的交通组织方式

2. 优化城市水环境空间道路景观

道路作为城市水环境空间的重要构成要素，它能有效连接各个功能服务区和空间节点并构成整体空间秩序，最终构成城市水环境空间景观的基本骨架。道路的使用对象是人，优化设计要着重考虑人的生活习惯以及日常行为，加强道路和人、道路和周边环境的紧密联系。因此优化城市水环境空间道路景观，有利于形成连续景观空间，丰富人们的观景感受，提升城市水环境空间品质的同时创造令人耳目一新的水域景观。

图 4-6　洛河内外贯通的道路景观

城市滨水道路的规划建成往往与其所处的自然环境或者是地理条件息息相关，城市水环境空间的道路景观离不开"水"这个大的环境前提。根据道路和水体的位置及空间关系，采用的手法也不尽相同。道路可以随着水体形状、流势安排交通流线——近水、远水、跨水、水下穿过等，创造一种丰富的景观空间，达到移步换景的效果[223]。此外，桥梁在滨水地区作为跨水设施不可或缺，对其进行适当的景观化处理，就可以使其成为城市水环境空间的景观节点。如在洛阳洛河历史文化段的设计中强调景观的易达性，通过天桥、坡道及桥梁下穿的设计使河堤内外实现无障碍贯通（图 4-6），并且针对边缘性活动空间，从人的生活习惯角度出发，满足人的安全性和易达性要求。

4.3.1.3　构建功能复合公共城市水环境空间

公共城市水环境空间是城市水环境空间中人气最聚集的场所，是营造城市水环境空间整体环境的重要因素。空间场所能否吸引人们停留和活动是活力产生的重要条件，而复合型的公共城市水环境空间可以促进不同人彼此交往，是社会属性的一大重要特征。它不仅可以解决城市建设用地紧凑的现实问题，还可以满足人们对于城市水环境空间的高层次、多元化、综合性的活动需求，为人们提供了一个集休闲、游憩、消费多种功能于一体的场所，增加城市水环境空间被选为活动发生地的可能性。不同类型的公共空间能促进不同人群的聚集，满足人与社会交流的需要。场所为使用者活动提供服务，只有具备适宜活动发生的空间形式和空间容量，才能够使人们的停留意愿和兴趣逐渐增加。因此，以空间形态引导人群行为模式，以复合公共城市水环境空间的构建激发活力，对于城市水环境空间的环境质量提高具有重要意义，也是如今空间设计的一大趋势。

能够给使用者提供多样性选择的公共城市水环境空间，其活力必然大于只能提供单一固定功能选择的场所。由于使用者对于空间的需求是不同的，有些活动必须依靠专门用途的空间或建筑设施，而大量一般活动则不需依靠这些单一用途的建筑设施和空间。要满足更多的活动，则要求城市水环境空间具有形状和大小的多样性，用途和边界的模糊性，使其成为不同活动的发生地，从而更具活力[195]。

在进行城市水环境空间规划设计时，要从城市整体和局部景观控制两个层面考虑功能复合。首先，从城市整体的宏观层面出发，对城市水环境空间原有功能进行梳理整合，并结合场地实际情况，充分挖掘其深层次内涵，把握城市对水环境空间的定位以及人们对水环境空间的各种需求；其次，从局部景观层面出发，需要对城市水环境空间形态进行详细分析，了解空间联系，通过三维的空间组织以及复合时间的四维方式来实现复合公共城市水环境空间的构建，将各类景观要素和空间结构进行有机结合，促进多种行为活动的发生，以达到开放空间结构的多向性。三维空间组织即将不同功能的空间布局进行有机结合，使其兼顾自然性和人工性，为人们提供活动场地的同时也具有调节小气候的作用；三维空间组织还应考虑滨水环境中的自然坡地高差或人工堤坝高差，创造不同高度的城市水环境空间需求，如沙坪河千舟竞渡的节点设计（图 4-7）中，利用近水空间场地，

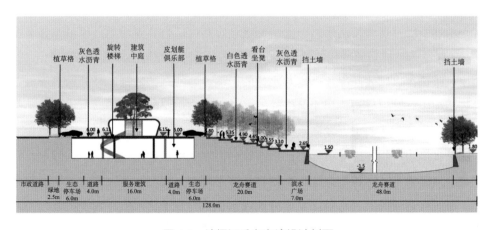

图 4-7　沙坪河千舟竞渡设计剖面

建立了一个多层的复合空间，同时满足龙舟竞赛的服务空间和社团的组织空间需求，还退让出一定的近水看台。四维的时间复合指时间变化对空间带来的形态和功能影响及产生的复合作用，如根据水的涨落将滨水区分成不同标高的台地，让部分平台在水位较高时被淹没。水涨、水落改变空间，创造了不同的景观感受和体验式活动。

4.3.1.4　兼顾水环境空间生态与行为

城市水环境空间是生态脆弱敏感的空间，与城市居民的日常生活息息相关，提升生态环境质量对于提升水环境空间的活力具有积极作用。众所周知，只有拥有良好的生态环境，才能吸引人群光顾和商人投资。人们的自发行为主要依赖外部物质环境的优劣，优化提升城市水环境空间环境对于城市居民的自发行为有促进作用，鼓励散步、呼吸新鲜空气、露天餐饮、驻足观赏等。高质量的城市水环境空间能够提升人们的交往热情，便于社交活动的展开，从而提升社会活力。此外，提升优化生态环境可以结合"外在整治"与"内在提升"[224]，有效地提高滨水景观的品质，全面提高城市水环境空间活力。

1. 增加乡土植物多样性

增加乡土植物多样性首先要保护现有的自然植被，对场地原有的植物进行适当保留。在此基础上，根据生态和景观需要，再适当补充不同种类、不同数量的植物，以此达到植物景观优化的效果。①因地制宜，保留并充分利用场地原有的乡土植物资源，后续再从形态、大小和颜色等角度适当补充增加，尽量选择乡土物种，打造一个有当地特色的植物空间。②城市水环境空间中存在大面积的水体，两岸的植物可以过滤两岸污染物对水体的影响，要结合该特征，合理地对乔灌草进行搭配组合，保持植物层次多样性。③城市水环境空间不同于城市里的其他空间，水体的存在让其可以发挥水生植物的观赏优势和功能优势，一方面可以根据水深选择挺水植物、浮叶植物、沉水植物和漂浮植物，如荷花、芦苇、睡莲、千屈菜、凤眼莲等，每种类型的水生植物具有不同形态特征，可以营造不同植物景观，是滨水造景的上好材料；另一方面，水生植物有净化水质、固土护岸、丰富水中动物生存环境等多种作用，有利于城市水环境空间形成自然的生态环境，增加生态活力。

2. 注重植物季相变化

优化滨水植物景观除了从空间上考虑外，还应该注重季节维度的时态变化性，因此还需要基于植物的季相变化特点，选择、配置植物，延长观赏期，创造四季皆可游玩的景观空间。中国大部分地区，春季是万物复苏群花绽放的季节，可加种开花乔木与灌木，打造有序列的、不同主题的植物乐园。夏季气候炎热，阳光炽烈，可以利用枝叶茂密的植物，设计出荫蔽空间，有效阻挡水面的镜面反射，增加人们在城市水环境空间中开展活动的意愿。秋季要避免展示植物衰败感，将有色彩、气味表现力的植物作为城市水环境空间的特定季节主题，以南方长江中下游流域为例，可以考虑三类植物，一是秋色叶树种，包括乔木和灌木，如柿树、白蜡、枫香等；二是秋季开花的木本植物以及宿根草本植物，如木本的桂花、夹竹桃等，草本的宿根福禄考、桔梗等；三是观果植物，如紫竹、火棘等。冬季万物凋零，可以适当补充一些耐寒的、形态优美的常绿树，如松柏类、大叶女贞等。

例如，江苏句容黄金坝郊野公园的植物设计中，结合场地现状及设计诉求，坚持主要采用乡土植物，引入有景观价值的野生品种，形成"森林+草甸+湿地"复合多样的植物种类。并结合场地内的植物设计，创造一些植物主题节，吸引人群。如樱花节（春）、荷花节（夏）、红叶节（秋）、香梅节（冬）等。力求艺术和植物融合，以艺术展示为内核，园林树木为外貌，形成植被丰富，四季色彩斑斓的景观面貌。

3. 生态保护兼顾创造活动空间

要明确生态保护是前提，创造活动空间是目的，才能使生态与行为的复合有保障。要准确把握两者的关系，寻求生态与活动空间的适当组合方式，以使活动介入之时既能保持环境的自然状态，活动又不受限制。二者兼顾可以通过水平方向的视觉廊道设计和竖直方向的场地高差设计打造。水平方向上，除了私密景观空间的营造以外，要注意根据植物的高度和枝叶的茂密程度来控制植物的种类和数量，过度种植以及错误搭配会干扰人们眺望水景的视线，因此需要有意识地对城市水环境空间进行视线引导，使人们产生更多的活动意愿。竖直方向上，要尽可能地利用城市水环境空间的落差，通过修建观景平台、台地花园、滨水剧场等高差设计产生多层视线通廊，从而为人们提供具有高度变化的开敞空间，以城市阳台的形式容纳更多的活动，提升城市水环境空间活力。

金龙山绿廊景观规划设计项目位于南京市溧水区南部中心城区，设计范围约85万 m^2，场地中心的金龙山水库水域面积约 6 hm^2。为了保护特色山水格局，通过低影响开发策略协调生态保护与人的使用需求的关系（图 4-8a）。为了让景观游憩活动不扰动生态敏感性高的密林区域，对裸露山地进行生态修复。设计底层架空龙形栈桥，蜿蜒于湖光山色之中，给游客带来不同观景视角体验的同时，也为小型哺乳动物和鸟类的定居、繁衍提供自然栖息地。将地面步道与龙形栈桥有机串联，采用透水铺装材质，增加下垫面透水率。通过低影响开发措施与规划设计，既保障水库水质也兼顾了人的活动需要，打造了生态共享的多用途绿核公园（图 4-8b）。

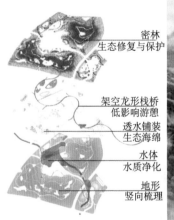

a 协调生态保护与人的使用需求　　　　　　b 生态共享的绿核公园

图 4-8　金龙山绿廊景观规划设计

4.3.1.5　营造丰富的水陆景观

城市水环境空间以其内在的、与生俱来的吸引力持续吸引着城市居民，它不仅能够引导健康行为发生，而且还可以为健康行为提供面积充足、开敞的公共空间[225]。而健康行为的发生直接提高了城市水环境空间的活力水平。城市水环境空间作为一个富有综合性、复杂性、挑战性的公共空间，涉及的内容极为广泛，触及陆地、水里以及水陆交接地带，丰富的水陆景观界面可以为观赏滨水自然景观的人群的身心健康带来积极影响。

1. 水际线的韵律和界面层次

水际线的景观环境是城市水环境空间特有资源，具有开阔的视野和有利于城市形象展示的地域优势，岸线环境的吸引力反映了城市水环境空间的利用优劣，故成为营造城市天际线的重点区域。城市水环境空间作为城市中最富有活力的公共空间，若水际线与城市空间割裂，相互独立，那么城市水环境空间活力无从谈起，针对水际线的规划，应有针对性的设计方法，从而满足活力激发的策略。

（1）水际线的韵律。在城市空间品质提升需求下，对城市水环境空间的利用要求也随之提高。为提高城市水环境空间利用效率，就需改变以往"建筑回避河流"的观念，将城市水际线作为城市的基础设施，如同城市道路一样，功能与活动需要沿水际线展开，而不是背向水际线、面向道路[226]。例如芝加哥湖滨项目中，功能与活动都沿河展开。沿河发展不同形态与功能的街区，促进一系列与河相连的全新功能形成。这种以河为基础的功能布局，让每个街区呈现不同空间形态，多种街区形态的连接使得滨河生活更加丰富多彩[226]。此外，在景观设计过程中应该着重审视历史文化风貌和周边环境特征，维持历史格局，基于本土文化打造灵活多变的水际线，丰富水陆景观界面。我们通过设计形成独特气质的城市水环境空间景观风貌，可以解决水环境空间视觉体验乏味的问题，水际线处理的实质是一种水陆之间景观界面的设计。

（2）滨水建筑界面形态。滨水建筑界面是滨水活动空间与外部交接的边界，其界面层次影响人在滨水活动空间中的舒适度，进而影响人的活动。滨水建筑界面形态适宜枕河而筑，配合观景视线。首先在平面布局上，滨水建筑界面应避免单体界面过长或整体布局形成连续的"板式界面"，阻挡观景视线。建筑和建筑之间应留有足够的空地，可采用"前疏后密"的错落布置，使后排建筑可利用前排的间距提供观水视角。然后在高度控制上，滨水建筑界面可根据地区特点退台、首层架空、局部透空或出挑，提供最大可能的观景视线。另外，还应控制滨水建

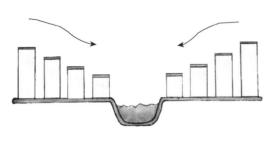

图 4-9　建筑群布局的"碗状"模式

筑界面的高度。一般来说，临水为低层区，向后排高度逐渐升高，呈"碗状"模式（图 4-9），以保证后排建筑不被遮挡。当然这种滨水的"退台"模式也不能一概而论，临水建筑的局部仍可适当采用标志性建筑或点式建筑来突破高度以活跃空间形态[227]。

2. 连续友好的滨水长廊

滨水长廊是一个具有趣味性的线状空间，是建立在公共性和开放性的基础上的，它不仅增加了人们与水域的接触机会，还给人们提供了因水域与陆地相互交融而产生的新奇空间体验，这在一定程度上激起了人们在城市水环境空间驻足、观赏的欲望。通过不同尺度的行为单元满足人群不同的活动需求，达到"活力"覆盖，即人的活动与空间规划直接关联，从而实现城市水环境空间活力激发[228]。小尺度的行为单元满足小规模的活动，如静坐、观赏等；中大尺度的行为单元满足中大规模的活动，如骑行、轮滑、跑步、集会、演出等。此外，有必要在滨水长廊的线性空间中镶嵌节点空间。例如，江苏盐城的母亲河和水源地——蟒蛇河被作为线性文化长廊进行规划设计，并设计问源公园作为标志性节点（图 4-10），增设标志性构筑物，保证了滨水长廊的连续性，同时也使其兼具趣味性和舒适性。此外，蟒蛇河全段打造为郊野公园，打开临河视线，保持视线开敞，并将滨河游线进行串联，打造连续的自行车道和健身步道，提升了市民参与滨河活动的活跃度。

图 4-10　蟒蛇河问源公园效果图

3. 打造易于亲近的柔性岸线

城市水环境空间最为珍贵的资源就是滨水岸线，打造开放的且易于亲近的滨水岸线空间，将会使城市水环境空间中的健康资源覆盖更多人群。同时，可以增加人们与水体的接触机会，丰富城市水环境空间中的活动形式，并在一定程度上延长人们在城市水环境空间的活动时间，进而促进城市水环境空间的活力营造。城市水环境空间的岸线可以分为柔性岸线和刚性岸线两种，相对于刚性岸线，柔性岸线更加友好和包容，它很好地连接起陆地和水域，使得人们能够更好地享受城市水环境空间的健康资源。同时柔性岸线的设计应充分考虑人的安全性，采用不同形式的护岸，保证安全的前提下，减少对自然的干扰，达到人与自然的和谐。但是，护岸形式的选择并不是随意的，而是建立在城市水环境空间岸线的特点基础之上。通过护岸形式的设计，人们可以在城市水环境空间中构建柔性岸线，处理好水体与人行为之间的关系，在保证人们安全的情况下使得人们享受城市水环境空间健康资源，保持与水的联系与互动，促进城市水环境空间活力的营造。

4. 改善城市水环境空间公共设施

公共设施体系的完整性和特色性是城市水环境空间活力提升的必要条件，其在带来便利的同时，也可强化场所感，让人们产生良好的空间体验，并对人们的行为产生积极影响。有限的城市水环境空间内有多样化的自然环境、开放空间和各种功能设施，为公众提供多种体验和选择性[26]。城市水环境空间公共设施可分为基本服务设施和景观设施，对于基本服务设施而言，需根据城市水环境空间的功能需要以及人流分布情况，进行距离评测并合理布置，如卫生间、码头设施、商业设施等；对景观设施而言，可结合地域文化和特色进行具有城市标志性的设计处理，提高城市水环境空间品质，使之成为给人带来便利和舒适的户外空间，如户外桌椅、滨水平台、廊架、照明系统等。其中，合理布置的户外桌椅不仅增加了人们在城市水环境空间中停留的可能性，也能够促进人们的沟通交往。而照明系统可以丰富人们的夜间生活，通过连续统一的照明方式突出城市水环境空间的整体照明效果，表现曲折丰富的岸线特征，并在城市水环境空间重要的节点采用强化照明，丰富照明艺术效果，突出空间细节，打造出富有魅力的城市水环境空间夜景，更为城市夜间生活带来新变化和新特色，吸引更多的人参与其中。

图 4-11　独具特色的秦淮河景观连廊

南京市江宁区秦淮河（将军大道—正方大道段）景观建设工程项目是南京市江宁区"十三五"重点建设工程，设计以"复兴秦淮河"为设计理念，在提升河段防洪能力的同时，打造展现秦淮文化魅力的滨河活力绿道。该项目河道长度约 20 km，两侧风光带总用地面积约为 670 hm²。其中在景观亮化的设计上以"夜秦淮"为主题，在城市段、核心段、郊野段分别采用不同策略，打造了"点亮特色夜景；活力与繁华相映"的夜景观。河流、人群、景观、城市在夜间融合与升华，为市民的夜间活动提供了良好环境。同时遵循节能环保理念，景观照明系统采用太阳能光伏清洁能源。标志性的景观连廊（图 4-11），适合人们夜间漫步，明亮而又充满星空梦幻感的灯光吸引着人们在这里无拘无束地游憩。

4.3.2　经济活力包容化

"江河"激荡"水经济"，城市水环境空间的经济活力主要反映依水带动经济活动的能力。从有生产活动开始，人类就在不停地探索利用水资源创造财富的途径。城市水环境空间往往是人口、经济、科技、文化等资源的聚集中心，能够释放出周边地区蕴藏的巨大增值空间和无限商机，通过综合开发建设与水相关的特色餐饮、文化会展、休闲娱乐等产业，构筑繁荣美丽的水经济带。从而使城市水环境空间与城市生活充分融入，使沿岸地区受益，而且辐射整个城市，提高城市水环境空间经济效益，促进经济活力的包容化发展。

4.3.2.1　融入经济活动的多元功能空间

高质量的城市水环境空间应是生态、景观、居住、商业、休闲、旅游、文化、会展、博览等多种城市功能的有机复合空间。从古至今，城市水环境空间作为城市发展的核心地带，具有极强的区位优势，而水与陆交接的特殊属性也给予了它更多功能空间转换的可能性。正是因为这两点，众多城市开发者和建设者对水环境空间周边用地进行开发。这不仅促进了城市水环境空间用地结构的调整，而且也使得城市水环境空间在经济因素的影响下实现多功能综合区的转换，为城市注入了经济活力。此外，开发强度也要得到控制，使其具有功能转换的弹性，这样才能充分激发经济活力，促进城市水环境空间乃至整个城市的可持续发展。

1. 水经济的聚集效益

空间活力离不开"密度"，城市经济活力离不开"聚集"，城市经济要素的有效聚集是经济活力产生的重要前提。人口的聚集必然引起效益聚集，各经济要素在一定的城市水环境空间内不断聚集，达到一定的密度后，会带来资源利用效率的提升、成本的节约及收入或效用的增加等，取得单个经济要素所无法产生的经济效益。城市水环境空间以聚集效益为重要特征，聚集人口、产业、科技、文化等资源，在一定的空间尺度上集约化发展，不仅对本地居民具有吸引力，而且吸引了外来旅游人群。城市水环境空间需要产业空间，吸引潜在投资，随着资金聚集，投资比重加强，城市水环境空间形态日益丰富，空间活力不断提升，对城市必将产生更大影响。例如，位于巴尔的摩市内港（图 4-12）中心地带的巴尔的摩港湾市场，于 1980 年落成使用。坐落在港湾市场内的文艺复兴酒店于 1987 年建成投入使用。港湾市场有两个副翼，建筑物有各类购物中心、餐厅、酒店和游乐场所。其中购物中心总建筑面积为 25548m²。文艺复兴酒店有 622 个客房和建筑总面积 20903m² 的办公楼。港湾市场平均每年接待游客 1000 万人次，年收入达 1.1 亿美元[213]。

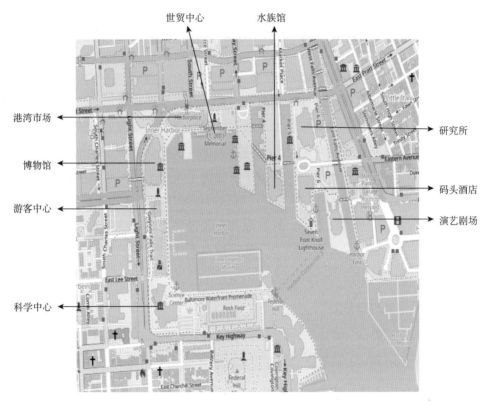

图 4-12　巴尔的摩内港

2. 复合多样的产业功能

（1）用地功能的复合。打造当代便捷城市生活的关键就是功能的复合，它能实现资源的共享和高效利用，是产生城市活力的重要推动力。城市水环境空间作为城市空间的一大核心区，其用地功能单一会造成活力缺失。因此将城市水环境空间的用地功能进行复合不仅与当代城市综合性开发建设的趋势相吻合，而且有助于城市水环境空间多元场所、多样性景观的形成，塑造出具有城市特色的空间格局，促进经济效益的产生。在打造多元化城市水环境空间时，需要从两个方面入手。首先，在对城市水环境空间进行开发时，要选择与其自然环境以及使用群体的公共利益相协调的用地功能，改变不理想的土地利用格局，调整优化用地功能。其次，在前者的基础之上，对不同性质和功能的用地进行充分复合，催化城市的经济发展和城市触媒的连锁反应，以最小的空间激发最大限度的经济效益，实现综合价值最大化，促进经济活力。

（2）产业功能的复合。城市水环境空间多元复合的产业功能是保持城市空间多样性，形成活力的有效手段。多元复合的用地功能使城市水环境空间得到紧凑利用，在不同地块中有机地布局足够的商业、文化娱乐、办公、绿地以及交通枢纽站点等设施，同时也应鼓励住宅、酒店等进驻，增加功能的多样性。多种产业功能复合可以带来不同目标人群，促进交融，间接提高土地的经济效益，促进城市水环境空间经济活力。简·雅各布斯在论述城市多样性产生的条件时曾提出："地区内的基本用途必须混合，这些功能吸引并留住人流，使人们能够使用很多共同的设施。"从经济角度来看，复合的产业功能满足不同使用者的需求，不同的时段、不同的设施都有人活动，吸引更多的人，并具备承载多样化、持续性的人群活动的容纳能力，多种功能的复合、相互平衡及良性互动强化了"24 小时城市"的概念，即活动的多样性与全时性。另外，在这样的城市水环境空间中，人们拥有生活、工作和娱乐多种选择和体验，城市水环境空间的可利用功能越多，其活力强度受节日性时效影响越低，空间活力的持续稳定性也更强。同时，多样化的产业功能使土地与城市水环境空间得到紧凑利用，城市公共设施的合理配置以及空间使用功能的复合化又极大促进了场所营建和多样化目标的实现，以及对城市空间资源的高效利用。例如在南京秦淮河沿河空间规划设计中，以生产服务功能为主导功能的城市空间（如晨光 1865 产业园、老门东商业区等）出现典型节日活力强度波动大的现象，而以居住及配套功能混合为主的滨水区域活力强度较为稳定。因此，提升秦淮河城市水环境空间的活力水平，应兼顾居住生活功能与生产服务功能，配套多元化公共服务设施及网点；对已建设成熟的居住、商业、商务办公等，应注重在空间中的多元化功能再植入，并完善交通网络与公交系统，使人群可以在较为独立的功能区之间顺畅流动，保持人群活动密度，维持稳定活力[221]。

3. 控制水环境空间开发强度

城市水环境空间开发是以城市经济和社会发展为背景，满足各种城市活动的空间开发，实质上就是开发空间的经济活动。我们应该认识到经济利益是当前城市发展的主要驱动力，在高额利润的驱使下，城市开发规模及聚集程度成了纯粹的商业经济行为。各种以土地利用为核心的城市空间开发类型是形成城市空间的主要原因，根据开发前土地利用状态，城市空间开发可分为新开发和再开发。新开发是将土地从生地变成熟地，往往是城市迅速发展时期满足空间需求的主要方式。再开发则是城市空间的物质置换过程，往往伴随着功能变更或完善。再开发往往发生在城市空间功能失调、物质老化与新兴产业、新型生活方式产生矛盾的时候，旨在提高土地使用价值或振兴老旧城区。当然，我们对于城市空间开发类型的不同描述，只是因为划分标准不同，实际情况往往是多种类型的复合。

在经济利益的驱动下，城市水环境空间建设速度加快，但开发强度没有得到合理控制。城市水环境空间虽然有着巨大的开发潜力，但其自身的生态敏感性特征以及有限的环境承载力要求开发者们适度开发，留有余地，为可持续活力提供可更新和提升的空间，这需要对管理者和管理过程两个方面进行管控。首先，可建立由规划部门主导，其他相关部门配合参与的跨部门协调机构，整体统筹城市水环境空间的基础开发建设，从规划设计到规划管理多个层面控制开发强度。其次，在具体开发过程中，可由政府优先对城市水环境空间直接进行基础建设或者将土地出让给开发商并对其进行宏观调控，让开发商在政府规划下进行基础开发，包括绿化、给排水、供电等。之后，再把住宅楼、商业办公楼等其他建设用地出让给开发商或业主，由其完成后续开发过程。启动滨水休闲产业规划，统筹水务蓝线、绿化绿线和岸域土地界线开发规划，针对活动开展的方式、频率等做出具体规定，保障各类滨水活动的长效常态化[229]。

4.3.2.2 城市水经济产业链的深度嵌套

城市水环境空间产业形态涉及旅游、休闲、商贸、仓储、运输、通信、金融保险、房地产及工商服务等多个行业，对拓展城市功能、形成城市产业增长极具现实和长远意义[115]。城市水环境空间是城市中重要的绿色生态空间，融开放性、历史性和地域性于一体。近年来，许多城市的管理者通过对城市水环境空间的重建与再开发，更科学合理地配置资源，摸索出多种产业的深度嵌套秩序，希望对周边地区产生强大的带动作用，从而形成城市特色，进而提升城市竞争力[230]。

1. 融入城市经济的产业要点

要融入城市经济，最根本的要在涉水经济产业规划前了解地块以及周边区域的商住分布情况和人口年龄职业分布情况，并根据主流年龄层、工作属性需求差异提供相应的服务，使商业与市民的行为活动相适应。具体而言，主要包含以下两点。首先，复合性开发建设对于活化地区的商业来说至关重要，随着经济的发展，人的需求也在逐渐增多，不再是以前单纯解决生活所需，而是需要更多元的文化、娱乐生活充实自己，那么，复合性开发建设不仅能满足人们的多样需求，还将大大缩短人们的出行距离，种种利好都将成为吸引人流的动力来源。其次，深入挖掘城市地域文化，并将其融入商业的更新过程。每个城市都有其独特的发展历程，这种独特性给城市注入了灵魂。依托复合性、地域性发展的地段，必定成为具有经济活力的"发展空间"[224]。

2. 亲水产业的发展模式

亲水产业是为了协调城市水环境空间与城市整体产业发展关系的产业模式。亲水产业有利于促进经济转型、消费升级。发展亲水产业，必须要通过理念更新、模式引导、制度创新，引导大众消费，帮助大众接受和享受这种休闲活动。同时，亲水产业会带动大量设施装备、运营、维护、销售等相关制造业和服务业的发展，有利于促进经济转型。

亲水产业包括游水、乐水、玩水等水上休闲活动，是一个综合性、多行业参与、有水域资源特征的旅游休闲产业。发展亲水产业，不仅可以充分利用丰富的江河湖海自然资源提升城市品质，还能激发城市活力，促进消费升级[229]。

（1）以亲水旅游产业为核心，有效发挥产业带动力，以水为线连接城市各版块，整合各类旅游资源，树立旅游业一体化发展理念。城市亲水旅游产业是一个复杂的体系，关系到水、陆领域所有旅游资源的有效整合，应以城市水系为核心，以城市水环境空间的主要旅游景点为基础，以陆路交通和水路交通为纽带，构建一个功能协调、旅游产品层次合理的大旅游区。从城市水环境空间发展的现状来看，旅游业发展基础较好，且有巨大潜力，有望实现产业与水的协调发展，因此，应进一步强化亲水旅游业的发展核心地位，同时重点发展文化产业、房地产、商贸、养生、现代农业等，促进形成水与产业交相呼应、相互促进的局面[115]。

（2）与休闲旅游相配套的亲水产业。依水而商，依托城市水环境空间为载体，利用优越的滨水环境条件、景观优势以及公共集聚性，刺激城市商业活力，实现城市水环境空间的经济功能。积极将亲水商贸业植入城市休闲旅游发展中，使其成为城市旅游的一个重要景点，这不但可以促进商贸、旅游业的发展，对亲水餐饮、住宿、娱乐休闲等也都将产生较大推动，促进城市水环境空间的进一步集聚人气、经济，全面提升区域经济联动发展。建议重点培育以下4种产业：①航运服务产业，构建高层次、宽领域、全方位的航运服务业体系。②高端商务商贸产业，重视引入创新创意产业，打造独具特色的商业步行街区。③文化旅游休闲产业，合理开发利用丰富的旅游资源，吸引游客[231]。比如，巴尔的摩以旅游和商业为主导，伦敦码头区则立足于高端商务，南京下关滨江地区则有着自己独特的资源与产业基础。④康养产业，人在水边活动的时间长短会影响人的心情，适当延长与水域空间接触的时间能够缓解人的疲劳，对健康有积极的促进作用，甚至对疾病预防具有一定效果。水对人的健康促进效益是积极的、明显的，这也是许多城市水环境空间被用来开发健康产业和疗养产业的根本原因。

一个较为成功的案例是河南商丘古城（商丘被列入第二批国家历史文化名城），古城延续遗存，构建了"古城景区+城湖区域"的旅游产品体系（图4-13），古城景区围绕旅游服务、文化传承、历史遗迹三大板块，城湖区域围绕综合服务、健康活动、博览教育三大板块。在城湖区域的三大板块中包括休闲产业、康养产业、文创产业等，策划了水华苑景区、天乐苑景区、泽芳苑景区、坤居苑景区、火正苑景区、风阑苑景区、同心苑景区、涵山苑景区等特色旅游景区（图4-14），形成了完善的亲水产业体系。

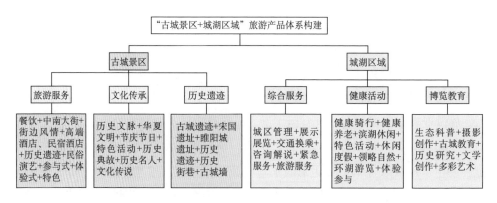

图4-13　"1+1"旅游产品体系构建（古城景区+城湖区域）

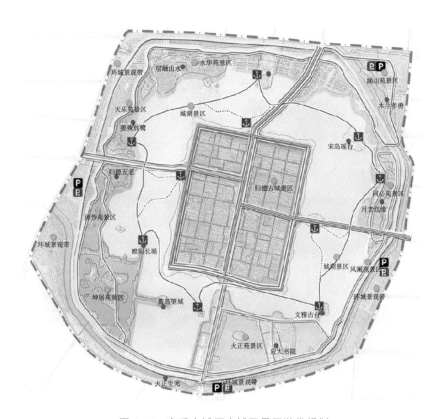

图 4-14 商丘古城历史城区景区游赏规划

4.3.2.3 打造触媒项目注入产业生机

城市水环境空间作为触媒引导城市发展，不同的产业、建筑、氛围等元素相互交织与碰撞，寻求"异质共生"，可创造出别样的交往空间与市民空间。激活城市水环境空间活力，行之有效的策略之一就是策划具有催化剂作用的触媒项目，引导和刺激城市水环境空间发展，达到营造空间活力的目的。通过触媒项目的导入，实现更新一个地块，激活一片区域，打造一种业态，达到多维活力的目的[224]。在这一思想下，城市水环境空间作为触媒载体，其中的滨水绿带、开敞空间、建筑实体、购物中心等，都可以打造触媒项目对周边环境产生影响。一方面是对现有元素进行改变，另一方面是激发新的元素。它们与触媒项目、触媒载体一起共振、融合，从而形成较大规模的，能引起连锁反应的城市触媒点，即城市活力燃爆点。通过产业结构的调整，使城市水环境空间逐渐由工业、制造业为主演变为以文化、金融、高科技和服务等为代表的第三产业为主，这些项目大都具有对未来产生积极影响和连锁反应的潜力，最终起到提升整个城市活力的作用[217]。

1. 触媒建筑注入生机

与城市循序渐进的发展模式不同，这种城市水环境空间触媒建筑的规划方法具有突破性和开拓性。在规划中充分发挥城市水环境空间的环境、人文和经济等内在资源潜力，积极建设一些有影响力的滨水建筑与城市设计，利用先期开发项目与后续项目之间的关联，产生催化链式效应，促进整个区域良性发展，从而使中心区活力得以保持和提高[217]。在对老城的城市水环境空间用地功能进行混合时，可充分利用原有的工业、仓储和交通用地，如码头遗址、火车站、工业建筑等，综合引入观景休憩、休闲餐饮、娱乐消费、运动休闲等多重功能用地，使其从废弃地变成市民城市生活的延续空间，实现多元功能互动，广泛吸引不同年龄、不同背景的群体，促进他们彼此交流，提高土地的经济效益，提升水环境空间的经济活力。西班牙毕尔巴鄂古根汉姆博物馆项目便是一个典型的触媒建筑案例，它为毕尔巴鄂经济的激活起到了关键作用。政府决定通过触媒建筑振兴旅游经济，邀请世界著名建筑师盖里在城市最显著的滨水区域设计古根汉姆博物馆。建成后的博物馆成为欧洲的明星建筑，每年吸引大量游客前往参观游览。其后，当地政府又邀请建筑大师卡拉塔瓦进行新的地铁站设计，这一系列的触媒建筑为整个城市注入了生机，促进了旅游经济的快速发展。博物馆选址于城市中心河道和干道交汇的显著位置，将道路、河流和旧城有机联系在一起，建成后成为城市标志性的景观焦点，深入河道中的岛式平台、滨水的绿化开放空间、与城市连为一体的广场，成为旧城街道对岸景观的主体建筑，而横跨高架桥的高耸楼梯等则创造出新的开放空间节点。再如，由扎哈·哈迪德设计的格拉斯哥交通博物馆（Glasgow Transport Museum）矗立于克莱德河畔，这座造型独特的建筑于 2011 年落成，如今已成为格拉斯哥重要的新地标[232]。

2. 文创项目引领空间的持续创新

城市水环境空间通常蕴含着丰富的历史文化遗迹与人文景观。法国社会学家布尔迪厄指出当代社会文化已渗透所有领域，并取代政治、经济等传统因素跃居为社会生活的首位。假如没有文化的大规模介入，那么无论是政治还是经济，都是缺乏活力的[233]。水环境空间更新过程中以文化为契机的活力营造，在"取其精华"的文化资本的激活与转化中，实现了对既有文化资本的继承。通过对地方文化资本的激活与转化和公共艺术引领空间持续创新的共同作用，以创新性的方式主动自觉地维护城市水环境空间文化的历史和传统。这本质上是一种文化自觉视野下对城文化价值的再创造，是使文化得以延续并发扬光大的内生发展模式。文化发展的同时也带来了可持续的经济增长，与文化活力的激发相辅相成[234]。

文化产业具有创新性、柔韧性和创造性，以文创项目为导向的城市水环境空间发展模式中，主要分为新建与改造两种。一种是植入新的文化元素，即用新的公共空间建立城市与城市水环境空间的联系；新规划的滨水文化发展区大多选择城市中心，结合休闲旅游功能，带动整个区域发展。例如德国法兰克福集中规划文化博览区，在老城中心的莱茵河两岸新建大大小小若干个著名的博物馆和美术馆。场馆规划中注重保持城市肌理、街道尺度和视觉连续性，与城市文脉相协调，活化历史记忆，为旧城城市水环境空间创造浓郁的文化氛围[217]。另一种模式是延续水岸的历史文脉，根据重要性的不同对历史建筑进行保存、修复、重建、置换、整治等。城市水环境空间中工业化时代的建筑，被置换新的功能，植入新的文化元素，这些工业化时代的城市空间符号焕发出新的生命力。公共艺术化的工业遗产作为空间中的触媒点，以一种创新性的方式构建了过去与未来景观的时空连续。在节点层面，改造利用场地上能够激发回忆的废弃建筑、构筑物等工业遗产，并与场地及周边的环境与新功能结合，运用新旧元素的视觉延续、视觉冲击、隐喻等空间设计手法，转换为创新性的新景观，孵化场所的创新精神。这种模式不仅很好地保护城市的历史遗存，而且还以其深厚的文化内涵和丰富的物质景观有效地促进了城市旅游业的发展。例如利物浦艾尔伯特码头边的五金市场被改造成为美术馆、精品店、餐馆、酒吧等，如今成为市民重要的公共活动空间以及城市中最富有吸引力的旅游景点[232]。

3. 自然与产业和谐共存

岸线向城市基础设施的转变使城市水环境空间从功能消极的灰色空间转变为

有城市功能效益的积极空间，无疑是一种有吸引力的、获取公共开放空间的方法。水岸经济充分利用城市水环境空间的优越自然条件进行环境整治，依托岸线发展零售业、观光旅游业、餐饮业和文化创意业等，水与产业互动促生新的经营方式，带来新的经济效益。一个成功的改造实例是美国俄亥俄州切萨皮克运河（Chesapeake & Ohio Canal）向公园的转变。该运河源头为哥伦比亚特区西北部的乔治顿，绵延 296 km，一直延续到马里兰州的坎伯兰（Cumberland），运河于 1830年开凿。铁路的出现使得这条运河遭废弃，并最终在 1924 年停航。美国政府于1939 年决定把它建成国家历史公园，保留美国的运输史。曾经满是灰尘的运河和遍布旧时童工脚印的拉船路如今成为风景优美的 C&O 运河国家历史公园（C&O Canal National Historical Park），为人们提供了游憩场所。人们在公园里可远足、骑单车、乘坐游船、背包旅行和骑马。公园吸引了大量的旅游者，同时也吸引着看到这里潜在旅游市场的房地产开发商，从而带动了整个地区的发展和复兴[235, 236]。再例如苏州张家港河重建工程通过有效治理河流污染、景观环境重建、水资源管理等，将河流与绿化建设、历史文化传承以及商业开发结合起来，使其成了张家港的一张名片，带动了整个城市的旅游业。其中小城河休闲街区是以滨水景观为特色的多功能综合街区，集休闲、购物、餐饮等功能于一体。各类特色小店林立于两岸，现代商业气氛浓郁。游客在享受购物的同时又可以一睹精致的景观形象，体验现代版的江南水乡风韵。

4.3.2.4　拓展消费空间，引导需求端发力

消费包含了一切公共发生的消费行为，除了包含商业外还包含娱乐、休闲等活动。著名建筑设计师雷姆•库哈斯等将购物看作 21 世纪最普及的公共活动。购物活动已经渗透甚至重置了现代城市生活的方方面面，从市中心、主要街道、居住社区到飞机场、医院、学校、博物馆，购物活动都能被看到。当代城市空间已经在迅速消费空间化，购物环境已成了定义现代城市空间的重要元素。消费时代是一个使人充满欲望的，并不断鼓励和激发欲望的时代，它强调花销、满足欲望和追求享乐[237]。为了创造包容性的消费活动，消费空间要符合群体的需求，才能实现经济持续增长。

1. "强符号、高体验"的城市水环境消费空间

消费空间是指可以产生消费行为的活动空间，它包括商业空间、娱乐空间和休闲空间等产生公共性商品及服务的所有空间。消费空间主要从个体和群体两个方面进行拓展。从个体经济效应上来讲，需要创造多样的物质消费和精神消费空间。一方面在物质上，从人们的衣食住行为根本出发点，打造集合多用途的城市水环境空间，满足人们的基本需求。另一方面，除了物质消费，当代的人们更注重精神素养的提高，因此精神消费也是消费空间拓展的一个重要部分，创造体验式、互动式的"消费商品"，不仅可以吸引更多人关注和前往，而且也可以促进城市水环境空间的经济发展。从群体经济效应上来讲，城市水环境空间因其历史的发展和特殊的地理位置而具有经济聚集效应，具有广阔的消费空间。各类社会经济活动在此聚集，政府和投资者会源源不断地带来大量投资，不同的社会资源得以高效率利用，提高经济效益的同时也促进了消费空间的拓展，经济活力得到全面提升。

城市水环境空间提供给人以足够的停留时间与交往环境，消费的机会也大大增加。需要充分利用好这一特征，使购物活动综合化发展，并渐渐渗入公共空间。消费空间已渗透在城市概念里，城市已很难与购物行为分开。城市水环境空间利用自身特点可以形成独特的购物消费空间，事实上多数城市水环境空间开发案例都是这么做的，我们也提到消费空间是城市水环境空间的重要职能，前面讲到的聚集效应也是形成消费空间的前提，为城市水环境空间消费行为的形成做了铺垫。例如，南京莫愁湖公园是一座有着悠久历史和丰富人文资源的古典江南名园，是周边市民日常生活娱乐休闲、亲近自然生态的场所。虽然政府 1997 年在此开发建设了水幕电影、儿童广场等项目，但吸引力和特色较弱。因此，莫愁湖公园在环境提升改造中依托古典园林的特色文化内涵和自然生态体验，开辟现代休闲娱乐互动区，通过活化莫愁文化、海棠文化等传统文化互动体验，再现老手艺、老味道、民间艺术，唤起记忆，植入亲子体验，满足现代消费需求，形成具有丰富商业文化氛围的"无忧水街"，更好地吸引人气、留住人群。

2. 多样化的消费业态组合

城市水环境空间提供给人足够的停留时间与交往环境，也大大增加消费的机会。商业作为重要的城市公共服务设施，同时也是城市空间中富有活力的重要组

成部分，能展现城市魅力。多样化的消费业态组合既是人们对公共场所需求的反映，也是营造城市水环境空间活力的必要途径。城市水环境空间利用自身特点形成独特的购物、休闲、体验等业态组合，满足不同群体需求。

当代的消费者不仅仅局限于关注购买某件具体物品，也越来越多地对体验式产品产生兴趣，而且更乐意在体验式、互动式的"商品"上消费，用自己的所观所感来满足自己的精神世界，因此在拓展滨水消费空间时，不仅可以建设茶餐厅、文化市场、便利店等，还可以将垂钓、泛舟、野营、骑行等引入空间，有偿提供娱乐设施，形成娱乐观光带，从而提升基础设施建设。李公堤商业休闲街位于苏州工业园区中部的金鸡湖，是金鸡湖中唯一的湖中长堤，环境优美、交通便利，是新城市景观的核心部分。李公堤周边有较多高档住宅区和成熟商务区，地段内人文景观与自然景观相互交错，双面临水。项目规划启动之初就被定位为集高端特色餐饮、休闲娱乐、旅游观光为一体的国际风情商业水街，坚持旅游、文化和商业主题并存，在形成商业街区轴线的同时贯穿一条景观轴线及文化轴线，实现"文商旅"共同依存。

同时，增设平民化、灵活而低廉的业态也是显著的影响因子，可以有效促进城市水环境空间活力。简·雅各布斯也认为城市在发展过程中应该保留部分租金低廉的房子，特别是让低价的商业功能得以保留，从而保持功能的多样性以及活力。而城市水环境空间因有良好的景观而地价较高，常常配套开发一些高档商业、餐饮、文化功能等，无形中将一些普通消费人群隔绝在外。比如上海徐汇区的龙美术馆是著名的私立美术馆，门票价格高昂，徐汇区和浦东新区的滨江餐厅均档次较高。龙美术馆可以在部分时段向大众免费开放，提高公众对高雅艺术的认知，根据景观位置和人倾向活动区域增设一些流动性摊贩，满足普通大众的消费需求。只有各类人群都能找到舒适的驻留方式，城市水环境空间的经济价值才能更大化[152]。

4.3.3　社会活力乐活化

人作为区域生活的主体，是活动事件的制造者，又是活动场所存在的前提[195]。城市水环境空间是人们活动频繁的地带，有了人的活动，就有了活力基础。营造有社会活力的城市水环境空间，首先要有聚集人气的开放空间，其次需要人们大量地参与和支持活动，形成人与开放空间的互动，使人产生切实的体验感，促进活跃生活氛围的产生，从而提升社会活力。因而，要激发社会活力的"乐活空间"，不仅要考虑市民的安全性、观赏性，还应注意不同年龄段的人群需求和社交活动方式的多元性。通过健康慢行系统促进人们流动，而点状节点吸引人们驻留，全时全龄能延展多样活力，社会组织活动可以推进缤纷社交，这些措施共同促进社会交流的发生。

4.3.3.1 健康慢行系统促进人们流动

人们有目的抑或无目的到访或停留，蹒跚漫步、随机的人际交流都是城市水环境空间的流动呈现方式[238]。当人们进入城市水环境空间后，慢行系统的存在使得人们更换交通方式，选择更加健康的出行方式。同时，在城市水环境空间中采取慢行系统对保证城市水环境空间功能的完整更为有利，连贯滨水步道，串联不同的滨水公共空间，与自然生态紧密结合，使城市水环境空间成为一个多层次、多样化的带状景观走廊，并成为城市绿地系统中的重要组成部分。此外，慢行系统的建立不仅仅满足了交通连贯和场地串接的需求，而且还打破了城市水环境空间的单一形式，带来了更多样的活动形式，如散步、有氧健走、商业、休闲等，具有更高层次的功能满足性。这些活动促进了人们的交流，增加了休闲的机会，提升了社会活力。

首先，在进行城市水环境空间慢行系统设计时，可将慢行系统中的自行车道和步道采用"时分时合"的形式纳入城市水环境空间。分开时可将步道延伸至水岸，增加亲水性；合并时可创造一个植物群落丰富的滨水环境，增加自然趣味性。通过慢行系统的引入，创造不同的空间体验感，使城市水环境空间形成一个亲水、疏水的公共活动空间，使城市水环境空间的活力系数得到很大提升。例如，温哥华滨水区复兴规划了连续的滨水步道、自行车道及轮滑道等慢行系统，并与城市有机地联系起来，方便市民更好地享受城市水环境空间。其次，考虑人的行为及心理需要，道路坡度要符合有关设计标准，并应考虑乘轮椅者的需求，尽量不要超过 1∶50，坡度变化应尽量小，小路纵坡不应超过 1∶20，地面水平高差处和道路使用类型的变化处，需要通过改变铺装材料来提示说明。慢行系统应具有一定的曲率，尽可能呈蜿蜒状，以提高步行舒适度；路幅宽度应根据功能需求有所变化；慢行系统路边可设置座椅、公共服务设施（如公厕、售卖亭等）及休闲活动设施，丰富慢行系统空间。

在道路断面方面可考虑立体化设计，结合水位变化设计高水位步行道和低水位亲水步道。高水位步行道路设计成畅通的休闲步道、健身步道等，并在沿线设置简易的健身设施，形成动感健身步道，供市民在路面眺望水景时开展健身活动；低水位亲水步道要根据滨水滩涂特点，可设置蜿蜒曲折的滩涂栈道，为行人提供在水生植物中行走的亲水步道，并连接亲水平台。在不同的步道间辅助一些小径，形成贯通的慢行系统。减缓坡道和增设多个台层的手法可以竖向"连接"城市与滨河界面，此外作为过渡区域的散步道公园通过无障碍单车径和蜿蜒散步道增强整个城市水环境空间的"连接"，为行人提供便利。所有成功的城市水环境空间规划，无一例外地沿着水体直接开辟步行道[10]。例如，南京溧水区金毕河两岸的慢行步道，设计师利用较宽的景观岸线范围设置功能多样的开放性活动场地，布置滨水广场、草坡台阶（图4-15a）、童乐广场、趣味汀步（图4-15b）等功能景观，局部设置滨水步道，满足人们滨水运动、健身、亲子、娱乐的活动需求，引领溧水新城绿色慢行生活方式，为当地注入活力。

a 草坡台阶　　　　　　　　　　　　　　　　b 趣味汀步

图 4-15　南京金毕河建成实景图

4.3.3.2　驻留行为繁荣交流活动

对于如何判断城市水环境空间的社会活力问题，既要看慢行系统，也要看驻留。驻留是基于对环境的偏好或影响而产生的脚步放慢、逗留及交流等行为，真实反映了周边环境的友好程度，也最直接地反映了城市水环境空间的吸引力和活力[239]。当人们在游憩过程中遇到环境适宜的空间时，会由于某种事件和熟悉的人进行互动，产生丰富的社会交流。城市水环境空间具有大量的自然景观和绿化元素，在强烈的观赏美景和接近自然的主观意愿下，人们在此驻留，与人接触、相互交谈、一同游览等，人们的社交需求和自我实现需求得以满足，这会在一定程度上促进人际关系和谐发展。

1. 不同活动的相互转化

城市水环境空间中有效地引导和组织多功能"活力点"空间，可以供市民驻足停留，休闲娱乐。在"活力点"中注入多元的"活力因子"，即划分更为丰富的活动功能分区，在有限的城市水环境空间营造出宜人的尺度，更加强调人的参与性、进入性，满足人们的多样交流、聚会、体验和游憩等需求。人们总会停留下来，三三两两地休息聊天，激发场所的交流活力。此外，不同活动之间可以互相促进和转换，休息行为与运动型、社交型和观赏型驻留行为关系密切，健身、玩耍、观看和拍照存在明显的正相关，与观景也存在相关性。设施是活动的载体，不同活动的相互依存度也反映了不同设施的相互关联度，为设施的复合利用提供了依据，将功能关系较强的设施复合能更好地满足多种驻留活动需求，方便相关性较强的活动互相快速转化，也能提高设施的使用率。如休憩与运动设施结合，便于人在运动之后休息；休憩与景观设施结合，人在落座的同时可以拍照观景；休憩与遮阳设施结合，满足人在炎热天气下的休息需求等[239]。

2. 凹凸空间助力空间驻留

城市水环境空间最吸引人驻留的地方是近岸处，岸线的处理与城市水环境空间活力密切相关。慢行人群数量主要取决于腹地到城市水环境空间的易达性，而驻留人群数量主要取决于城市水环境空间的内部环境品质。当岸线较长且呈曲线时，人们往往在岸边慢行，亲水的堤岸、热闹的餐饮、健身的设备等都有足够的吸引力，使人们愿意驻足并活动，慢行行为也因此转化为驻留行为。杨·盖尔（Jan Gehl）指出人倾向在凹处、转角、入口等空间驻足，空间的相对变化可产生

图 4-16　绿合叠翠的景观效果

不同属性的空间领域，因此凹凸空间常常作为人们交往和休憩的场所。美国学者杰伊·艾普勒顿在研究人的行为与场所关系时指出，良好的视线廊道与隐蔽的私密空间之间关系并不冲突，二者可以从对方的特性中寻求相应的优势来弥补不足。这种既有良好视线又有私密环境的空间，能使人的满意度更高，也更乐于前往。凹岸线内聚性强，可形成视线交流，人们可能因看到其他人的活动而停留；凸岸线视野极佳，往往吸引大量人群驻足，是观赏型驻留活动频繁发生的地方。因此，要延长岸线与水的接触边界，通过岸线内凹或外凸，形成内聚或开阔的视野，吸引各类活动。例如黄石磁湖湿地公园，满足湿地滞蓄净化的功能的基础上，通过不同曲线的组合形成凹凸有致的流线空间，并结合休闲平台、特色廊架、阳光草坪等节点空间，形成绿合叠翠的景观效果（图 4-16），为游人提供健康步行、停留休憩、驻留观景、拍照留念、亲近自然等各种活动空间，也方便不同活动的互相转换。

4.3.3.3　全时全龄激发多样行为活动

充满活力的城市水环境空间拥有多样性，可从同时性与全时性的角度激发各年龄段人群生活。城市水环境空间的开放共享性能够很好地吸引人们到水边活动，实现"水"与"人"的互动。在同一个场所中，不同的人在不同的年龄感受往往不同，同一个人在不同时间感受也不尽相同，这些不同的感受汇集在一起形成多样的游憩空间感受，而这些感受则诱发不同的行为，形成多样丰富的社会生活。城市水环境空间中不同年龄人群的行为特征和需求，激发不同的嬉戏、休闲、漫步、餐饮、购物、水上娱乐等活动，打造名副其实的城市活力空间，人们心灵上的栖息地，满足不同年龄、不同职业、不同背景人们在不同时间段的需要，创造充满活力的城市水环境空间[188]。

1. 不同年龄段的人群活动

人对水和自然有着本能的渴望和需求，在城市水环境空间中，改善自发性和必要性活动的空间条件，促使社会性行为的产生，才能更好地激发出不同年龄段人群的行为活动，从而丰富社会生活。全龄参与，即满足少年儿童（0～12 岁）、青少年（13～25 岁）、青年（26～44 岁）和中老年人（45 岁及以上）各年龄段人群的亲水需求，体现对全生命周期的关怀，为人居生活带来更舒适的生活体验。人是城市空间的创造者和使用者，其行为模式、发生频率、激发特点等直接影响了城市的活力等级，也反映人对城市的空间结构、形态、功能关系等多方面的内在诉求[240]。行为模式具有"连锁性"和聚众效应，能促使城市水环境空间成为社会活动的良性场所，促进城市中的社会交流，是社会活力提升的重要手段。因此，在进行城市水环境空间设计时需要以公众的偏好和倾向性为导向，充分了解当地公众和城市水环境空间之间的双向互动作用，去发现存在的问题，只有如此才更能体现城市水环境空间设计的人性关怀，才能打造出有公众根基和城市内涵的城市水环境空间，以此容纳各种人群行为模式，促使各类活动发生，满足不同年龄人群的使用需求，扩大人们对城市水环境空间的正面传播影响力。根据年龄的差异，把人群分为四大类：少年儿童、青少年、青年和中老年人，年龄不同的人群各呈现不同的行为特征和需求，活动类型也是有显著差异。

（1）少年儿童。少年儿童是城市水环境空间中的主要使用人群，他们精力充沛、活泼好动。越是活跃的地方越能引起其关注和参与。他们喜欢参与跑、跳、攀爬等大幅度运动，而又缺乏自我保护能力，需要常有家长陪同，产生亲子互动游憩活动。家长常会在照看孩子的同时相互聊天、问候，因此在儿童游憩区域应该增加成年休息设施，包括坐凳、花架、亭子等，尽量安排在活动范围外，在大树或绿篱旁为佳，但视线上要和全场保持通透。可以设置简易沙坑、滑梯、跷跷板等游乐设施和景观小品等服务设施，为儿童提供游憩场所，延续地段的童趣活力。[241]

（2）青少年。处于青少年时期的人群有着自己的独立思想，不喜欢束缚，喜欢去家长监视不到的地方。在空间使用方面，青年人对于空间的私密性有强烈需求，在游憩空间中需要设置私密空间或半私密空间，提供明确的边界和可以满足一个或者几个人活动的设施。在城市水环境空间中积极设计青年运动场地，并营造具有丰富的活动设施、有趣的景观氛围的场地，吸引这类群体的注意力。[241]

（3）青年。青年是社会的中坚力量，承担了许多社会责任、生活压力，游憩休闲对他们来说十分重要。青年对于游憩空间的环境设施、个体空间、微气候更为关注。根据不同的经济状况、家庭婚姻状况、社会地位、教育程度等，青年会开展散步、游玩、锻炼身体、购物、消费、思考、聚餐、比赛等游憩行为。[241]

（4）中老年人。随着人口老龄化加快，老年人在游憩活动中所占的比例也逐渐增多。老人平均每天有8～10小时的闲暇时间，是游憩空间的主要使用者，他们的行为需求不能够被忽视。在游憩内容选择上，老年人随着年龄增长，身体各项机能开始下降，多参与散步、晒太阳、慢跑、打太极拳、做保健操和跳广场舞等游憩项目。[241]

例如，温哥华格兰威尔岛佛斯河的滨河空间由温哥华豪森·拜克建筑师事务所主持设计，以吸引不同阶层、职业、年龄的市民为目标，其游憩价值得到政府和公众的认同和重视。具体的设计通过景观设计改善物质环境，发挥商业、旅游、娱乐服务等功能同时，在每年举行各种艺术表演、节日狂欢、划船比赛以及各类慈善捐款活动，不仅服务当地居民，还接待数百万人次的外地游客，带来可观的经济效益，使佛斯河形成当地新兴的、富有个性和活力的一个公共游憩空间。

2. 夜景观连续全时活力

城市水环境空间是城市生活环境的重要组成，是全时性活力营造的重要内容。真正的"24小时城市"其实质上是复合了多种类型的活动场所和多种类型的目标人群[242]。居民24小时的日常生活对城市水环境空间的活力具有一定作用。城市水环境空间为公众提供消费休闲空间的同时，也为城市营造了"全时性活力"。具有活力的城市水环境空间，应该有全时的繁华和生活气息，这是其作为"生命体"所具有的新陈代谢节奏[243]。白天的城市是工作的城市、效率的城市、理性的城市。人在夜晚更具有生活性，夜晚的城市是生活的城市、感性的城市。一个拥有连续不间断的、多元化活动的城市应该就是具有活力的城市。活动是发展的催化剂，是吸引人提高平均消费和延长滞留时间的催化剂。

充分挖掘出全时性的潜力，满足人们进行丰富夜间休闲生活的需求[216]。城市水环境空间是举办公共性节庆活动的重要场所，也是居民早晚间锻炼活动的首选之地[10]。将发生在不同时段内的功能活动按照不同要求，组织成连续性的、具有生机的城市水环境空间，可以大大提高城市水环境空间的使用效益。一个城市是否具有活力，很大程度上取决于城市的夜生活，夜景活力营造是城市水环境空间活力营造的重要层面。城市水环境空间夜景活力营造应考虑光线、色彩及与城市的融合，并且考虑对水体与整个城市的影响，合理布局，与城市、水滨协调发展，创造富有地域特色的夜景。满足全时性的休闲需求，需要全时性的游憩设施：增添夜间的灯光设施，开设不同消费时段、不同消费档次的餐饮娱乐设施；增加夜间游憩场所，配置多样的游憩空间，充分挖掘全时性潜力，满足人们进行丰富夜间休闲生活的需求[216]。通过夜景观营造，不仅能吸引市民走出家门，进行多样的游憩活动，还为城市平添了多样色彩，激活了城市夜活力[224]。

3. 夜经济拓宽 "24 小时"

夜经济满足着消费者高品质、多样化的需求。从"日出而作、日落而息"的农耕社会到分秒必争的现代生活，夜晚的时间被拉长、延展，夜晚变得更加多姿多彩。遍布大街小巷的 24 小时便利店成为加班人群的"补给站"，不断延长运营时间的夜间交通让夜归人更从容，在夜间举行的球赛、跑步活动让白天忙碌的人们也能参与其中……发展夜经济，丰富了生活配比的选项，由夜经济所塑造的消费模式、生活方式，正成为满足人民美好生活需要的生动注脚。可以说，夜经济已由曾经简单的"夜市"发展为包含"食、游、购、娱、体、展、演"等多元形式的夜间消费市场，人们的夜生活有了全新的打开方式。比如，增设夜市、酒吧一条街、步行街、情侣栈道、江边风情街等各具特色的集市活动，使人能更容易感受到夜晚城市水环境空间的个性。通过文艺表演也可以创造亲水个性，在水边道路及广场定期或不定期地举办文艺汇演，既吸引人气、获取影响，又带动当地经济；既满足多元化的城市职能需求，同时维持了城市水环境空间的活力。在各地进一步点亮夜经济的同时，也少不了要在夜经济的管理上下足功夫，让广大居民能够享受到更高质量、更健康、更安全的产品和服务。既充满活力又规范有序，夜经济才能持久"闪亮"，成就更加美好的城市生活。

4.3.3.4 社会组织活动推进缤纷活力

"人往人处走"，人看人是最常见的活力提升途径，比如看表演、探新猎奇等社会行为。城市各种传统集市、城市节庆、民俗活动、社团活动等都是人们所喜爱的社会生活，其高度和谐、分享、互动的社会参与正是一座城市的活力所在[238]。在城市水环境空间中，一些有趣的活动总吸引人们驻足观望。当人们被这些活动吸引，便自动聚集在活动发生的场地周围，寻求有利的观看位置。这时有可能产生活动的连锁反应，使新的活动萌发起来。多样复合的社会团体组织活动会吸引更多的人来，激发更多的社会行为，丰富城市水环境空间的活力。

1. 多样的公共节庆活动

社会生产力的日渐提高使得人们有更多时间用于休闲、游玩，这直接提高了水环境空间的人群数量。近年来，城市水环境空间的主要功能开始更多地向承载市民的室外公共活动倾斜。在城市水环境空间中加大组织多种公共活动的力度，增加更多自发性、必要性活动发生的可能性，激发社会活力的积极性，使城市水环境空间充满活力。

面积广大的城市水环境空间能够提供许多大型活动所需的露天剧场、草坪绿地等表演舞台和聚集空间。公共性节庆活动更多地发生在城市水环境空间就是一个新趋势。节日和大型活动庆典等公共活动能够带动城市水环境空间活力，促进人们之间的社会交流，从而获得社会活力。在城市水环境空间中要有相应场所可以定期举办节庆活动、民俗活动、消夏晚会活动、商业表演或者即兴活动、体育比赛等，吸引人们聚集在周围，产生社会性活动和人群连锁反应，激发其他新的活动形式。多种公共活动可以提高人在城市水环境空间的停留时间和空间满意度，增强人的滨水感受以及与水体的联系，最终达到提高城市水环境空间社会活力的目的。例如，鹤山沙坪河的游憩价值得到政府和公众的认同和重视，当地围绕鹤山龙舟文化，策划了龙舟庙会、三夹腾龙、龙舟赛（图 4-17）、舞龙、舞狮等活动。鹤山国际龙舟节被打造成城市文化品牌，吸引各地游客集聚在河畔，从而带动当地旅游业的跨越式发展。

2. 开展丰富社会团体活动

社会团体成员是来自享有共同愿景的人群，通常是熟人社会圈层内部自洽的，彼此具有类似甚至共同经历的社会人群，比如说在一个单位或生活区工作、生活有共同的集体记忆、退休或爱好相近的同一类人群、朝圣礼佛的信众等，有组织建构共享认同的集体[238]。社会团体开展活动是城市活力的主要来源之一，更是城市水环境空间活力的重要来源。政府对居民自发成立的社会社团等组织要大力支持并注意引导，倡导公司、教育、科技、文化、艺术、体育等社会群众团体积极开展各类丰富的组织活动。集

图 4-17 沙坪河端午龙舟赛

体活动自身就会产生较大人流量，如轮滑、书法、健步、太极等体育健身活动，可以给城市水环境空间带来缤纷多彩的活力。比如，南京市市政设计研究院开展的"健行秦淮，描绘精彩"的健步行活动（图 4-18a），"健步行"的路线沿外秦淮河经过石头城公园、清凉门桥、草场门桥、定淮门桥、红云桥、渡江胜利纪念馆等秦淮河绿道上的靓丽风景线，企业员工在秦淮河畔（图 4-18b）欣赏着碧波荡漾，展示着企业的积极活力，更展现了城市水环境空间的无限活力。

3. 灵活的水上活动

水体本身是容纳活动的重要场所，因此开展水上活动也是激发城市水环境空间活力的重要手段，有时还会取得更大成效。一方面，可根据季节的不同来选择活动类型，如划分春夏秋冬四季，每一季都开展不同主题内容的活动。如在春夏组织垂钓、游船，冬季组织滑冰等。另一方面，还可根据水体形态的不同或所处

a "健行秦淮，描绘精彩" 健步行　　　　　　　　b 健步行途中的员工留念

图 4-18　南京市市政设计研究院第三届健步行

位置不同策划活动[232]。如在开阔水面举办水上音乐会，在线形水面进行水上游览或漂流等。具体主要有：①借助俱乐部和志愿者的力量，通过"市民开放日"等形式"进社区、进学校"，为公众提供更多接触水上活动的机会。举办面向青少年儿童的公益性活动，提升青少年水上运动水平和文化素质，培养水上运动后备人才，极大地丰富青少年的课余生活，并通过运动树立他们积极健康的生活方式[229]。②借助政府组织的滨水休闲主题活动提升城市水环境空间活力，引导群众热情参加滨水休闲主题活动。将滨水休闲主题活动作为民生、文化或者提升营商环境的亮点招商活动，结合当地水文资源、历史文脉等条件，定期举办和推广如龙舟赛、皮划艇赛等广大群众热情参与的水上赛事、休闲活动，提升大众对滨水休闲主题活动的兴趣，逐步让滨水休闲主题活动深入人心[229]。③积极倡导市场主体开发群众喜闻乐见的，有吸引力的帆船、游艇、海钓等水上休闲产业项目，促进旅游消费升级[229]。例如，著名的剑桥大学虽地处小镇，但是康河（River Cam）的迷人风景和良好生态环境使得这所世界顶级名校成为著名的旅游胜地，人们慕名而来，像诗人徐志摩那样泛舟在康河的柔波里。游览康河已成为重要的旅游体验项目，而水面上丰富的公共活动也让当地城市水环境空间极具活力与生机。

第 5 章

特色，塑精神之道

> 水者，何也？万物之本原也，诸生之宗室也，美恶贤不肖愚俊
> 之所产也。
>
> ——《管子·水地》

每一座城市，都寄托着人类对理想生活的追寻，它不仅为我们提供了居住和生活的空间，更寄托着我们的灵魂。当人的基本物质需求得到满足后，将会发生从"身"到"心"的需求转变，人们开始渴望在具有特色的城市空间中获得精神满足。城市依水而生，自古以来，水便承载着人们多种心理需求和情感寄托，城市水环境空间更是拥有着其他城市区域无法比拟的优越条件，是人们感知、体验城市文化的重要场所，对城市个性和地方精神的塑造具有重要价值。具有地域特色的城市水环境空间不仅对积极传播城市精神文化和打造城市形象具有极大助力，更能激发城市居民对城市生活与社会的热爱，从而使居民在价值观的共振中收获自信、自尊与自立，真正地体验生活价值。

5.1 特色迷失的城市水环境空间

在城市化进程加快的背景下，原有的地域特性被蚕食，城市水环境空间出现形象混乱的现象。面对着"同水而貌""千水一色"的建设现状，人们不仅难以从中收获精神满足与认同，甚至还会产生孤独、剥离等精神上的痛苦感觉。长此以往，城市将产生空间品质退化、精神文化贫瘠。城市水环境空间特色迷失给城市设计者予以警示，如何塑造具有高品质特色的城市水环境空间成了不可回避的问题。

5.1.1 城市水环境空间设计理念的欠缺

中国城市水环境空间建设研究相较于西方国家起步较晚，加之地区、经济、文化发展的不平衡，大多数项目仍停留在单纯地改善空间风貌和物质环境的阶段，多追求速度和短期利益，乐于花精力和财力在形态设计和形象表现上，而较少注重空间的多功能综合利用、生态环境的改善、人文意蕴的表达等。空间的品质不高，空间的塑造缺乏整体性、系统化的规划理念缺失，重建设而轻理论的现象屡见。

5.1.1.1 建设内涵理解单一

受制于认识上的限制，以往许多城市将水环境空间建设单纯地理解为狭义上的治理。城市水环境空间多被当作工程实体而不是城市公共空间来看待，在设计与建设时对人的心理和生存需求考虑不足，侧重水体改善及某些功利价值，如防洪、水运、灌溉等，把改善物质环境，如修砌河道、清淤截污、拆除杂乱建筑、增加公共绿地等作为城市水环境空间建设的全部内容。受制于认识，观水、近水、亲水、傍水而居的城市生活内容越来越少见，对水亲和与关爱的社会文化意识也愈来愈远离城市居民的精神生活，城市水环境空间由于内涵的缺失而渐渐丧失魅力[244]。

5.1.1.2 空间规划缺乏整体性

城市水环境空间往往是城市活跃地带，它融入了城市建设，连接着城市生活的过去、现在和未来。城市水环境空间的规划多与社会经济、生态环境、交通运输、水利建设等城市生活的诸多方面有密切关系，在规划设计过程中，如果片面地从其中某一个角度出发，或者忽视了其中某一因素，都将会对地区的发展和城市环境带来不利影响[245]。

1. 与城市空间衔接性不足

赖特曾经说过："一个建筑应该看起来是从那里成长出来的，并且与周围的环境和谐一致。"城市水环境空间规划同样如此。当前，由于缺乏整体性理解，城市水环境空间的自然属性与人文属性被掩盖，致使整体风貌上欠缺和谐，空间形象塑造失败。设计者易忽略城市水环境空间与城市整体空间的有机联系，在建设前忽略梳理城市水环境空间与城市开敞空间存在的因果关系，没有考虑城市整体在空间和时间上的衔接。特别是在空间结构、功能布局和交通系统上，城市水环境空间应当成为城市整体的一个重要有机组成部分[246]。没有区别对待老城和新城中的城市水环境空间规划和建成，出现管理困难、通勤不畅等诸多问题，严重影响区域的发展。过多注重水域沿岸的空间效果，使得城市空间中的开放空间和休闲场所分布不均，与城市腹地的整合较弱[244]。范围的局限导致城市水环境空间影响力降低，特色塑造局限在场地局部，无法融入城市空间系统，甚至无法被当地公众所认可。

2. 与水系空间的协调性不足

城市水环境空间与它自身所在水系、山林、植物共同构成了城市生态开敞空间，因此，在规划建设城市水环境空间时需要对城市自然基底、水系结构进行分析研究，注入观赏等复合功能，发挥宏观层面整体性效益。反观现状，城市水环境空间建设与水系空间的不协调情况依然存在，宏观水系空间风貌的衔接及水环境的景观构架作用被忽视[247]，导致建设质量低下、个性与生态性缺乏等，甚至盲目开发与城市空间不相协调的房地产项目，破坏水域开放空间的连续性。

3. 空间内部整体性不足

城市水环境空间内部风格混杂，功能布局不明晰，交通流线混乱，节点之间的联系微弱，缺乏整体性、连续性和秩序性，使公众在感受城市水环境空间时产生茫然和烦躁的感觉，并无法感知城市水环境空间的整体主题，逐渐丧失体验兴趣，难以深入理解空间的意蕴内涵[248]。

5.1.1.3 设计审美取向的偏离

亚里士多德在《修辞学》中这样定义美：美是由于其自身而为人所向往并且值得赞颂的事物，或是善并且因为善而令人愉快的事物。而在现实中，城市水环境空间建设项目往往追求的不是满足公众休闲娱乐、展现当地风土人情、推动城市精神文化建设与形象打造的需求，而是大搞"城市化妆运动"，将参观者作为"瞄准对象"而非使用者，片面地追求宽广、气派、辉煌等肤浅的"美观"，过分地强调技术与材料的高档与时尚，对形式感良好的东西不经思考地套用，追求感官的短暂愉悦，追求速度和短期利益[249]。建成的城市水环境空间有景无境、无味无趣，毫无地域特色可言。俞孔坚曾提出："我们要警惕'城市化妆运动'，虽然它也考虑舒适和人的生活，但还是以美观为主要目标。就像大冬天穿着超短裙的女性，只要好看，健康问题稍后再考虑"[1]。城市水环境空间建设在这样的扭曲审美下，其深层价值与意义逐渐被忽略，堤岸被渠化、硬化，河流、湖泊的娱乐性、情感调节功能和人文生态价值不被重视，城市水环境空间作为城市公共活动空间的特征日益消失。原本的惠民工程变成为美化而美化的短期行为，投入大大超过回报，且难以得到城市居民的长期认可，违背了城市设计的初衷。

5.1.1.4 创新意识匮乏

1. 对设计形式的盲目抄袭

创新是作品生命力的源泉，盲目地模仿抄袭必将致使设计的"生命之水"枯竭。在市场利益的诱导下，许多设计师惯于模仿国内外的优秀设计成果，而不究

---

① 赵梦媛. 人民日报民生观：别把城市建得太娇气了.人民日报[2016-07-19]16 版

其背后的思想与文化根源。这不仅仅在城市水环境空间建设上，在整个城市空间建设中都存在类似的问题，如一个南锣鼓巷的成功，便会涌现出许多"南锣鼓巷"，都打着"本地特色"的旗号，都是游客必去的"景点"，却重复着大同小异的美食和购物中心，展现的仅仅是资本特色。面对有影响力的作品，诸多设计师只看到"形式"表面的东西，不仔细去领会作品的成功之处、先进的思想与理念，只是将城市水环境空间作为一个可以任意刻画、任意切割的白板，仅仅照搬陌生的新事物，大刀阔斧地抹平改造。这不仅产生了大量"刻鹄不成尚类鹜，画虎不成反类犬"的尴尬，也使得空间在毫无节制的复制和翻版下，磨灭多元性，创新能力在空洞而乏味的空间中失去。

2. 欠缺立足当下的设计思考

当前中国城市水环境空间建设浮躁而喧嚣，社会的发展和进步导致物质空间与历史文化的分离与冲突，人们能够轻易地接受物质、技术而较难适应深层次的观念和意识的变化。设计本应当是基于一定思考之后糅合物质技术与文化内涵的艺术呈现，如果设计师欠缺对时代文化的创新与思考或忽视对现代物质技术应用就会导致城市水环境空间建设处于尴尬的境地。或者是既想拥有传统文化层次的内涵，却又无法逃脱现代社会物质和技术方面的利诱；又或者是它拥有现代的科学技术，但却没有蕴含自身的文化内涵特性，这些都会导致城市水环境空间设计走向两个极端，一是文化仅仅流于技术文化层面，而丧失社会属性。二是保守地延续传统意识和观念，而掩盖了新科学技术引起的社会结构和思维方式的变化。

5.1.2 疏于对地域性资源的把握

5.1.2.1 忽视自然地理资源

设计者忽视地域的地理特征、气候条件以及基于当地材料的传统技术，使得自然、地域、城市水环境空间三者的关系出现断裂。

（1）设计违背客观自然规律。在实际的设计与建设中，违背客观自然规律必然与可持续发展理念背道而驰。例如在缺水性城市大兴耗水型的水景、在北方仿建南方的小桥流水、盲目开挖大面积人工水面等，这些违背客观自然规律的做法这不仅会造成经济、社会利益的严重损失，更将对生态环境和稀缺的水资源造成严重破坏[246]。另外，还有对气候、地形、动植物等条件的认知狭隘，例如漠视场地原有地形条件，选择统一挖填平整的地形处理方法，不仅削弱场地风貌的独特性，更易造成城市水环境空间局部生态的恶性变化，得不偿失。

（2）对自然地理要素利用不充分。自然资源原本是展现地域性的重要素材，但许多设计者和建设者局限于关注场地内建设现状条件，而忽略区域内的自然资源。不能全面而准确地认知地域范围内的地理环境特色，导致对自然地理要素利用不充分的现象出现。

5.1.2.2　忽视城市人文历史

历史需求决定了城市水环境空间的发展趋势，而城市水环境空间设计也应当要反映城市独特的历史人文背景，并满足当下的发展需求。

（1）对历史地段保护力度待加强。城市水环境空间往往具有丰富的历史资源和文物古迹，他们是一个城市的文明象征。然而在现代工业高度发展的时代，缺乏对区域内历史人文的深入挖掘，部分建设者在历史地段进行过度的商业化改造。轻视历史文化的物质载体，摒弃有针对性的修复而选择一味地拆除，对历史地段中大量有价值的历史资料造成了不可逆的破坏和损毁；任意地在周边区域大规模、大体量开发，人为破坏了历史地段城市水环境空间的风貌和空间轮廓，历史空间形态的延续性被无情割裂，这些都导致城市水环境空间的文脉断裂。

（2）人文历史资源利用不充分。城市中有形的与无形的人文历史资源皆是城市水环境空间特色塑造的重要素材，然而许多设计者在面对历史文化时，往往没有较为全面的思考过程。一是不将人文历史资源作为城市水环境空间特色塑造的基础素材加以应用和深入挖掘，二是面对复杂多元的地域文化，设计者对激活手法知之甚少或不能运用妥当，应用的大部分是文化中实体物质，忽略了对非物质文化的转换和应用，这些都在一定程度上致使城市水环境空间的个性表达雷同。

5.1.3　元素转换应用的失意

地域性元素应用的目的是诠释空间内涵及意义，是空间精神文化输出的重要步骤。设计师在面对城市水环境空间与地域特色时，思考较为草率并且流于形式，对文化挖掘整理及转换激活没有相对完善的策略，在地域性元素的理解、选择、诠释和落实 4 个方面上出现偏差，导致城市水环境空间内涵的塑造仍然拧巴而粗糙，难以被公众所理解和接受。

5.1.3.1　对元素内涵理解不深入

在元素的选择与表达之前，应当对当地的资源有着充分的了解。而在浮躁的社会风气下，设计团队经常由于急于完成阶段任务，无法拥有充足的时间和精力对已有元素进行策略性地了解、整理，导致对区域内现存特色资源发掘不全面、不深入，对城市历史发展轨迹了解不够，对城市空间内在文化脉络研究不够，对城市内在的文化传统认识和运用不够，并最终导致优选元素对象不明，空间内涵成为设计师的主观臆想，构思与设计无法与公众产生共鸣。

5.1.3.2　元素选择背离公众需求

作为城市中重要的公共空间，城市水环境空间的内涵在很大程度上会被打上公众文化的烙印。文化有精华与糟粕之分，意义也有雅俗之分。设计师在空间元素的选择上，必须有所取舍，不可一味地"有之则用"，而是去选择独特、易于传播、具有积极意义的元素。"意俗"是如今城市水环境空间设计的常见问题。在元素的筛选上没有切实的原则加以约束，导致空间内涵的品读性差，难以对城市居民身心产生积极的影响，例如古代的"加官晋爵""马上封侯"等表达；现代的"太极""八卦"图案的滥用；大屋顶古建、华表等的粗制仿建等。形式庸俗，难以掩盖空间设计品位的鄙陋[250]。"意俗"除了无法使公众产生身心愉悦之情，还阻碍了良好社会风气的塑造；而相反，好的意义则能够使感受者通过城市水环境空间触摸到深层的文化脉络，通过与公众的内心对话，收获城市居民的喜爱。

5.1.3.3　元素意义诠释模糊

中国著名策展人侯瀚如在接受《新周刊》采访时说："我想很不幸的是现在（中国）绝大多数所谓的公共艺术作品是非常陈旧、非常庸俗的装饰，一些很廉价的象征物。"现如今，多数设计师已经考虑了元素意义的问题，但是面对复杂多元的地域特色，把意义转换为具体物质形象的结果却良莠不齐，这是由于设计师对表征方式生疏，激活手法单一，缺少艺术提炼，缺乏文化内涵，经不起推敲。城市水环境空间内涵的表述并非各种元素的堆砌，不了解创造过程和意义就急于表达的设计作品难以获得好效果。仅关注形式本身的表面模仿而忽略对文化特质的深入领会，对空间内元素数量和布局不当把握，大量的元素简单累积，缺乏科学的安排和规划必然导致空间形象杂乱，主题模糊，设计效果偏离元素应用的初衷，从而无法展现城市水环境空间的特色和所在城市的深层精神风貌[251]。

5.1.3.4　工程品质管控力度不足

在具有临时性、速食性的行业现状里，许多建设工程层层下包，设计和施工质量标准得不到有效把控，只追求短期利益，缺乏社会责任心，原本富含人文精神的公共空间也成为快餐式文化的"速食商品"[252]。只有高品质的城市水环境空间才能成为展示城市形象的有力载体；相反，建设粗糙、品质低下的城市水环境空间不仅不能承载良好的城市形象，更会拉低地域性内涵的层次，所费不赀，却得不偿失。

5.2　地域性——城市水环境空间特色塑造的根源

路易斯·芒福德说"未来城市的目标就是充分发展地域文化和个人的多样性与个性。"自 20 世纪 80 年代，许多西方国家纷纷将艺术和文化作为城市复兴的一种新的工具，专家学者关于城市规划、建筑设计、城市景观强调"地域性"的呼吁和研究也随之展开，其主要出发点就是尽可能通过文化和艺术的介入减少地域性的人为流失，以"诗意"破除资本的异化，找到地方内核，迎接"本真"回归，增强城市空间形象的可识别性，触发物质空间更新，尊重自然地理和历史文化因素造就的独特空间景观与人文环境，为后人保留更为多样性的城市"样本"谱系。

2020 年 4 月 27 日，中国住房和城乡建设部、国家发展改革委发布《关于进一步加强城市与建筑风貌管理的通知》，进一步彰显了我国延续城市文脉，展现城市精神的文化自信及提升城市治理能力的坚定决心。如今提倡建设有特色内涵的城市水环境空间的呼声越来越高，深入发掘地域性，打造地域性成为当今城市水环境空间建设必须突破的关口。

5.2.1 从趋同走向特色的水环境空间建设

5.2.1.1 国内外对水环境空间的认知历程

几千年来，人类出于种种目的从未停止对城市水环境空间的人工改造和治理。在 20 世纪 60 年代前，城市水环境空间多以实用功能为主，维持和滋养人类的生命，是水的交换场所，后又用作生活用水、娱乐用水和景观用水。城市水环境空间建设历程是一个由实用到审美、以劳动实践为前提的漫长历史发展过程，其中还渗透着人类模仿自然的需要，表达自身追求和理想的冲动和游憩的本能。在中国古代，城市水环境空间建设偏向模拟和再现自然的水景，改善统治阶级的生活环境质量并满足其游乐需求。在皖南古村落的整体布局模式中，"水口"是每个村落必有的入口标志，到了水口就意味着已经到达了该村落的领地。水口处常常植造风水林，并建桥、亭、阁、榭、塔、坊等，甚至会有宗祠、寺庙、道观、书院，这就构成了具备防卫、象征、聚会休息等功能的水口园林。在中国古代的都城建设格局，国家统治者会利用内外围山水景色缓和礼制规范的紧张感与压迫感，体现"礼"与"乐"，"阴"与"阳"的调和与呼应。

20 世纪 60 年代后，在世界范围内，城市水环境空间因其良好的生态特性、开阔的景观视野以及优越的地理区位成为居民与规划师们重点关注的地段，关于城市水域开发的建设实践活动逐渐增加。至 20 世纪 70 年代，从北美开始，全球城市掀起了城市水环境空间再开发的热潮。建设者逐渐认识到城市水环境空间可以满足防汛排涝、引清调水、内河航运的基本实用功能，对于提升城市形象、展现城市特色、传承历史人文等都具有积极意义。这时的城市水环境空间建设多是改造原有码头、港口等，例如利物浦的码头区、旧金山吉拉德里广场、巴尔的摩内港和温哥华格兰维勒岛改造等[253]。实践活动的增多促使世界各地相继开展了对城市水环境空间利用与塑造的研究，20 世纪 80 年代的"绿脉（greenway）运动"，强调通过现存的自然系统——主要是河流，把公园和开敞空间连接起来，创造绿色网络，而在绿脉涵盖的三个主要类型中，就包含具有娱乐性的绿脉，如在水边、游览线上、风景旁和拥有历史文化遗产的绿脉[254]。

综上所述，城市水环境空间自古以来就有着给予民众精神慰藉、传达城市形象，增加生活趣味的作用。随着时代的发展，这一作用被逐渐放大，到如今部分城市水环境空间的审美功能已经超越了自身的实用功能。

5.2.1.2 地域性特色发展思想演化

"特色"突出是事物由于所处区位环境产生不同内涵及表征，城市水环境空间特色强调其内在及外在的不同之处，强调不同水环境空间之间的差异性，不同的城市水环境空间地处不同的自然环境，有着特定的场所基础、文化背景和社会经济发展阶段，都应有自己的风格和面貌，而所谓的"千水一色"就是指这些城市水环境空间的风貌相似甚至雷同[255]。

20 世纪末，受建筑设计领域影响，城市水环境空间建设开始提倡通过地域性展现空间特色。20 世纪 60 年代以后，工业革命和高科技革命对人类文化和社会生活产生了变革性影响，人类在享受巨大的物质文化成就的同时也面临着全球化带来的文化趋同、特色消失等问题。基于这种情况，后现代主义思潮蓬勃发展，它反思和批判现代主义的缺陷，强调不同于传统的、个性化的风格，反对过分崇拜科技，提出要尊重人的精神感受。景观设计领域也因此受到影响，开始关注空间除功能外的内涵意义，并对本土风貌展开研究，由此发展出一种气候性景观，可以把场地的风景融入周边的环境中。1964 年，美国颁布了世界第一部"原始地保护法"（Wilderness Act），明确指出原始地对于人类生活质量的重要影响[256]。1980 年，美国景观设计师玛莎·施瓦兹设计的面包圈花园以趣味生动的空间表现和空间内涵引起了轰动，激发了设计领域的激烈讨论。经过不断讨论和实践，后现代主义景观在 20 世纪 90 年代形成了高潮，产生了大批的设计作品。后现代主义景观同批判现代主义建筑一样反对现代主义千篇一律、千人一面的国际式风格，反对漠视环境和地域文化，反思机械美学的冰冷和人文精神的缺失，强调凸显空间的个性与内涵，倡导展现景观的地域性。

在政策导向上，德国于 20 世纪 70 年代就开始通过实施城市风貌规划对城市空间的更新进行引导和控制。法国和日本也分别于 1993 年和 2004 年出台了"风貌法"（或称"景观法"），将风貌作为评价各方面建设的重要指标，强调风貌作为国民的共同"资产"，是国民享受品质生活的重要内容。1999 年的《北京宪章》的发布更是对技术的"双刃性"有一定认识，把地域性放在了重要位置，呼吁创造具有城市地域风格特色的空间。

在中国，著名学者钱学森在 20 世纪 90 年代提出了"山水城市"，强调中国山水文化是基于城市、自然生态和文化载体更高层次的城市元素，对于中国传统文脉的重构、传统文化的回归、民族归属感重建有重要价值。这很快得到了中国建筑学泰斗吴良镛先生的赞同与支持。中国著名景观设计师俞孔坚先生在其作品中体现了现代性和中国特色的融合，强调自然、生物、现代人的生活和历史文化的和谐，设计遵从自然、遵从文化[257, 258]。中国工程院院士何镜堂先生于 20 世纪 90 年代中期提出并逐步完善了"两观三性"的建筑设计思想，其中 "三性"即地域性、时代性、文化性[259]。2017 年，中国城市空间发展理论研究的代表性人物段进院士从城市空间发展理论的视角，提出"空间基因"概念，否定不尊重历史和自然的设计，提出通过空间基因识别提取，解析评价并传承导控的技术体系，强化规划设计的在地性，为城市建设与自然保护、文化传承的共赢提供有效设计路径[260]。

综上，许多专家与学者都已意识到凸显地域性是塑造城市风貌特色的重要途径，城市水环境空间更加强调各个性表达与差异化体现，但是针对整个城市水环境空间进行系统性特色塑造的理论尚未形成，总体来说，有待进一步深入研究。

5.2.2　建构城市水环境空间地域性

地域性设计强调通过回归自然、立足文化语境、展现地域风情来塑造特色，在不脱离时代发展的背景之下，重新建立城市水环境空间与土地的联系，为展现城市精神面貌、文化自信，提升城市竞争力，满足居民审美和精神需求提供引擎。本书对城市水环境空间地域性塑造主要以空间基因、符号学理论和场所精神三个方法理论予以支撑，多层次全方位地塑造城市水环境空间的地域性。

5.2.2.1　空间基因

空间基因理念是段进院士基于多年在中国各城市的实践经验及对城市形态、城市空间发展的深入研究之上，发现了城市空间在互动与发展中存在的"空间基因"现象后提出的一种理念。空间基因指的是城市空间与自然环境、历史文化的互动中形成的一些独特的、相对稳定的空间组合模式，它既是城市空间与自然环境、历史文化长期互动契合与演化的产物，承载着不同地域特有的信息，形成城市特色的标识；也起着维护三者和谐关系的作用。在城市空间中，某些构成要素，如轴线、滨水空间、街道、院落等，在不同的地域文化区有着不同的结构、肌理、序列特点。这些特征性的空间组合模式一方面是历史选择的结果，体现了与当地自然环境和睦相处的关系，适应了当地的人文活动特点；另一方面，对于继续维护与保持这些关系和特点起着基础性作用。类比于生物基因影响生物体的性状，空间基因影响着城市的形态演化和发展。段进院士在《空间基因》一文中还详细阐述了"空间基因"的分析导控技术体系：首先应对规划对象进行空间基因的识别与提取，独特的、相对稳定的空间组合模式是城市空间与自然环境、历史文化长期契合与演化的产物。其次，对提取的基因进行解析与评价。最后，对其进行传承与导控[260]。空间基因理论给予了城市水环境空间建设以启发，在前期规划时，就要将建设场地放至城市甚至流域层面，关注并挖掘城水关系的基因，传承具有地域特色的城水关系，从空间规划层面凸显地域性。空间基因研究的技术应用，可促使城市水环境空间规划设计向"地域特色性"转变，避免采用统一模式面对不同的城市水环境空间，以致不尊重历史和自然的设计弊端出现，为城市水环境空间的差异化塑造建设与自然保护、文化传承共赢的有效路径，对推动城市水环境空间及城市规划设计从空间形式创作到空间基因分析的方向性转变大有裨益。

5.2.2.2　场所精神

诺伯舒兹（Christian Norberg-Schulz）曾在 1979 年提出"场所精神"的概念。诺伯舒兹指出："场所就是具有特殊风格的空间"[261]。场所精神则为一系列特征的集中表现，这些特征为某些场所赋予了某种特定的情感或个性。场所具有整体性，由具体的物质、形状、肌理、色彩共同构成，场所的塑造应当充分考虑所在城市的环境与功能联系。斯特伯格（Ernest Sternberg）认为在设计一个特定的场所时必须持一种整体原则——无论是对形式、可识别性、活力、意义、舒适，或者是其他一些原则，以此来使场所获得连续性的体验。成功的场所塑造，是对场所构成要素的有机组合，使场所呈现为一个多样化的、有活力的、连续性的整体。作为可识别的对象，城市水环境空间也是以整体形象被感知的，而且其特征不仅来自空间中的实体物质，也包括其承载的各种活动。在成功的城市水环境空间中，形式、活动和意象三者处于一种和谐关系，三者整体作用才使一个城市水环境空间转变成一个具有内涵意义的人性化场所。

5.2.2.3 符号学

符号是在人与环境、事物的互动过程中形成的人类认知体系中具备一定共通认知性的特殊形体。符号以一种特殊的表达方式，抽象事物的某些本质性特征，存在于人和事物的相互理解中，具有两项对立性。1894 年，索绪尔正式提出符号学（semiology）的概念，认为符号就是能指与所指的二元关系，几乎与此同时，另一位现代符号学奠基人皮尔斯认为，任何事物只要独立存在，并与另一事物有联系，而且可以被解释，那么它的功能就是符号活动。符号学被公认为是一种跨学科、跨领域的方法论。英国哲学家比尔兹利说："从广义来说，符号学无疑是当代哲学及其他许多思想领域最核心的理论之一"[262]。事实上，人们往往无法像触摸物体一样去把握"地域性"和"特色"，因为它们都是抽象概念，在客观世界中找不到实际对应物；也无法罗列一些"性质"词来描述属性。人类对文化的创造与传承都是以符号的形式实现，人类创造文化实际上就是在创造符号系统。例如高耸的哥特式教堂尖顶，展现着上帝的神秘与崇高；肃穆而又明朗的泰姬陵展现着伊斯兰风格建筑的端庄和宏伟；对称宏大的故宫布局体现着封建帝王的尊严与权力的不可侵犯。文化传承就是符号传承，在城市水环境空间特色塑造中引入符号学，能更加清楚地了解空间意象的创造与表达过程，能使设计更具有条理性和合理性，使城市水环境空间内涵得以建立和延续[250]。获取符号的原有含义，摆脱符号既往的表面形式及其之间结构，并以全新的形式和结构再诠释、发展需要传承的意义，才是地域性在城市水环境空间中符号表达的最高境界[263]。

5.2.3 城市水环境空间特色塑造的原则

5.2.3.1 地域独特性

城市水环境空间地域性设计是对地域内特有资源价值的强化，使地域景观的整体特征更加明确，使城市水环境空间的特征更加突出的过程。正如世界上没有完全相同的两片树叶一样，一个地域内都有其独一无二的文化特色，因此地域独特性原则是城市水环境突出自身个性化的重要原则。对于本身具有独特文化的地域而言，地方的一些文化习俗叠加场地特有的精神往往更具个性。遵循地域独特性原则，一是尊重区域历史文化，二是传承和发扬本区域文化习俗。做到尊重当地人的生活方式、生活习惯、文化习俗等，使空间具有当地独特的文化特点，具有异于其他城市水环境空间的不同点[264]。城市水环境空间的特色塑造反对追求某种风格或某主义，而是更关注人与自然的协调关系，包括土地的利用与保护，动植物栖息场所的维持等，从而在一种真实的生活状态之中，展现独特魅力[265]。

5.2.3.2 风貌整体性

城市水环境空间特色塑造并非孤立地对某一设计元素进行表达。中国古代军事家孙子说："善弈者，谋势；不善弈者，谋子。"即做事情需要从大局着眼，发挥整体性效益[266]。从全局出发，以整体观念思考城市水环境空间与城市、流域等在空间结构和气质形象上的协同是特色塑造的重要原则。其一，城市水环境空间形态应当延续其外部空间形态，依据城市发展目标，深入研究城市总体空间结构，在宏观上保持城市总体空间结构的完整性与整体性，与其他区域相协调[267]。其二，应当先规划和确定城市和区域内的整体形象，并以此为依据拟定城市水环境空间主题，再梳理好局部形象与整体形象之间的关系，在展示地域特色时，抓住关键要素，突出重点。其三，在规划过程中，应当在满足基本使用功能的前提下，综合考虑城市的生态、景观、防洪等功能，规划复合的、多功能兼顾的公共空间，满足城市整体多样化的需求。

5.2.3.3　时代创新性

时代的发展给城市水环境空间的特色塑造提出了更高的要求。在进行空间设计时，要充分理解传统文化和现代文化的内涵和联系，摒弃简单的复制和照搬，发掘文化内涵并予以创造性的再现，做源于地域、高于地域的创新表达。一是地域特色并不意味着只能运用传统历史文化和地域本身的特点，也要注入有着积极意义的时代精神，满足城市居民精神需求，引导精神风向；同样的，可植入新的文化元素，如科技文化、运动文化、影视文化等，用新的公共空间建立城市与城市水环境空间的联系。二是结合现代社会特点与现代技术进行创新设计，现代手段的运用可以更好地帮助内涵融入和运用，符合社会变化潮流，例如在铺装材料的运用上、城市家具的设计上等，并通过现代手段设计互动体验项目，使公众在城市水环境空间中能切身体感受动态的艺术文化，加深对空间内涵的理解与感悟，促进文化的传承和发展[251]，收获感官与精神的愉悦。

5.2.3.4　场所生态性

基于城市水环境空间自身的敏感属性，在空间塑造方面应当优先维护其生态性。规划建设者应注重创造性保护工作，重视原有自然生态，坚持因地制宜，既要最佳组织调配地域内的有限资源，又要巧妙地将设计资源的潜在特质有效地艺术化提炼，加工整合到整个环境中，形成新的景观秩序。场所生态性强调的不仅仅是尊重场地原有的植被、地形、水体、构筑物，而是在此基础上利用自然要素改善使用空间。一方面尽可能保留场地原有的、具有利用价值或潜力的自然要素与人文要素，另一方面还要在此基础上，依据要素内部的变化、生长规律来增加或剔除相应的景观要素，满足场地的使用需求。争取以最小的投入获得最大的回报，实现节地、节能与节材的规划，并达到良好的视觉效果，增加空间的使用率和改善环境。这不仅要关注寻找历史记忆，同时要考虑场地的后续发展、管理、经营情况，在有效的范围内把握场地的管理模式，形成最符合场地及场地周边性质的维护手段，有效地节省资金、人力、物力、资源等，以此达到城市水环境空间的可持续性发展[268]。

5.2.3.5 传承保护性

城市水环境空间拥有丰富的历史文化，是承载城市发展的重要区域。在城市水环境空间特色建设时要注重挖掘场地内文化内涵，注重保护城市水环境空间的原有历史遗产，只有这样才能创造出有灵性、有记忆性的城市水环境空间，塑造有特色的城市生活空间和城市形象。因此，在对城市水环境空间设计创作过程中，要尽可能地保护这些历史遗迹，使地方文化的保存和延续与历史文脉紧密结合，同时也要适当进行设计创新、用地功能重组，体现传统与现代的一脉相承，创造一个具有地域文化特色的城市水环境空间。

5.2.3.6 人本需求性

城市水环境空间建设的最终服务对象是城市中的市民。我们塑造特色的城市水环境空间是为了提升居民生活品质，让公众获得自身的归属感和安全感，从而满足其精神文化的需求。城市水环境空间特色塑造应当遵循人本需求性原则，根据当地不同的风土民情、社会制度以及经济状况等，保留人们对历史的记忆和认知，深度挖掘地域性，增加一些公众可参与的、可体验的人文活动，调节人与自然的矛盾，为人们创造舒适的环境。同时，在对空间规划设计之前，需要认真分析游人的心理特点和行为特征，并结合这些特点对城市水环境空间建设场地进行分析和设计，将更真切、更现实的体验注入城市水环境空间中，以服务于人为出发点，全方位分析解读人群的不同层次需要，创造能真正实现人、环境、空间三者相互协调统一的城市水环境空间。

5.2.4 城市水环境空间特色塑造的目标

城市水环境空间的特色塑造需要打破"就水论水"的设计思路，转而将其作为助推城市形象建设、促进精神风貌塑造的重要场所。重新定位与评估价值，从城市整体出发，构建符合城市发展方向、城市景观空间格局、满足各种人群不同空间体验活动与文化活动、具有文化感知力度的城市水环境空间。通过把握地域特色元素，融合空间整体形象，提升空间品质，赋予城市水环境空间城市名片属

性，延续城市文脉，展现城市魅力，提升居民对城市环境的认同，力争让城市水
环境空间达到可识别、可感知、可品读，居民精神富足、文化自信、自觉爱水惜
水、爱城护城的最终愿景。

5.2.4.1 视觉特征鲜明可识别

在开放、复杂的城市环境中，城市水环境空间所承载的视觉信息会受到周围
环境的干扰，如果自身无明显特征、不易于识别，便难以吸引公众的视觉注意，
空间特色传达也无从谈起，因此，保证视觉特征的鲜明、可识别是城市水环境空
间特色塑造也是空间认知的基础阶段和重要目标。可识别要求城市水环境空间中
所承载的信息能够借助完整、独特、具有冲击感的视觉系统，在与大环境相协调
的前提下，与背景空间形成一定的对比和界定，从而有效简化公众对空间的搜索
和分辨过程，易于目标信息快速被发现[269]。凯文·林奇曾提出总体的城市意象概
念，并总结了城市意象的五大可识别性要素，即区域、路径、边界、标志与节点。
五要素在城市层级中的运用，可以帮助人们形成清晰的方向性、较高的认知度及
鲜明的环境意象，而将五要素有针对性地应用于城市水环境空间的区域层级中，
则可以有效提高城市水环境空间的可识别性[270]。

5.2.4.2 空间氛围融洽可感知

环境心理学认为"具有一定秩序和意义的环境刺激有利于人们花较少的注意
把握较多的信息"[271]。人的知觉具有整体性，知觉可以比眼睛遇见更多的东西。
这就如同音乐，人们往往对于杂乱的音符难以记忆，但是总是轻易记住一段有韵
律的曲调。这就是整体大于部分之和的魅力。同样，城市水环境空间是连续有机
的，人们在其中获得的感知是整体性的，而整体内涵的表现并非空间内一件雕塑
或者一块铺装能够单独做到的，因此构建融洽可感知的整体视觉是城市水环境空
间特色塑造的重要目标。设计师需要依据目标内涵构建形式与功能统一、物质与
精神统一，从而完整、准确地塑造整体的空间氛围，实现情感的有效传递[269,272]。
在意识层面上加强信息的感染力和记忆度，注重对人性的关怀和文化内涵的表述，
通过塑造人性化的视觉氛围，促进与公众的情感互动，并注入具有地域特色的视
觉元素，提高公众的文化认同，进而有效增强城市水环境空间的内涵感染力[269]。

5.2.4.3 空间内涵丰富可读

在语言符号学理论中，符号与意义属于"语义关系"，依靠编码传递机制。意义在传达过程中受到三层干扰，其一是设计者对于设计元素的理解，其二是设计者对设计元素的表达，其三便是公众对于最终设计作品的感受与领悟。经过这三层干扰，内涵的百分之百传递可能仅仅是一种理想目标。城市水环境空间实体所承载的信息是多源且相互关联的。在由此所构成的景观语境中，可视的城市水环境空间如何能被具有不同需求和文化背景的公众读懂，进而被正确理解，是城市水环境空间特色塑造的重要内容。因此，增强空间的可读性是城市水环境空间特色塑造的核心目标之一。可读性要求特色水环境空间中的内涵表达合理、清晰、明确，且拥有较高品质和丰富细节，值得公众细细品读。注重空间形态的意义表达，使所承载的信息能够借助具有特定内涵的视觉符号，运用再现、重构、拼贴、象征、隐喻等意象表现手法进行提炼转换，使之与公众的情感体验及空间的文化属性相协调，从而更易于公众主观意愿上的接受和认同，增强信息的传达效果，唤起公众的情感与共鸣[273]。

5.3 城市水环境空间特色的多层次塑造

5.3.1 资源显化，设计要素的识别与提取

卡尔维诺（Italo Calvino）在《看不见的城市》里写道："城市不会泄露自己的过去，只会把它像手纹一样藏起来，它被写在街巷的角落、窗格的护栏、楼梯的扶手、避雷的天线杆上，每一道印记都是抓挠、锯锉、刻凿、猛击后留下的痕迹。"因此，特色塑造的第一步是梳理现有的地域性资源，把设计过程中所需的各种素材加以搜集、整理、归纳，得到详细的资料进行研究和分析，将有用的信息

消化吸收，将无用、错误的信息剔除，最终汇成一整套规划设计的素材。城市水环境空间的特色塑造需要设计师具有一定的地域性观念和相应的基本素质，设计师的思考必须是系统而全面的，由宏观到微观，只有在深刻理解各地域性素材的起源和发展过程，理解人类文化和自然的互动关系后，才能在实践中诠释和弘扬地域性，资源显化这一过程可以帮助设计师梳理创作思路、丰富设计语言，使其在设计中事半功倍。地域性资源的识别主要从自然、人文、社会、场地四个方面出发，建立一种开放的、多角度的、大范围的思考模式，深入剖析这些构成要素的特点，才能从整体上把握地域的特殊性，另外，城水关系的解析也是资源识别与提取的重要内容[274]。

5.3.1.1　整理自然资源，展现自然地理个性

自然环境不仅是城市水环境空间形成的基础，亦是城市水环境空间设计元素的源泉，主要由地形地貌、气候、动植物、水文、土壤等因素构成。从天然的地域景观中，提取具有地域性的色彩，比如黄土高原的黄色沙土、蒙古高原的碧草蓝天，皆可在城市水环境空间的设计中展现地域性。自然赋予场所的不仅是地理位置的唯一性，不同地区的地形、水文等独特自然特征，也是城市水环境空间特色塑造的基础与素材来源。

1. 地形地貌

各个地区都有属于自己特色的地形地貌，它构成了自然风景的骨架，是自然景观构成中最基本的自然要素之一，也是其他自然构景要素的成景基础。从法国的丘陵景观到意大利的山地景观，从古典主义的典范勒诺特式园林到文艺复兴的珍宝意大利台地园，无论任何尺度，地形都成为地域性的重要表现特征。不同的地形地貌可以影响人的心情，如在高山远眺能使人心情舒畅，在林间漫步能使人悠然惬意，在草原追逐能使人恣意开阔等。针对不同类型的地形地貌特征可制定不同方向的建议性引导，例如山地区域需要在空间设计时顺应地形走势，保留制高点，保护山体植被的生态演进循环；面对平原可打造开敞式空间，塑造辽阔景观；在盆地区域须注意利用良好的小气候种植植被，保护好盆地特殊气候条件下的景观等。

2. 气候

气候差异是形成各地域差别的重要原因之一，它影响植物生长、土壤类型和水文特征等，是理解地域性景观形成机理的重要因素。气候条件通过对光照条件、温度、湿度对动植物生长产生影响，从而表达了整体景观特征，决定人的视觉和触觉感受，在设计中这一影响因素应当充分考虑[275]。例如在广东省湛江市遂溪县的风朗河景观规划中，通过结合遂溪县热带季雨林气候特征，重建热带雨林景观系统，将陆陆与水系之间具有独特水文、土壤和植被特征的生态系统修复完善，促进流域生态系统的正向演替，确保了沿岸林地、滩地、湿地、水系等生态系统的良性循环，提升流域动植物的物种多样性，拓宽滩涂河滨缓冲带。当地还新增了娱乐游憩、农家体验、丛林探险等旅游观光功能，将遂溪风朗河打造成为一个以热带季雨林风貌为特色，融合生态保护、丛林探险、度假休闲为一体的原生态自然风景区。

3. 动植物

动植物是城市水环境空间塑造的重要素材，植物是重要的造景要素，动物是空间生命力的重要体现，具有很强的地域标志性。同棕榈科植物就是亚热带、热带地区的专属植物一样，不同的气候条件影响下生长着具有差异性的植物品种和植物群落。另外，一些已与地域特色融为一体的植物演化成了整个国家或者整个地域的象征，成为人文景观的补充，如樱花之于日本、枫叶之于加拿大等。优秀的设计师应当善于观察和发掘乡土植物之美，并把它们运用到城市水环境空间设计中。如果当地有特别的动物，在元素转换得当的情况下，也能成为优秀的设计素材，与城市使用者产生共鸣。在翠亨国家湿地公园中，设计师通过丰富和扩大红树林品种与种植面积，集中科普展示 10 种具有药用价值的红树林品种，凸显当地丰富的红树林资源。并基于场地的现状条件，创造科学合理的种植分区，展示广东地区的湿地植物，构建丰富的动植物群落，打造鸟类的理想栖息地。特色的城市水环境空间设计展现了翠亨多样而充满生命力的地域特色。

4. 水文

水文区域划分的对象是陆地上的各种水体：包括河流、湖泊、沼泽和冰川。

中国水文的第一级分区是根据水量的指标来划定的，包括丰水带、多水带、平水带、少水带、干涸带。一级区的命名由 3 部分组成，即地理位置、温度和径流带[275]。全国共划分了 11 个水文地区：I 至 VI 区位于东部湿润半湿润季风区，VI 至 IX 区位于西北半干旱、干旱区内，X 至 XI 位于青藏高寒区内。温带地区的径流量由东到西的递减现象非常明显，东北为多水及平水地区，往西到内蒙古地区为少水地区，再向西到西北地区则为干涸地区。位于北亚热带的秦巴大别山地区，具有南北过渡地带的性质。位于亚热带、热带的 3 个地区，径流量的分布与温带的不同，不是从东向西递减，而是从东西两个方向向中间减少[276]。在一级水文区域的基础上，全国共划分为 56 个二级区。划分二级区的主要指标是径流的年内分配和径流动态。每个二级区都有自己特有的、不同于其他二级区的径流年内分配和水情，如长江河源水文区、黄河上游水文区、川东黔北水文区等。水文的特征不仅仅体现了城市的水系肌理，也显示了水体的重要演变规律，是水系利用的重要依据。

5. 土壤

土壤的类型特征往往能决定植物的生长和土地的利用方式，同时也会体现人类耕作、生活的印迹。中国地域辽阔，影响土壤形成的自然条件（如地形、母质、气候、生物等）差异较大，加上受悠久农业历史中人类耕作活动的长期影响，土壤种类繁多，性质和生产特性也各不相同。土壤对于城市水环境空间的影响主要体现在植物和空间元素素材的选择上，例如以土壤的颜色作为表现地域性的特色素材，热带的砖红壤、南亚热带的赤红壤、中亚热带的红壤和黄壤、北亚热带的黄棕壤、暖温带的棕壤和褐土、温带的暗棕壤、寒温带的漂灰土，他们都具有鲜明的颜色特征。

5.3.1.2　梳理人文历史，延续地域文脉

历史文化见证了城市的各个阶段的发展，维系着城市中人们世世代代的情感。对城市历史要素与文脉的重视，有助于城市水环境空间设计重新唤醒人们对于城市历史的记忆，实现新旧城市肌理的交融。

1. 水文化

所谓水文化，即是人类社会历史发展过程中积累起来的关于如何识水、治理水、用水、爱水、赏水的物质和精神财富的总和[277]。在城市水环境空间地域性设计中倡导水文化有助于加强居民对人水关系历史的认知，增强公众的爱水意识。中国有着深厚的水文化基底，中国古代水文化的分布区域广泛且类型多样。依照地理地势而言，中国各地形成了五种典型的水文化，其一是集中在黄河中游地区（河南、陕西、山西）的黄河水文化；其二是集中在长江水系的荆楚潇湘文化；其三是集中在钱塘江上游、中游及太湖流域，以苏州、杭州为代表的吴越水文化；其四是集中在长江中下游的运河文化；其五是集中在长江三峡和岷江流域的川江岷江文化。另外，还分布有一些相对次要的"水文化"，如北运河文化、桂林漓江文化、岭南珠江文化、昆明滇池文化、济南泉文化等[277]。此外，中国古代的海洋文化虽然没有江河文化那么发达，但也分布广泛且各具特色，主要为山海关外的碣石文化、蓬莱威海及崂山海洋文化、南方沿海观潮文化和妈祖文化等。需要注意的是，水文化本身就是一种地域文化，水的延绵、包容、交融和通达为设计师提供了丰富的背景资料和设计元素[278]。例如在位于江苏省中部的扬州仪征市，是长江下游北岸唯一自建城以来就滨江而建的城市。仪征自唐开始建制、修筑城池，自古便是盐运、漕运中转枢纽；到宋时，单是粮食的年运输量就占全国漕运总量的四分之三，超过当时的苏州、南京和扬州，享有"真州转运半天下"之美誉。水运文化在仪征有着不可撼动的重要地位和深刻影响,着重把握仪征的水运文化，将复兴"枕江襟淮真州城"、重振"风物淮南第一州"作为城市水环境空间地域性建设的愿景是塑造仪征特色的重要途径。

2. 历史建筑物

历史建筑物是文化的产物。它包括法定的各级文物保护单位、虽未定级但却有价值的古建筑、纪念建筑物、民居、建筑遗址以及反映城市发展阶段的代表性建筑物、构筑物等。历史建筑物往往代表着一个地区某个历史阶段的发展现状，具有鲜明的地域特色和历史特点，例如西北朴实敦厚的窑洞建筑，云南南部傣族装饰富丽的佛寺，藏族天井式木结构的碉房，蒙古族的圆形毡包（蒙古包）；马头墙是赣派、徽派建筑的标志；以硬山灰瓦、青砖、卷棚顶为显著特点的老北京四合院是北京国民居所的典型代表等。建筑作为地域文化表达的载体，是社会物质文明和精神文明的象征，反映城市特色，承载不同的地域文化，被作为见证社会文明进步的文化标志，并被保存下来。深入了解一个城市地域建筑的细节，不仅有益于了解当地文化特征，也能更好地作为设计素材运用于城市水环境空间设计，增强地域性。

3. 民俗风情

民俗风情具有社会性、稳定性和传播性的特点，它体现在居住、服饰、饮食、生产、交通、家庭、村落、社会结构、职业、岁时、婚丧嫁娶、宗教信仰、禁忌、道德礼仪、口头文学、心理特征和审美情趣等方面[249]。每个民族和地区经过若干年的演化，总会形成一些特有的传统风俗习惯。这些习惯以一种相对稳定的形式出现，具有社会性、集体性和地域性特征，如中国几千年来一直流传至今的端午节赛龙舟、元宵节舞龙灯、农历八月十五的中秋节赏月和傣族泼水节等。这些传统的地方节日仪式、宗教习俗、歌舞戏曲、集市活动等，很大程度上为当地和当地民族做了标记，并成为具有代表性的地域性表征形式。城市水环境空间内涵应当反映当地人的日常生活，通过对地域日常生活的挖掘和提炼，寻找地域性的表达方式，塑造生活化场景，引发民众共鸣。

4. 材料工艺

地方材料的质地、肌理、色彩甚至气息往往能成为当地居民记忆和情感的深层内容。在许多优秀的设计作品中，不难找到设计师对地方材料甚至废弃材料的偏爱与利用。在城市水环境空间中的护岸、步行道、栏杆、座椅、指示牌、景观小品等的设计中也可以尽量就地取材，运用乡土材料。设计师需要尽可能把握材料的物理特征及外显情感特征，注重选择可循环再生的材料，充分发掘和改造地方材料，多层次地利用，强调技术和材料与地区自然条件、文化传统以及经济发展状态的协调，强调以地区社会的现实状况和需求为出发点，选择"适宜技术"，深刻地挖掘材料的历史文化内涵，进而创造性地使用材料，以新的面貌，特色生动地展现文化活化传承[279]。

5.3.1.3 归纳城市发展背景，明晰空间建设需求

地域特征的含义是广泛的，它包括某一地域的社会、政治和经济。在一定的地域范围内社会的发展和民众的生活都转化为独有的地域特征表现出米，而城市的经济水平、功能定位、总体规划、整体风貌、城市肌理等都是地域内城市水环境空间设计的重要影响因素[280]。优秀的城市水环境空间设计能够在综合当地资源条件的基础上，反映城市发展特征，满足社会和民众的需求，并引导社会风向，促进社会和谐，体现出高度的社会责任感[281]。

例如位于苏州工业园区中心地段的金鸡湖，其建设没有照搬苏州老城区的私家园林格局，而是从苏州的现代化城市特征出发，考虑居民的工作、生活、娱乐等实际需求，结合金鸡湖本身的旅游、商贸功能进行建设。设计团队将其定位为工业园区的客厅和居民的公共活动空间，并在后续的建设中将其发展成了对外免费开放的国家 5A 级景区，并获得"2018 中国品牌旅游景 TOP20"的殊荣，充分体现了城市水环境空间的时代性。

5.3.1.4 解析城水空间关系，导控城市水环境空间格局

1. 城市水系结构

水系结构不同，形成的城市空间格局也不同，了解各城市水系结构的空间肌理特征和城市水环境空间组合模式，有助于城市水环境空间与城市空间的衔接。例如苏州古代的城市水系是纵横交错的水网结构，狭窄的水道与粉墙黛瓦的临水街市构成了具有江南水乡风格的城市整体意象。"七溪流水皆通海，十里青山半入城"①的常熟，城市不大却因七条河道形成"琴城"格局，气势浩大[282]。以"桂林山水甲天下"闻名的桂林市，其因"两江四湖"的水系结构形成了"一环两轴九峰一中心"的城市格局。由此可见，每个城市都有自己的独特水系结构，它与城市空间及各式各样的联系和渗透构成了统一完整的城市格局。

---

① 明代诗人沈玄的《过海虞》，其中"琴川""海虞"都是常熟的古称或别称。

2. 城市水环境空间类型

根据城市板块与水体的相对关系，城市水环境空间类型一般有三种：一是沿水型，陆地与水面的边界呈带状展开，例如纽约炮台公园区、三亚亚龙湾地区等；二是城市板块包围水面或者接近包围水面，陆地与水面的边界大致呈环状，例如巴尔的摩内港区、北京什刹海地区等；三是大量水道呈网状相互交错、城市板块被切割成若干块、陆地与水面的边界呈网状分布，例如苏州老城、威尼斯水城等。

自然水系结构不同促使城市水环境空间用地的独特性，而用地的差异也造成了空间格局的差异[246]。即便是相同类型的城市水环境空间，在不同的城市格局作用下，其用地仍然形成不同特色。例如成都市和都江堰市同为沿江城市，成都市内主要流经的河流为府河和南河，形成"两江抱城"空间格局，城市的格局为同心圆放射状，板块面积与河流面积之比相较都江堰而言大得多，因此成都的城市水环境空间用地范围较广，可以塑造例如活水公园、望江楼公园等公共开放空间，沿河群体建筑组合方式也较自由。而都江堰核心区自然水系呈现"扇骨状"结构，形成了"以河为脉，顺水发展"的城市空间格局，因此城市的板块以"楔形"与自然水体相咬合连接。由于扇形的空间格局，在都江堰核心区内，河流两两相间的楔形城市板块面积较小，所形成的沿水型城市水环境空间用地也较为狭窄[246]。

3. 城市水环境空间尺度

根据城市河道的宽度，城市水环境空间可分为三种尺度：一是河道较宽，水面起到隔离的作用，两岸基本没有视觉联系，由于防洪、水运等，一般会修建硬质护堤，河岸亲水性差，但如果陆地被水面包围，则私密性较强；二是河道宽度适中，水面中等尺度，水域两岸之间有一定视觉联系，水面的隔离作用不明显，可以修建一定的亲水设施；三是河道宽度较小，人在水域两边可以进行一定的交流活动，可以修建较为丰富的亲水设施，让水面成为两岸间的联系纽带[246]。

4. 城市水环境空间功能类型

合理分析水环境空间的功能类型，满足周边环境乃至城市的需求，是城市水环境空间塑造必须考虑的内容。根据用地现状及规划，可大致将城市水环境空间功能分为五种类型：其一是与城市的中心区相连，此处的城市水环境空间往往是多重功能混合的地区，公共性相对较强；其二是以旅游休憩功能为主；其三是与城市中旧工业、仓储、码头区域相连接，随着城市产业"退二进三"工作地不断深入，该区域往往处于改造和再开发阶段；其四是与居住区相连；其五是以生态保育功能为主，此类型的城市水环境空间多处于城市的边缘空间或是不同组团间的隔离绿带[246]。

5. 城市水环境空间的组织模式

不同地域的城市在与自然环境的互动中，形成了基于不同空间要素排列秩序的城水关系基因[260]。水网密布的太湖流域，水位相对恒定，水乡聚落主要以河、街、宅等元素，形成密切的组合序列，水系网络与街道网络相结合，具有生产生活、农业灌溉、物流运输、公共活动等多种功能；地势高低起伏、土地资源稀缺的武陵山区聚落主要以溪、田、宅、山等元素形成组合序列，常通过干栏式建筑的架空来适应坡度变化，水系主要承担有农田灌溉和物流运输的功能；雄安新区所处的华北平原淀区受大小水面的共同影响，以淀、河、坡、台、宅等元素形成组合序列，常通过蓄、疏、固、垫、架等方式对地形进行改造利用，以此来满足防洪需求。各城的城水关系基因所展现的城市水环境空间组织的模式来自当地人民的经验，甚至成为当地的文化标识。城水关系基因识别提取与解析可为后期城市水环境空间的组织打下理论基础[260]，城市水环境空间建设需要根据现实情况延续当地城水空间组合模式，如果只是盲目套用，就可能埋下自然生态破坏、地域文化混淆和城市安全隐患。

5.3.1.5 建设场地现状分析

场地是有生命的，没有一无是处的场地，分析场地的现状条件是城市水环境空间设计与建设的必要前提，设计师不仅需要梳理现有的物质现状，更需要理解场地的动态变化过程以及变化方式，以具有预知能力的眼光去观察场地，并运用于未来的改造之中。

1. 物质要素的改造与利用

城市水环境空间特色塑造倡导运用场地内特有的自然环境要素来塑造空间，

利用地形、树木创造丰富的自然空间，一是对要素的再利用与再组织，以形成符合新的使用需求的空间；二是尽可能提炼展现地域性的自然要素，因地制宜改造场地，把握现有资源满足现实需求。

1）地形地貌

地形是场地存在的基底，在《现代风景园林设计要素》中，地形被分为五大类：平地、凹地、山脊、盆地、山谷。对地形的合理利用往往能够成为场地最具特点的地域表达，无论是高低起伏还是平坦辽阔，设计所遵循的原则是依照原有地形变化来满足使用以及审美上的需求，在尽可能少动用土方的基础上实现空间的构筑、功能的策划、交通的组织[275]。在地形设计中，若原地形中有过陡或大量地表侵蚀现象发生的地段，也应当改造成良好的地表自然排水类型[275]。例如美国加州奥克兰 Union Point 滨水公园就将沿街道边缘的土方改造成了一系列的小山丘，让人们免受交通噪声和大风的影响。小山丘的顶端由桥梁连接，人们可以在此散步或是骑车漫游，欣赏城市风景。再例如在章丘水系景观规划设计中，设计团队对小东山湿地公园场地中的喀斯特地貌做了最大限度的保留，形成了独特的地表径流式喀斯特地貌景观，利用溪流跌水，增强爆氧，并栽种水生植物，使水体自净能力增强，使下渗补泉的水更加洁净。

2）水体

在城市水环境空间中，水是空间塑造的重点，特色塑造中亦需要强调对现有水体的改善与利用，达到节水、净水、以水造景的目的[275]。首先，水流特性（包括水体的宽度、水流的速度、水流的季节性等要素）和水的状态（静态、动态）对城市水环境空间的建设有很大的影响。河道的宽度对水岸的群体建筑有很大影响。如果河道较宽则两岸的建筑群较为疏离，相互联系较为微弱，例如上海黄浦江的江面很宽，两岸的建筑群布局和空间自成体系，仅在视觉上起到相互映衬的关系；而若河道较窄，两岸的建筑群相互联系较紧密，互相影响制约，围合感强烈，例如苏州的水巷，河道很窄，两岸的建筑群近在咫尺，从建筑形式到尺度，再到空间节点都协调和统一[283]。水流的速度对城市水环境空间也有影响。如果水流较缓，水性以柔为主，则城市水环境空间的安全性较高，临水建筑的外部空间中可以塑造更多的亲水空间，亲水活动以直接与水接触的活动为主；如若水流较急，则基于防洪和安全性的考虑，更多以观和听等行为来满足亲水的需求，这对于城市水环境空间与建筑群的形式、功能就有所影响。例如在江南古镇西塘和四川都江堰的内江沿岸都有一种叫"廊棚"的建筑形式，不同的是，西塘由于水流平缓[283]，人们可以随意地亲近水面而无须防护设施，此处的廊棚主要用于遮阳挡雨；而都江堰内江沿岸则江水湍急迅猛，廊棚内设置了宽 5m 左右的防护廊，让人驻足观景和休憩。当然，水流的季节性也是水流特性的因素之一，如枯水期和丰水期的河道对两岸景观空间也有很大影响[282]。此外，水的想象力和形态、水的静感和动感、水的色彩和力量等都会给人不同的心理感受，静水包括湖、池、塘、潭、沼等形态，给人以宁静、稳定、平和之感；动态的水常见的形态有河、湾、溪、渠、涧、瀑布、喷泉、涌泉、壁泉等，表现形式较多，有可给人温馨惬意之感的，如小溪流水，有使人心情愉悦的，如喷泉水幕等，更有使人的感情跌宕起伏的，如漩涡、激流、瀑布等。综上所述，水体是特色塑造的重要内容。以甘州区的北郊湿地公园为例，在前期勘测后，设计师掌握了场地内资源情况，在现有退化湿地的基础上进行修复，重建具有内陆河流域特色的盐沼湿地，扩大了湿地公园的动植物栖息地，并完善管护设施等基础建设，注重科普与管理能力建设，适度开展生态旅游活动，如湿地科普和观鸟活动[284]。

3）生物

空间中的生物主要包括了植物、动物、微生物。植被包括乔木、灌木、攀缘植物、花卉、草坪地被、水生植物，它们构成了动物的生存空间，为动物提供栖息繁衍的场所，起着调节水体、平衡阳光、清洁空气的作用。在空间塑造中，植物本身的形态、色彩、芳香、习性等都是重要的表现方面。空间中的动物资源主要是指水体中栖息的各类昆虫、鱼、虾等，以及各种鸟类和野生哺乳动物等。在生态环境不断恶化的今天，动物资源尤为珍贵。空间往往只是很多动物某个季节迁徙途中暂时停留的地方，它们的存在既证明了空间生态环境的和谐，又为空间之中人与自然的互动共存创造了条件。保护城市水环境空间中原有生物，利用它们的属性创造良好的生存条件，不仅有利于城市水环境空间的可持续发展，更能展现空间的生态特色。

2. 非物质要素的遵循与传承

1）理解城市水环境空间生长过程

城市水环境空间设计与改造需要针对不同问题分阶段建设解决。城市水环境空间处于动态变化中，人文的要素变化往往无法短时间显现，自然要素的变化就更为复杂，气候、土壤、动植物、水文的变化可能会显示出最初被设计师所忽略的、潜伏在空间内的优势资源或劣势资源。因此，这种对于空间的解读不仅体现在设计的前期阶段，而是通过完善的工作程序突破限制，贯穿设计与建设实施的全过程。

2）挖掘城市水环境空间生活根基

城市容纳着无数个体的日常生活，包含着居民的生活方式、民俗文化、对家庭和社区的情感、人与人的友爱。这些构建成为我们的精神寄托，是我们被认同与自我认同的重要来源。地域特征除了物质化的、直观的要素表现之外，通过生活行为的内在的、非景观化的形式表达更能体现城市水环境空间的本质[275]。城市水环境空间留存着珍贵的生活印迹，它们与设计师不可分割。居民可以帮助设计师了解需要关注的问题、社会的文脉与价值观，甚至帮助设计师去发现原本忽略的状况。在巴黎高迈耶公园的建设过程中，通过共同听证会、问卷调查、电话采访、组织展览等形式，居民从最初的立项就参与项目，了解整体进程，并提出至关重要的建议，帮助设计师预知未来城市水环境空间正确和合理的使用方式。毕竟公众是城市水环境空间的使用者。

5.3.1.6　城市水环境空间设计元素提炼

场地现状的内容庞杂，组成要素多种多样，但是并不是所有的素材在城市水环境空间的建设中都具有表述的价值和意义。这就要求在对地域特色元素的选择时既要展现文化丰富性，又要有条理性。因此，在充分认知地域与城市水环境空间的自然条件与人文条件后，需要提炼具有地域特色的空间设计要素，并以此作为构建城市水环境特色空间的基础[275]。

1. 符合场所生态位要求

"重复别人，便失去自己存在的价值。"按格乌斯"生态位"现象原理解释，一个物种只有一个生态位，如果这个生态位和别的生态位不发生重叠，即没有竞争对手，则形成原始生态位或竞争前生态位或虚生态位。同样，表现在城市水环境空间塑造可理解为个性化、特色化、唯一性。基于现状条件，寻找城市形态的整体性记忆，筛选符合场所生态的个性元素是城市水环境空间特色塑造的必然要求，也是城市水环境空间风貌总体定位的主要依据。主要有两种方法，第一种是对城市或地区其他公共空间进行调查，了解其他公共空间已经应用的地域文化元素，选择尚未应用的元素，或者挖掘更深层次的文化元素。第二种是地域文化创新，这并不是抛弃原有的文化去创造新的文化类型，而是结合继承与创新，将地域文化的内涵和外延放在现实背景中，依据时代发展的需要，结合社会、经济、技术等条件的变化，对其进行合理扩展与突破，以适应当代社会的价值观和审美观，只有这样才能真正使地域文化获得新生[285, 286]。

2. 符合真实性要求

地域特色要素的选择，其核心在于反映特色的真实性，在城市水环境空间中应按照真实的地域特色来表达。当然，地域特色的真实性既包括反映时代观念与审美的真实，又包括反映历史、地域民俗风情的真实。尊重城市水环境空间中地域特色表达的真实性，不只是简单地尊重空间的地形地貌等自然条件，而是要将当地人们的生活方式、价值观和空间精神等真实地反映并表达出来。

3. 符合时代性要求

地域特色的形成是一个漫长的过程，是地形、气候、民俗、文化、经济、技术等的共同产物，它会随着时代的发展、技术的更新而相应地进行动态变化。人们在今天所创造的文明成果也会在历史长河中累积沉淀并延续[287]。对于地域特色的选择，要以发展的观点看待，不能只是简单地复制那些历史传统，而应体现对新地域特色的追求。

4. 符合整体性要求

地域性特色由自然环境因素、人文环境因素和社会环境要素三个方面共同作用而呈现出来。在这些构成要素中，不论是自然环境要素、人文环境要素还是社会环境要素，都是整体的一部分，它们按照某种规律组合在一起，构成整体。因此，应考虑这些构成要素的整体性。每个构成要素只有通过自身与周围构成要素共同作用才能有所体现，我们不能把地域文化这一整体中的某一构成要素单独提取出来，使其脱离原有环境孤立地运用在城市水环境空间发展建设中。

5. 符合主次结合要求

城市水环境空间中应对典型的、突出的地域文化进行重点表达和展示，强化其要素的地域特色；而对于一般的、次要的地域文化，则进行适当表现。选择性地展示地域文化，从而着力地突出最具特色的要素，主次分明、重点突出、取其精华、去其糟粕。

综上，一个地区地域特色的组成要素往往是多样而又复杂的，且有主次和强弱，并不是所有的文化要素都具有表述的意义和价值。在进行文化元素的提炼时，首先需要依据以上原则筛选，并在后期明确城市水环境空间的功能、服务对象等，最终选择区域中最主要、最本质、对服务对象最具吸引力、最能够得到认同的元素作为主要空间元素。

5.3.2 风格具化，空间特色的整体性研究

人的知觉具有整体性。格式塔心理学（gestalt psychology）证明：我们感受到的不是整体中的孤立部分，而是各部分密切联系展现的整体。在城市水环境空间中，观者通过移动体验，可以感受到个别空间要素或空间单元以外的某种气氛、意境、风格、立意。这就是直觉的整体性作用，它不存在于任何单独的三维立体空间的元素之中，它的形成在于集结的空间整体，无论是在城市空间层面还是城市水环境空间自身层面，城市水环境空间特色的塑造都应有相对统一的格调，从主题定位到空间组织，再到背景统一，注重整体把控意境。宏观把控是城市水环境空间特色塑造成功与否的重点。

5.3.2.1　城市层面的城市水环境空间特色规划

城市层面的城市水环境空间特色规划是指在一定时空范围内，对某城市（城区、地段）已经形成和拟将形成的空间特色做出选择和确认。其目的和意义在于建构良好的城市水环境空间特色结构，指导特色的保护和再创造，保障城市水环境空间特色的整体性[288]。城市水环境空间特色的规划不仅是区域内城市水环境空间设计的基础，也是对城市理念形象的提炼和升华，例如上海外滩的豪华气派、苏州河畔的脉脉风情、珠江河畔的灵动旖旎、黄河古道的豪迈沧桑等。就项目论项目的做法丧失了时空整体性意识，只有从城市层面出发，以地域特色为核心，系统性研究分析城市的自然景观和人文景观的审美特征，综合上位规划，关注城市水资源环境基础，结合城市空间形态[254]，整合功能，建构审美特征各异的特色格网，才能在格网中寻找空间特色的准确定位[288]，使得城市水环境空间建设适应现代城市要求，发挥环境效益和社会效益。

1. 以水资源环境为基础

城市水环境空间塑造必然是基于水资源而存在的。水体的功能在一定程度上影响着城市水环境空间各分段的主题规划，常见的功能有水利、运输、旅游娱乐、生态保护等，在对城市水环境空间主题进行规划时需考量水体原有功能，并在后期的设计中利用这些原有功能的特色，塑造具备个性的空间，例如桂林"两江四湖"环城水系改造便是在贯通城市水系的基础上，保证水资源的生态自净与截污能力，为其空间风貌的打造提供了必要的环境保障[254]。再例如在具有运输功能的城市水环境空间中往往拥有如港口或港站等运输基地，而这些展现水运特征的构筑物是区别于其他功能空间的显著标识，在城市水环境空间的特色规划中予以深入考虑。

2. 呼应城市空间形态

"一个特定的城市或聚落空间形态是当地各个空间因素通过结构关系形成整体的形式与意义"[250]。城市水环境空间是城市空间中自然环境和人工环境唇齿相依的部分，研究城市水环境空间的主题定位必须明确城市发展格局，并以整个城市现有结构为基础，把城市水环境空间作为整个城市公共空间系统的子系统进行规划设计。其一，了解社会群体及由于政治经济结构而产生的社会分层现象和社区地理分布特征构成的社会空间形态，以湖北省武汉市为例，武昌、汉口和汉阳三个区域虽然同隶属武汉，但是三者却有着明显区别，武昌的高校众多，拥有着浓厚的书卷气息；汉口是武汉的政治经济商贸中心；汉阳则是传统的重工业基地。其二，明确城市总体空间布局的形式及大的环境关系，例如南京以"踞龙蟠虎踞之雄，依负山带江之胜"的形态特征形成了气度不凡的景观格局[250]。充分分析原有空间结构的特点，采用继承、调整、再生结合的设计方法呼应城市空间形态，确保连续性。

3. 结合城市个性形象

城市水环境空间的形象对城市整体形象有着深刻影响，反之城市整体形象亦具有指导空间形象塑造的作用，两者之间是相互作用的矛盾统一体。城市水环境空间特色规划需要将城市水环境空间的环境形象与城市整体形象关联，在总体、全面分析城市形象定位的基础上进行，前提是城市形象必须体现地域性和特色性，因此在确定过程中必然对差异化做基本要求，提炼城市个性特征和代表城市文化内涵的形象特色，同时也要有别于其他城市的水环境空间主题。通过研究城市水环境空间的形态特征和功能活动形象来确定空间主题[254]。

4. 延续城市风貌特色

城市水环境空间有着延续历史文化且不可多得的自然优势。在空间塑造上要实现城市空间结构的优化就必须将有形的城市水环境空间与无形的文化特色在时间序列上传承与发展。通过对周边历史街区、文化遗址、历史建筑的深入分析，提取色彩、高度、界面、视线、街道等城市设计元素作为城市水环境空间主题定位的文化依据，加以延展，并与城市主题文化相融合[254]。

例如仪征市的水环境规划就综合体现了以上要求。规划设计以仪征源远流长的水运历史和丰富的人文底蕴为基础，结合"双环绕城，四脉通江"的城市骨架，将仪征的城市水环境空间定位为南京都市圈的重要旅游目的地、仪征历史文化展示的重要平台、仪征市民重要的游憩公共空间，将复兴"枕江襟淮真州城"、重振

图 5-1 仪征"一环多带"水环境空间结构

"风物淮南第一州"作为城市水环境空间建设的愿景，凸显出一环多带景观结构（图 5-1），并以此结构结合各段河流的资源现状，分别给予"一环"和"多带"定位。其中将真州水环设定为展现悠久水城历史文化的活力水环，拟定胥浦河的空间主题为展现乡村风情美景，石桥河则以东门桃坞为主展现一条唯美浪漫的桃花胜境，将红旗河定位为体现都市健康文化的运动水廊，而将滨江风光带定位为城市主要界面。

5.3.2.2　确定空间功能主题定位

城市水环境空间在城市中属于次生环境，被人工干涉的程度应当依据不同的功能需求和审美要求进行不同强调。每一个城市水环境空间都具有特定的性质和内容，都担负着一定的角色。功能侧重点和主题内容不同，自然选择和表达的地域文化类型和层次也不同。有凸显生态文明的湿地，也有展现历史文脉的遗址公园；有壮阔大气的上海外滩，自然也有意蕴荡漾的南京秦淮河。对城市水环境空间设计前要做到"意在笔先"，即设计与建设前就应根据场地现有的情况规划构思，确定规模、功能、主题及定位，确定所需要展现的风貌，所想要表达的文化及精神，以及期望效果等，建造具有创造力、想象力、健康生态的复合型城市水环境空间。一方面，深刻理解城市水环境空间场地的自然面貌、水与地的格局、植物和进一步拓植的可能性、城市水环境空间与周边居所社区的关系、朝向、气温、主导风向等，尽可能合理地利用地形地貌的特征进行设计，顺应场地层面的客观规律，挖掘场地潜力，凸显场地独特性。另一方面，综合考虑城市水环境空间及其所在城市的社会、文化、经济、历史等背景，遵循城市水环境空间的总体定位[4]。例如盐城的盐龙体育公园就是在综合考虑当地经济发展现状、城市发展需求、场地现状条件及周边用地规划后，满足城市居民对体育健身、文化以及休闲娱乐的需求，填补地区内没有大型体育健身休闲主题公园的空缺而建设的。最终场地被定位为以 "水孕森林，运动康体" 为主题的大型体育健身休闲公园，将运动休闲融于独特的城市水环境空间，建造尺度宜人、环境优美、功能完善，为盐城居民服务的公益性公共空间。

另外，对于较大型的城市水环境空间改造建设，分阶段进行尤其重要，这里不仅仅考虑资金的分配等决策问题，还要在每一个阶段建设之后，对市民的满意程度进行调查。市民的反馈意见有助于对空间改造的下一个阶段进行调整。市民是空间改造的直接受益者，他们最有发言权，他们可以帮助设计师在下一个阶段及时调整，从而更完善地改造空间。同时做好政府和社会各层面的沟通工作，认真听取居民、设计师、开发商等各阶层的意见，及时总结修正、积极反馈。城市居民在空间改造实施过程中的及时参与是防止最初构想偏离轨道的重要途径[275]。

5.3.2.3　组织平面空间序列

空间是地域特色塑造的主体，格式塔心理学告诉我们，整体决定部分的价值，就如人们难以记住零散的音符，但能够相对轻松地记住一段有韵律的曲调一样[274]，城市水环境空间形象是通过人们对各子空间的感知、比较、联想，最终形成的整体印象，这种印象通过知觉抽象后产生高于单一景观空间的感性认识。因此，具有整体秩序性的城市水环境空间相较于组织杂乱无序的城市水环境空间更容易被感知，更易引发共鸣[289]。把握部分及部分之间的组织结构关系，理解和分析整体及 "整体大于部分" 中大于部分的价值，组织稳中有变、变中有优的动态平衡的城市水环境空间序列，是提升城市水环境空间特色表达完整度的重要基础。

1. 水环境空间常见序列形式

"空间序列是指不同空间的组合效果，它产生于人在运动过程中对不同空间的体验，讲述的是各空间在时空上的关联，以及人在空间内活动所体验到的精神状态"，这是中国建筑学会对空间序列的定义[289]。如图 5-2 所示，空间序列就是不同景观空间的组合效果，是景观空间在时空上的变化所引发的知觉形象和人的心理反应，讲述的是一种先后呈现的动态秩序关系，实质是通过若干空间彼此有机联系、前后连续，构成形式随着功能要求而变化，既具有统一性又具有多样性的空间环境。

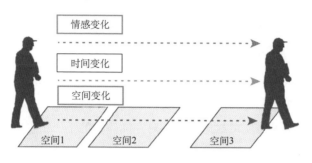

图 5-2　人在运动中的空间、时间、情感变化[290]

　　如表 5-1 所示，城市水环境空间序列有三种常见组合形式，在线性开敞的城市水环境空间中，节点多依次排列在线性轴上，方向性较为明确，但也易给人单一乏味的感受；向心围合的城市水环境空间具有内向凝聚力，多以水体为中心主体，景物围绕着中心依次展开，空间较为整合，游览视线集中；自由枝状的城市水环境空间有着明确的主轴和多条次轴，节点树枝状分布，道路是其空间连接的重要介质，但要注意避免让人在行进过程中频繁选择，给人带来焦虑，以及过多线路给人带来的繁杂化空间选择。

表 5-1　城市水环境空间序列类型

类型	图示	案例
线性开敞 （串联状）		溧水区金毕河水环境综合整治工程规划设计
向心围合 （闭合环状）		扬州市东南片区中央公园

续表

类型	图示	案例
自由枝状 （辐射状）		 洋湖湿地景区水环境生态修复与水质改善综合整治工程

2. 城市水环境空间连续性与导向性组织

当人们由一个空间进入另一个空间的时候，由于差异性，人们的心理感受可能也会产生变化。这种变化如果太大，就会影响到人们的感受。因此，在城市水环境空间规划组织中，要注重空间的连续性和导向性，在进行空间组织时，要保证水环境空间序列中要素的连续性。

1）主题线索的引导

"可视、可达、可读、可游"是城市水环境空间特色感知与体验的重要内容，根据心理学的角色理论，人们在游览时会扮演某种角色，明确的空间线索不仅能够在空间变化中保持游人"游"时的体力和热情，还能赋予空间以节奏，调动游人的兴趣，让游人在空间中自然地体会文化表达的秩序和变化，并产生相应的情感波动，更深入地"品读"城市水环境空间。空间叙事是城市水环境空间序列中意境感知组织的一种形式，叙事主题可以黏合空间，可以赋予空间故事性、探索性[290]。以不同的空间作为起点，预示故事的发展、高潮和其他段落，通过景观要素和时间进度的相互作用展现出每一个空间的特点和连接[291]，使得城市水环境空间的游览同读书、听曲一般产生情感起伏的节奏和情节。而表现型空间序列则是相对静止的空间序列通过有形的建筑、无形的文化，融入于空间中重新布局，保留传统、纳入新元素，共同表现统一主题，并令城市水环境空间成为与其他空间有差异的独特气质空间，展现其蕴含的特色韵味。例如在洛阳洛河水系规划中，设计团队以洛神文化为基础，将全段分为启程（从城市出发，走向自然）、相遇（人与自然相遇）、欢宴（爱上洛河，人与自然的欢宴）、惜别（回归自然的环境）四个部分，将洛水拟人化，分别讲述人与洛河相遇、相知到相别的过程，打造出帝都广场、洛神公园、洛戏清流、运河广场、瀍壑朱樱、河洛南市、洛浦烟柳、城东桃李八大景点，凸显洛阳地域风貌和洛水文化。

2）交通流线的引导

道路是空间序列的骨架，具有明显的空间导向性。在城市水环境空间的空间序列中，人们体验空间中一条或多条线路时所产生的感受不尽相同，因而对道路的设计就产生了一定要求。

（1）清晰的方向性和尺度感。凯文·林奇在《城市意向》中提到：道路不但应该具有可识别性和连续性，还应该有方向性[271]。道路如果有太多的连续变化，会严重地干扰人们的大脑意识，最终使道路的主要方向模糊甚至逆转。通常直线的方向是最清楚，但是如果有几个明确的路径，例如路线转弯只转动90度，可以清晰地看到路线方向；或有很多小角度偏转或基本保持不变，这样也可以形成一个清晰的路径方向。在沿线适当的位置通过一些可度量的方法对周围的景观产生尺度感。比较具体的方法就是在线路上标注可识别点，通常这个可识别点会成为路标，其他的位置通过其参照，在它"前"或"后"，再多设置几个明确的识别点，便能够有助于提高位置的精确度。

（2）在运动中的形象感知。城市水环境空间道路中有明显的动态特征的运动感受，诸如转弯、上下坡等，都会给观察者留下比较深刻的印象。在这种动态的感知过程中，视觉通常占据了主导地位。因此，在城市水环境空间线路或目的地的设置中，任何形象的展现都能够产生路线的存在感，诸如一座大桥、广场、沿路高耸的标志物，或是远处终点的轮廓线，都会令其印象加强。

（3）个性化的标志空间。体现景观的特色是指在道路的设计和布置上具备一定的观赏价值，形成印象深刻的标志空间，给予行人观景便利。巴黎市的塞纳河仅在市区内穿行 20km 左右，却因滨水道路加持，改善了沿河地带的投资环境。塞纳河长度有限，但其附近著名的景观就有几十处，可谓五步一景，十步必"停"，成了名副其实的"旅游长堤"。滨水道路的建成，抬升沿岸及临近腹地的土地价值，推动了整个沿岸地区的功能开发，发挥以线带面的作用[4]。

（4）开辟水上交通。开发水上旅游、水上运动基地、海洋生物基地等，丰富岸际线形式，实现游船随到随停。这不仅可以解除人们长期滨水漫步的疲劳感，还能让游人以另一种视角感受城市水环境空间。水上交通与道路交通相结合，可以加强水体与城市水环境空间的联系，使游人可以最大限度地接近水面，满足城市居民的亲水需求，并使他们沉浸其中感受魅力。

3）竖向空间的引导

竖向空间元素可以是乔灌木、列柱、矮墙，甚至是可移动的，如垂帘、家具等。只要这些元素可以在视知觉中依据一定的连续性原则组合起来，在人的知觉中形成一定导向性的心理界面，那么就同样可以起到引导人流、组织空间序列关系的作用。

4）三维空间的引导

除了在水平面和垂直面上进行空间引导，有时候还需要跨层次地组织空间序列中的三维空间关系。例如，在上下层次的空间中，多用特殊形式的楼梯、踏板等引导人流至不同标高的空间。只有巧妙地处理好不同空间之间的引导和暗示，才能让游人在层层空间中流畅体验。这样高低不同的空间序列关系才能组合成一个协调的统一体，避免上下空间出现序列停顿和生硬衔接。

3. 城市水环境空间序列的知觉焦点设置

一个较为复杂的空间序列，无论是线性开敞型、向心围合型还是自由枝状型，都需要像乐曲一样起、伏、抑、扬，有韵律感，使得人们在其中可以感受到收放、延续、烘托、对比等乐趣。其中，城市水环境空间序列的高潮节点是整个序列组织的点睛之笔，对高潮节点应该进行重点设计。视知觉焦点设置对空间序列的整体影响很大，如表 5-2 所示，通常将焦点分为单一焦点和多个焦点，其中分层次

表 5-2　视知觉焦点在城市水环境空间序列中的设置图示

的多个焦点空间序列排列方式适合大型的城市水环境空间。这种分层次的多个焦点排布不仅可以使重点空间清晰，而且使各节点空间主次顺序也有了更多的节奏和变化。

5.3.2.4 组织亲水空间

1. 岸线的平面组织

水本无形，因岸成之。差异化的岸线建构可以丰富水的平面形态，塑造别样的城市水环境空间，岸线的平面类型包括平直式、折线式、曲线式三种（表5-3），但是在具体构建时，需要综合考虑游人的亲水活动、功能需求等因素，既要重视差异化形态岸线所能带来的心理变化、避免岸线类型过于机械，也要保障安全性与防洪需要[292]。

表5-3 水环境空间中岸线的平面类型

岸线的平面类型	特性	图示
平直式	平直式的岸线形态简洁恬静，有着释然的空间感，但容易伴随僵硬古板的空间反馈	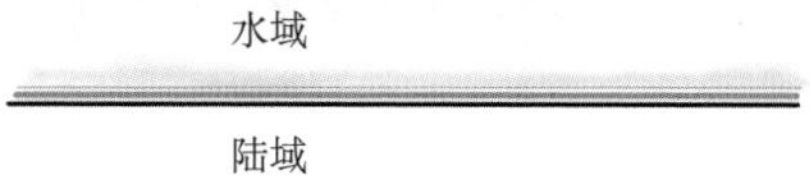
折线式	折线式的岸线形态增加了临水空间的亲水面积，并具备一定节奏韵律感，内凹处汇聚小型空间，可以根据功能设置节点，例如临水建筑、水上运动场所、泊船码头等	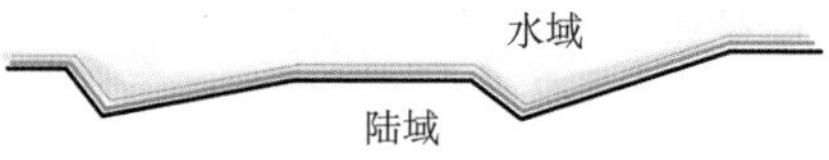 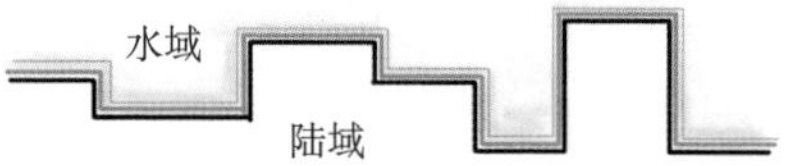
曲线式	曲线式的岸线形态与水体自然形态相似，具有自然性，并且具有连续、多变的观赏角度	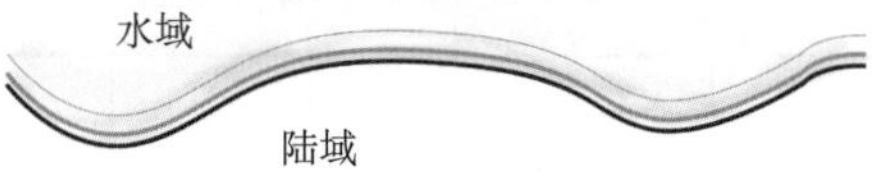 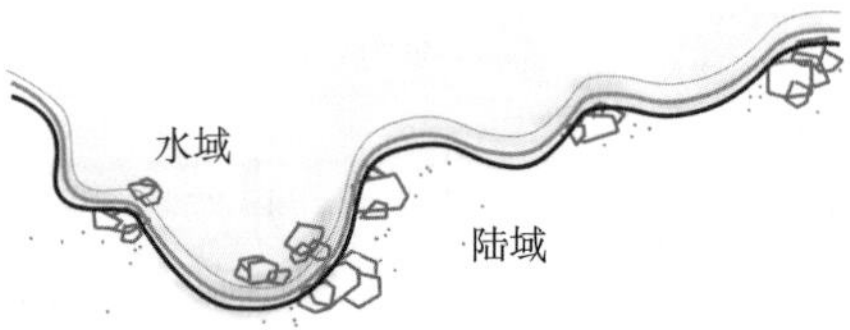

2. 驳岸的竖向设计

驳岸的断面影响着人的亲水行为，安全与近水是驳岸竖向设计所要处理的主要矛盾。本书将城市水环境空间中常见的驳岸形态归结为自然式、倾斜式、阶梯式、垂直式 4 种（表 5-4）。自然式驳岸受环境地理条件及气候的影响较大，亲水性和安全性受到一定限制，但有着人工形态驳岸所不能替代的亲近感；倾斜式驳岸有一定的亲水性，随着倾斜角度的不同，观感也会有所变化；阶梯式驳岸能够应对不同的水位变化，在丰水期驳岸可以拥有防灾与亲水的空间，在枯水期驳岸暴露的部分也不会显得生硬，陆域既定空间到水域既定空间之间留有一定缓冲的空间用于过渡水位变化，并满足现游人观、看、触等行为；垂直式驳岸有着耐冲刷的优点，能够有效防止水土流失，但其亲水空间较为僵硬和枯燥，可设计的活动较为单一[292]。以上的 4 种驳岸在具体设计中需要依据实际情况综合应用，例如在芝加哥湖滨公园规划设计中，其驳岸设计就是按照淹没周期，分别设置了自然式驳岸、允许临时建筑的阶梯式驳岸和建有永久性建筑的垂直式驳岸 3 类，有效地解决安全与近水的矛盾问题（图 5-3）。

表 5-4 常见的驳岸竖向设计

构造类型	特性	图示
自然式	自然式的原始驳岸展示着水的自然涨落，具有良好的观赏效果，但安全性不足	
倾斜式	倾斜式驳岸加强了堤防的稳定性，安全性较为理想，有较大的景观展示面，且人易接触水面，但需要提供足够的容纳空间	

续表

构造类型	特性	图示
阶梯式	阶梯式驳岸中窄阶梯可做台阶，供简单休息和观景；宽阶梯可依据水岸和水面的活动与功能设置为小型休闲场地，进行娱乐活动	
垂直式	垂直式驳岸占地面积小但美观性低，往往应用于三种情况：①水域和陆域平面高差大；②水位变化幅度大；③临近陆域空间窄致使建筑面积受限	

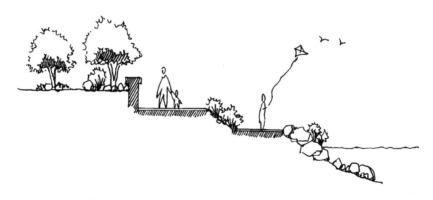

图 5-3　芝加哥湖滨公园驳岸竖向设计

来源：改绘

5.3.2.5　完善环境基调，统一背景要素

1. 色彩

色彩是形式美的重要因素，也是美感最普及的形式之一。英国著名心理学家格列高利认为："色感知觉对于人类有重要的意义——它是视觉审美的核心，深刻地影响我们的情绪状态。"而在较多实践中，会有意无意地应用色彩的文化与心理知觉原理，捕捉有色彩的客观物体对视觉心理造成的印象，并将对象的色彩从它

们被限定的状态中释放出来，使之具有一定的情感表现力，再赋以其象征性的结构，成为有生命力的景观元素[293]。地域特色与色彩具有一定联系，在城市水环境空间特色塑造中，色彩的运用不仅能够丰富空间形态效果，给游人予视觉冲击，还具有一定的情感表现力，对人的心理及情绪产生影响。构建一个良好的色彩环境，能够更好地突出空间特色，加强城市水环境空间的统一效果，体现空间整体风格和当地的精神风貌。

在设计中，色彩氛围的塑造需要依据三个方面，一是与城市空间层面的色彩基调相协调，城市水环境空间作为城市空间的重要组成部分，其风格需要与城市空间特色定位相协调，在色彩上也要与城市色彩规划相协调，有些国家和城市已对城市空间的色彩做出限制性规定，甚至规定出区域内建筑群、街道和广场的色彩基调[294]。例如南京城市主色调为"梧桐素彩"，为秋叶落尽后的梧桐树干颜色；再例如长沙气候湿润多雨，湿润的环境使得土壤含水率较高，使得土壤的色彩给人一种安定沉稳的印象，当地便将土壤色彩提取作为展示长沙自然环境的主色。二是城市水环境空间特色内涵的自有色彩，色彩应结合城市水环境空间的使用性质及设计元素所想要表达的地域性内涵，从色彩的角度诠释城市的历史文化，传递城市历史信息并能与时代同步。三是色彩自身的视觉属性和心理知觉，色彩的视觉属性及心理知觉内容如表 5-5 所示，色彩的明暗、冷暖展现的情绪也不同。华裔建筑师林樱将越战纪念碑设计为一道黑色的大理石矮墙，参观者面对着两面

表 5-5　色彩视觉属性及心理知觉

色彩类型	属性及特点	视觉感受
暖色系	波长较长、可见度高，色彩感觉较为活泼和跳跃，如红、橙、黄及其邻近色	活力、热烈、欢快
冷色系	波长较短、可见度低，视觉退远，如青、蓝及其邻近色	庄严、静谧
对比色	主要是指补色的对比，色相差别大，对比效果强烈，补色在色轮表中处在相互正对的角度，如红与绿、黄与紫、橙与蓝等	兴奋、运动
同类色	指相对接近的色彩，一是色轮表中的各色的邻近色，如红与橙、黄与绿；二是同一色相中明度、纯度不同的颜色，如深红与粉红、浅绿和深绿等	层次感、舒适感
金银色	金色从色性上归为暖色，而银为冷色；金银色一般作为传统建筑彩绘中的一种装饰色彩，而在现代城市景观中多以合金材料展现	高贵感、科技感
黑白色	黑白为极色，南方的园林建筑和民用建筑方面常常应用到，现代城市设计中多用于铺地、围栏、挡墙等方面	清淡、肃穆、神秘

黑得发光的岩体仿佛是在阅读深藏着哀痛与反思的战争史书，黑色在此处传达了哀悼之情，塑造出肃穆哀伤的氛围。色彩氛围塑造需要依据的3个方面相辅相成，此外，色彩附着载体的材质和周边环境也是其表现的客观因素，即物质载体本身及所处环境的色彩与质感，既要相互协调，又要有一定的对比关系[295]。

2. 尺度

空间尺度的合理衔接能给人在心理和视觉上产生一系列呼应和逻辑性，体现了空间在理性层面上对文脉的表达。对于城市水环境空间而言，能感受空间尺度的标准是人与空间的比例关系。人的空间位置会极大地影响人们对空间尺度的感受，也就是面域的大小以及人离边界、景物的距离都会影响人对空间尺度的感受。这就需要注意观察者和空间边界的距离及视点与边界的高度比例。这一比例决定了另一个重要景观的视觉比例，即在人的视觉范围内边界的高度和边界上露出天空的比例。因此，在建构城市景观空间时应当谨慎地选择空间与人的比例关系[296]。苏州小桥流水人家、陆家嘴万国建筑群，不同的尺度体现了城市文脉的不同表达。尺度的协调体现了文脉之间彼此联系、彼此呼应的一种内敛的美学价值。它是文脉在发展过程中一种连贯性的表达，具有很高的数理逻辑性。因此城市水环境空间尺度需要与文脉一脉相承、彼此呼应。贸然突变只会带来城市水环境空间风貌美学的缺失和逻辑的混乱。另外，芦原义信在《外部空间设计》中提出"十分之一理论"和"外部模数理论"，为景观空间尺度设计提供了参考依据。"十分之一理论"是进行室外景观空间设计时以"人体尺度"为标准的理论依据。外部空间可以采用室内空间8～10倍的尺度为准，也就是说2.7m的室内房间与21.6～27m的室外空间感觉是相同的。如室外休息座椅设施的放置距离可以按照室内设计中人体尺度8～10倍进行摆放，给人亲切安全的空间感[296]。

3. 围合度

围合是形成场所的首要因素，出发点在于为人创造易识别、安全、稳定的空间环境并赋予人们领域感。城市水环境空间作为公共空间需要注重围合感的塑造，创造空间的层次感，在建筑尺度、退界、高度控制方面均需要有所控制[297]。例如仪征市在"翡翠项链"水环境综合提升规划设计中，对鼓楼水域两侧的建筑形态进行了引导。为降低周边建筑对鼓楼的遮挡，规划建议沿河第一排建筑高度控制在 12m 内；而较窄水域两侧的建筑需拉高建筑之间的高差，在较宽水域两侧的建筑可适当增加层级感，丰富河道两侧的整体形态（图 5-4）。

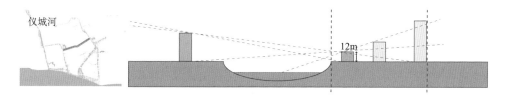

图 5-4　仪征市鼓楼周边建筑形态引导示意图

4. 天际线

在米歇尔·高哈汝（（Michel Corajoud））倡导的地平线理论中，通过突破设计场地自身的范围，扩展场地道路，思考场地的改造方式，在场地之外或边界处找到解决问题的关键。高哈汝在菲利普·马岱克（Philippe Madec）的访谈中说道："我所关注的不仅仅是空间本身，而是该空间与周边空间的联系。这就是我所说的'地平线'概念。每个空间以某种方式转换到邻里空间，再以某种方式转换到下一个邻里空间，由近至远，逐渐抵达地平线。我所说的地平线其实就是景观联盟的概念，这就是说景观元素固然重要，但更重要的还是景观元素所具有的扩散能力，它们以某种方式与邻里空间共同存在，同被欣赏，就像与邻里空间签订了某种协约一样"[275,298]。城市水环境空间的开敞性致使轮廓线也是城市水环境空间的重要展示部分。如图 5-5 所示，城市水环境空间的天际线需要注意组合秩序、建筑组群形态的勾勒以及建筑群与水系的虚实关系，同时强调天际线的韵律感、层次性、协调性、丰富性。

5.3.3　实施细化，空间意义的转换与表达

"形者神之质，神者形之用""神即形也，形即神也，是以形存则神存，形谢则神灭也"[①]，也就是说形体是精神的实质，精神建筑于形体之上，"神"源于"形"

---

① 范缜《神灭论》

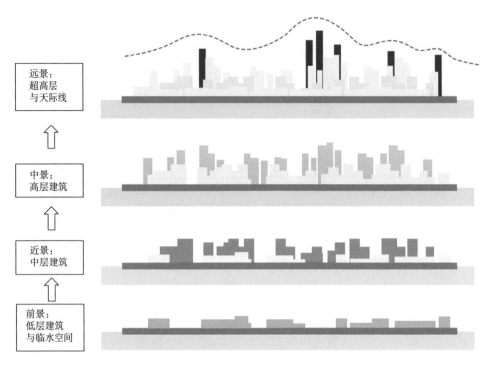

图 5-5　多层次的城市水环境空间天际线

而高于"形"。内涵与空间本身既是神与形的关系，又是内在与表面的关系，城市水环境空间的意义需要通过物体和技法融合传达。以解释学观点看，完整的景观符号表意过程包括景观被赋予意义的过程（设计过程）和意义被读懂的过程（欣赏、评价过程）。地域资源转换为城市水环境空间的设计要素，并不是简单地将前期所提取的元素直接"复制与粘贴"，而是要将城市水环境空间中深层结构通过"转换部分"转变为表层结构。以符号诠释深层内涵，必然会面对公众的评价。设计思维既不能脱离时尚，也不能过分超越公众的理解和欣赏水平，还应该可以启发公众更好地生活，并使公众从城市水环境空间中收获精神愉悦与满足，这是城市水环境空间意义转换与表达的重要目标[299]。

5.3.3.1　物质表现载体

1. 建筑

建筑是地域文化表达的直观载体，是构成水环境空间文化个性的重要元素，往往也是城市水环境空间的标志物。从空间形态来说，建筑包含了建筑材料、色彩、结构等内容；从人文属性来看，建筑塑造的空间满足了社会物质功能的需要，体现了人们的生活形式，从侧面反映了隐含在其中更深层次的地域文化内涵[300]。

1964 年的《威尼斯宪章》提出"只有当一个建筑设计能与人民的习惯、风格自然地融合在一起的时候，这个建筑设计才能对文化产生最大的影响。"优秀的建筑通过创造性地继承地域文化脉络，使地域文化脉络得以记录和延展。城市水环境空间中的建筑需要在与空间相协调的前提下融入个性。这里的个性虽然不一定需要完全贴合城市水环境空间主题，但是至少不与之相悖。在城市水环境空间中建立完整而连续的建筑风貌，挖掘当地特有的建筑风貌文化，力求新的建筑与现有建筑达成和谐统一的整体风貌，并形成城市水环境空间的整体意象。控制要素包括建筑尺度、材料、色彩、天际线和夜景等，对这些要素进行控制和设计的时候要充分挖掘当地文化，通过呼应、重复、相似、对比等手段形成具有地域性特征的城市水环境空间建筑界面[282]。如在洛河水系的综合整治工程中，深入挖掘洛阳丰富的历史和运河文化，丰富河道两侧建筑风貌，以隋唐风貌为主（图 5-6），集中展示古都魅力，打造大气出彩的城市门户形象。

图 5-6 洛河历史文化段建筑风格实拍图

俗语说："娇不娇，看吊桥。美不美，看秀水。"在开发比较成功的河流上往往至少有一座名桥，因设计、历史背景、桥上的故事、风情而闻名。桥梁作为与水相关的重要建筑物，作用不言而喻，其形态很大程度上影响着城市水环境空间的审美效果，甚至一条河也可以因为一座桥而闻名天下。中国的桥梁形态各异，功能不同。在江南，拱桥较为常见，多位于市集之中，造型优美、功能性很强；北方因其河流水域较小，且地势较为平坦，人们多依赖板车运输物资，因此石梁桥较为常见。根据功能需求，利用特色的桥堤来承载地域特色是进一步丰富城市水环境空间的重要举措。在设计桥堤时，需要根据水面的形态、水量等因素来合理选址，桥体的造型需要优美和谐且与陆地衔接自然，桥梁的结构要与周围环境相协调，桥身距水面的高度要适宜，在保证安全性的前提下满足亲水需求，整体设计需要注重细节。位于印度尼西亚的巴厘岛千禧桥颇具个性，它有长达 23m、水牛角形状的竹桥屋顶，桥体由金色和黑色 2 种共计 192 根竹竿混合而建，这 192 根竹竿代表着 192 个国家和地区，竹竿上面刻着捐款建桥的学生家长和社区成员的名字。

2. 景观小品

景观小品作为公共空间的重要构成要素，不仅能满足某种功能需求，亦对展现空间内涵、丰富艺术形态起着重要作用，其审美价值、实用价值、文化价值和情感价值对城市水环境空间颇有助益，是空间内涵表达最形象的物质载体之一。

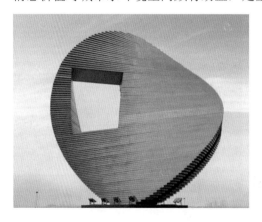

图 5-7　金鸡湖圆融雕塑

1）雕塑

雕塑的类型按照具体的功能可分为纪念性雕塑、主题性雕塑、装饰性雕塑、功能性雕塑等。在城市水环境空间中，如果适当利用雕塑，就能起到表达文化内涵的作用，但是如果不合理利用雕塑，不仅自身设计失败，同时也会破坏整个城市水环境空间的文化意境。雕塑的表现性需要在利用过程中，把握尺度、精准位置，并与周围环境相统一协调，才能颇具特色[301]。在苏州金鸡湖畔，雕塑家孙宇立先生便通过 2 个动态扭转紧密相叠而成的圆形金属，传达着中新双方密切协作和相互交融的美好寓意，表达出传统与现代、科技与人文的互融（图 5-7）。

2）标识

标识是城市水环境空间中不可或缺的重要内容，对城市水环境空间品质的打造起着重要作用。标识主要是以文字、图形等视觉图像对游人的行为进行引导，按性质分主要有三种：其一是说明性标识，如景点的介绍牌、动植物的科普牌、遗址的文物等级评定碑等；其二是引导性标识，如方位导示图、公共设施符号牌等；其三是表达警示、关怀的限制性标识，如提醒游客爱护环境、注意水深等。设计统一的标识，提供简洁、明确的标志和指引，能够在城市水环境空间中与水体、广场、绿地、建筑等有机结合，加强连续感，更好地向市民及游客展示丰富的自然和历史文化资源，深化公众的认知体验。例如商丘古城的标识系统中包含着多向导示牌、旅游信息牌、街巷指示牌、建筑门牌等（图 5-8）。古城的 LOGO以桃花扇纹样装饰，导示牌上附着可以反映周边节点信息的二维码，街巷指示牌详细标明古城街巷方位，建筑门牌详细标明古城建筑的门牌号和信息。这些精心设计的标识都散发着商丘古城的空间韵味，为游人提供便利。

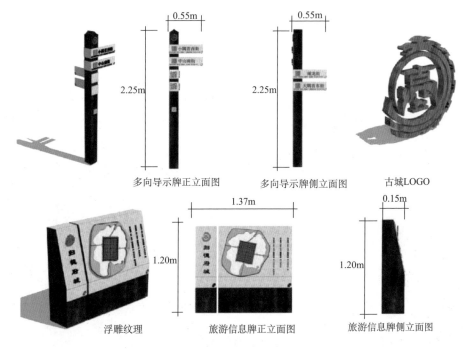

图 5-8　商丘古城标识设计效果图

3. 照明系统

照明系统的完善是城市水环境空间建设发展重要组成部分。照明系统除了需要在造型设计上匹配空间的整体氛围，更需要在充分考虑功能及视觉需要后，加入设计细节，使游客在散步时不感到单调，力求照明精细。如在座椅下安置照明灯，为夜间行人提供方便；桥梁下面安置照明设施，提供安全的夜间步行环境等。具体要对以下6点给予注意：一是脚下路面须设置脚灯照明及导向照明，使人能看清路面；二是在采用高柱水银灯照明时，注意避免灯光过于刺眼，使物体的影子让人产生不安全的感觉；三是要精心处理照明对树木、水面、河岸等表面产生的微妙变化；四是对能漫步消遣的主要场所配置雕塑一类的照明对象；五是对成为判断街区位置的桥、通往堤外的阶梯、水边平台及小码头设置照明；六是要处理好长椅与光源的位置关系。城市水环境空间照明手法一般包括光的隐现、抑扬、明暗、韵律、融合、流动以及与色彩的配合等，如何运用取决于受照对象的质地、形象、尺度、色彩和所要求的照明效果，还有观看地点以及与周围环境的关系等。例如在开展放焰火、捉萤火虫、放河灯、赏明月等活动时，水面及岸边需要保持一定的"暗度"，用微妙的光亮，营造气氛。如南京江宁区的小龙湾桥通过绚烂流动、美轮美奂的灯光吸引大量游人驻足观赏，成了"打卡圣地"（图5-9）。

图 5-9　江宁小龙湾桥照明设计实景图

4. 地面铺装

地面铺装是空间内硬质景观空间和软质景观空间的分界线，它是人们行为活动的主要场所，不仅能分割空间，同时具备造景效果，具有很强的符号性[278]。地面铺装的形式多样，是一种典型的设计载体，多通过色彩、材质、纹样等产生变化、凸显特色。巧妙灵活地利用地面铺装可以给空间带来感染力并给予游人暗示，让人留下深刻印象。例如西班牙贝尼多姆海滨步道（Spain Benidorm Scrobiculate Waterfront）就用独特夸张的地面铺装吸引了无数游人，流畅有机的铺装线条与海岸线相呼应，勾起人们对自然波浪的记忆；蜂巢状的外表与凹凸状的平台相融合，增加了空间的韵味。

5. 植物配置

植物本身就具有很强的地域特征，是展现地域特色的重要素材，在城市水环境空间中通过自身色彩和线条软化空间，并在一定程度上烘托空间风格与艺术，体现空间主题文化，于无形中增加空间的生机与活力。植物物种的选择须考虑植物的个体生长情况及群落的稳定性，应选择那些经过长期进化和自然遴选后保留下来的适宜本区域环境条件、抗逆性强、生长强健、抗病虫害、具有最大自然生态功能，并为当地民众所喜闻乐见的地带性植物品种[302]。城市水环境空间是相对敏感的区域，选择的植物要尽可能具有耐水性。相较于其他区域而言，城市水环境空间中的植物群落本身就较为丰富，因此要尽量在保留现状的基础上，保证良好长势，尽量减少大量覆土，以更加完整地保留原生的生态系统[303]。并根据不同功能区特色，合理搭配当地的植物种类，形成丰富的季节性变化植物景观。

5.3.3.2　地域性元素表达技法

当你在真诚表达的时候，总有人和你共鸣。在城市水环境空间设计中对于地域文化的处理与表达手法有多种，如保留、再现、解构与拼贴、隐喻与象征等，正是通过这些艺术化的手法才将地域文化的构成要素在城市水环境空间中诠释得更为丰富和深刻。

1. 保留——历史痕迹再利用

城市是当代的，也是历史的。老子讲"道常无为而无不为"，也就是不干涉、不改变，顺其自然。保留是一种简单而又不需要任何介质，直观地展现给人们的一种表达手法[274]。强调对原有空间特性进行保全或少量的改造，维护空间的自然发展过程，保持其的地域自然性。在城市水环境空间特色塑造中，往往会保留空间中遗留的一些人工历史遗存或原生自然生境，如建筑、植物、牌坊、雕塑、景观布局、自然生境等，这些遗留物作为场地中的历史痕迹承载着独特文化信息，是人们探寻和认识某种历史现象的重要线索和有力佐证。保留方式要根据价值、项目的资金情况、政府的干预和公众的要求、设计方案等具体情况而定。通常有两种情况：整体保留和局部保留与改造[279]。

1）整体保留

整体保留与修缮主要针对文物古迹比较集中或能较完整地体现某一历史时期传统风貌、建筑群、遗址、原生自然生境等地区。这些地区有较完善的历史风貌、真实的历史遗存，具有一定规模，且能构成一种环境气氛，使人从中得到历史回忆。对于这样具有较高价值的历史痕迹，我们不仅要保留单个的建筑物，同时还要在一定范围内保留它们的周围环境。例如在商丘古城规划设计中，设计团队保留了归德府古城外圆内方的历史格局风貌和空间格局（图 5-10），突出现有城湖格局。针对四方水域特点，利用堤岛桥的联系在内部形成前山后水、外山内水、外水内山等不同的山水关系，并划分不同的水面层次，与土丘结合，增加了城市水环境空间的趣味性。

2）局部保留与改造

并非场地中所有的建筑物都值得整体保留，可有选择性地保留部分建筑物、遗址等人文要素和能够反映原生态环境的自然元素。如鹤山沙坪坝项目结合已存在的大面积鱼塘设计出鱼塘湿地（图 5-11），引进国内外 30 余种珍稀荷花种类，突出河道内的多样荷塘景色。结合道路和原有的鱼塘埂，设置绿道和亲水平台，打造出荷塘月色的意境效果。

1940年归德府古城实测图　1959年归德府古城地图　1974年航拍照片(河南省测绘图)　2012年归德府古城Spot影像

商丘古城规划设计鸟瞰效果图

图 5-10　商丘古城规划设计中保留归德府古城外圆内方的历史格局风貌

图 5-11　鹤山沙坪坝鱼戏荷间节点

2. 再现——场景现代展示

再现是运用现代手法，用"象形"的手段将历史传说或历史事件的部分场景，通过画面的形式体现，或者运用真实、立体的景观表达，使人们产生回忆和联想等感受。对地域文化中某种典型的，同时具有地点、时间特征的场面进行再现，能使人们很快地了解当地文化和历史，引发人们的情感触动，更加具体和感性地理解空间的内涵[274]。再现表现的方式有很多，如通过地面铺装描绘民俗传说场景，或通过雕塑小品组合直观展现故事场景，也可结合全息投影动态展现，甚至可以通过声音、气味等。再现作为一种展现场景的表现手法，重要的是需要充分顺应使用者的好奇心，激发人们产生想要了解故事的兴趣与冲动，例如在深圳蛇口影剧院广场上有这么一个记忆装置，以"消失的海岸线"为思考原点，分为了海岸变迁图、时间刻度线、蛇口记忆墙三部分，是基于原有浮雕景墙的改造。设计师在蛇口记忆墙部分的设计充分利用了人们的好奇心，并结合了影视的展示特点，将记载蛇口历史的老照片置于窄小的影像窗口，促使人们集中注意力凑近窥探，给人留下了深刻的印象。

3. 解构与拼贴——元素的裂解与反转处理

在城市水环境空间特色塑造之中，解构与拼贴是将元素进行分解、碎裂、叠合和组合，主张符号的解散、分离、片断、缺少、不完整和无中心。解构打破了原有结构的整体性、转换性和自调性，强调结构的不稳定性和不断变化，是对传统景观符号和现有规则约定的一种颠倒和反转处理。格式塔心理学研究表明较复杂、不完美和无组织性的图形，具有更大刺激性和吸引力，它可以唤起人更大的好奇心，当人们注视省略造成的残缺或通过扭曲而造成的偏离规则形式的"格式塔"时，就会产生审美心理的特有紧张，注意力高度集中，潜力得到充分发挥，从而产生一系列创造性的知觉活动。中国的草书其实就是对汉字的一种解构，解构手法在形式上倾向抽象，更多地从表层结构向深层结构探索。因此，对景观符号的解构不仅需要设计师深谙表现手法，而且更重要的是要有设计思想的创新。拼贴作为解构元素的再次呈现，将多种元素符号进行矛盾组装，让人们以一种新的视角审视环境，并产生新的认识和理解，它往往通过改变人们习以为常的现象及知觉体验，让体验者以不曾想过的方式感知身边的事物，从而使人们体验到一系列奇妙幻想与现实并置的震撼。在奥拉维尔·埃利亚松（Olafur Eliasson）的一系列环境装置作品中，震撼的环境体验使人们进入到幻想意象中，同时引发人们对生态、自然、城市的深思，随之影响人们的行为。

4. 隐喻与象征——虚实间的意象表达

"妙在似与不似之间" "写意" 都是避免虚实极端，追求虚实相融。隐喻与象征是指将某种具有感情色彩的物质属性或者不同地域文化精神内容和性格等转移到另一事物上，再将前者的感情色彩和精神内涵等赋予后者，从而使人们产生思考联想，并与所传达的精神内涵进行对话，进而产生移情，最终达到感情共鸣。即通过空间、形体、细部的处理，利用隐喻与象征的手法表达地域文化的内涵。隐喻的表达手法在当今日趋普遍，当代设计师常借用符号，通过明喻、暗喻、象征、隐喻等手段将文化信息置于作品中，从而创造贴近大众生活的审美习惯形象。例如在上海天原公园中，以一个广场和一条实为道路的 "河流" 象征着苏州河水质变迁的过去、现在、未来。广场名为春秋坪，寓意苏州河的时空，"流金岁月" "工业困惑" "世界畅想" 则分别为苏州河水质变化的三个阶段。"河流" 从莲香湖出发，越过春秋坪直至天原广场。由西向东至春秋坪东侧，路面为蓝色，并有活泼的鱼类等图案，反映苏州河过去清澈的河水和良好的生态；中间段路面由蓝色逐渐过渡为黑色，图案中有死去鱼类的遗骨等，反映了工业对苏州河的污染；向东直至天原广场，路面由混浊色过渡为蓝色，且出现了游动的鱼类，描述着苏州河经过整治后的全新面貌。这种含蓄的手法，对观者的审美水平和知识背景有一定要求，观者并不一定能从城市水环境空间中直观地理解设计师的意图和场地意蕴，只有附加必要相关的解释，才有助于表达其中的 "含意"，令观者体味其中的文化内涵[279]。

5.3.3.3　人文活动深化空间意象

在世界瞬息万变的今天，人们已经不满足于空间仅拥有美化欣赏的功能，而是更期待能够在空间中求取知识、寻到乐趣。简·雅各布斯曾在《美国大城市的生与死》中提出了 "街头芭蕾" 理论，城市水环境空间的高度开放性能够为公众提供许多在其他城市空间所不能进行的活动，它应避免单一的视觉功能且富有体验精神。因此，城市水环境空间应多创造和导入一些活动，设计一些能够反映人们日常生活、地方风俗、文化特色的活动，如放河灯、龙舟节、泼水节，文创集市等，这些活动能给人以深刻的印象和强烈的吸引力[220]，使人们在自然环境中释放压力，创造多元精神，深化城市水环境空间意向，提升公众对人文精神和心理空间的认同感[304]。群体活动往往体现着强烈的地域文化核心价值观。例如，印度恒河地区至今依然保留对河的崇拜，设计师在通往河流处特意设计了踏板，周围的人都到这里洗澡，形成了可以说是世界上最具风情的城市水环境空间之一。综上所述，开展人文活动的方法主要有 3 个：一是重新恢复历史上曾经有过但已经消失的人文活动，挖掘这些地方特色和节日风俗等，积极组织和引导具有传统民俗特色的水上人文活动发生；二是对延续至今的文化活动给予保护并继续延续；三是适当开发以前没有的但与空间风格协调的、有利于城市文化特色的新的人文活动，例如科普教育、文创集会、体育比赛等。

在中山翠亨湿地公园设计中，有大量丰富而有趣的活动。有贴合空间环境的休闲活动，例如林间漫步、游船观光、休闲垂钓、星空露营、生态乐泳等，让游人通过运动更贴近空间本身，更深入感受自然的活力与魅力；有关于民俗文化的体验活动，如民俗文化展示、渔村生活体验、农耕体验、少儿书苑等，让游人在亲身实践中收获乐趣与满足；还有一系列与湿地紧密结合的科普活动，包括湿地动植物科普、湿地鸟类观赏、桑基鱼塘展示、多样化湿地生境展示等，寓教于乐，通过玩乐学习激发游人对城市水环境空间的热爱。这些活动设计满足了多层次游客的多样化需求，达到了吸引游人、留住游人的目的。而鹤山沙坪坝亦是借助定期或不定期的节庆活动，包括农历五月上旬的鹤山国际龙舟节、六月的凉茶节、九月的鹤山莲藕文化艺术节、十月的垂钓节等，丰富居民日常生活，深化地域性活动的影响力度，强化城市水环境空间的内涵建设，提升城市知名度。

第6章

共生，水城融荣与共

与人和者，谓之人乐；与天和者，谓之天乐。

——《庄子·天道》

　　自古以来，与自然的和谐共生是人们不懈追求的理想状态，在可持续发展战略的引导下，"人-水-城"作为命运共同体，其和谐共生是水城发展的必然方向。水城共生是人、水、城及共生环境的和谐共生，和谐是城与水和睦协调、需求互补、配合匀称，共生是城与水协同进化、共生共荣、互利互惠。即人类自觉地承认城市或城市水环境空间是整个生态系统中的一部分，在追求高质量美好生活的同时建立与城市水环境空间共生共荣的发展关系。水城共生根植于人的需要层级，系统性地构建了以韧性适应、健康生态、活力营城、地域特色为基础的水城对称性互惠共生格局，其中韧性适应是水城共生发展的环境基础、健康生态是水城共生发展的核心要件、活力营城是水城共生发展的内生动力、地域特色是水城共生发展的人文力量，四者之间的互惠共生关系是水城共生永续发展的关键。但水城和谐共生涉及的主体范围较大，需要合理协调多方利益主体，以完善的支撑机制予以保障。未来水城发展的美好图景也正激励人们广泛参与水城共生的建设。

6.1 水城共生的美好愿景

水城和谐共生是相互合作、相互融合、相互依存的共同进化，是生态系统稳定平衡、人民生活宜居乐业、社会经济繁荣发展的美好愿景。水与自然环境不仅仅是生命维护的底线，更是与高线的生命产出、思想产出、专利产出、创新产出紧密相关[①]，需要全社会的广泛参与。国内外已经有一些城市开展了愿景方案并达成城市共识，如深圳2030、上海2040、纽约2050等，通过不同渠道、方式鼓励公众参与城市的建设发展，促进社会的广泛参与。同样，水城共生的实现，需要发展模式的不断升级和技术的革新，也就需要创造共同的目标愿景来激励全社会的主动参与。

水城共生，不仅仅反映城市与城市水环境空间的关系，更体现人与城回归自然、贴近自然，更重要的是建立水融于城、城依于水的共生共荣关系。水城共生的基本观念在于尊重自然，高效率、低影响地利用水资源；目的是使人与水、人与城、城与水、人与人间皆和谐共生，达到安全、健康、生态、繁荣的目标，从而实现共同进化、共同发展。城市水环境空间不是将水和城呆板地串联起来，而是对城市社会生活的支持，强调与自然、人文、历史环境的和谐，营造关心人、陶冶人的和谐环境，实现共生发展。

水城共生是基于适应韧性、健康生态、亲水活力、地域特色的体系构建，能够提高城市应对突发公共事件的适应能力，提高城市防洪防涝、滞蓄调节的能力，促进水资源的良性循环，提高城市水体自净能力，改善水生态环境质量，优化岸线河断面设计，梳理现状河道和恢复历史河道，营造人性化的亲水空间，发展体验式的亲水产业，彰显地域特色，综合增强城市面对水问题的适应性、生态性、宜人性、经济性和特色化的自身竞争力。简而言之，水城和谐共生，就是水与城的共生、共存、共荣、共同发展，整个自然界与人类社会形成和谐统一、协调发展、永续创新的有机整体，而且注重发展的有序性、和谐性。

---

① 吴志强.北京城市副中心运河段水城共融发展.中国城市规划网.[2020-10-06].

水城共生要求城市水环境空间发展不被短期利益驱使，从而占用未来水资源，破坏城市水环境空间，需要考虑长远发展，公平地满足现代人及后代人在发展和环境方面的需要，是城市社会经济健康、持续、和谐共生发展的重要途径。未来，人类智慧集聚的城市必将与自然生态完美融合，人们共建共享美丽家园，城市水环境空间也必将从历史中得到经验，创造未来。

6.2　水城共生发展的特征

水城共生发展体现在城市水环境空间与城市系统的整体融合，只有真正尊重水城的整体关系才能发现城市水环境空间发展的普遍联系和内在价值，利用好水城融合的共生网络发展规律、把握好水城互惠的特征，有利于引导城市水环境空间层级形成水城共生格局，促进城市可持续发展。水城共生发展主要有 6 个特征。

1. 整体性

整体性强调整体与部分、部分与部分、系统自身与外部环境的整体考虑，具有整体大于部分之和的系统特质和功能。水城共生的整体性指对城市水环境空间具有全面的认知和把握，强调共生体与共生环境、共生界面与共生单元、共生单元之间作为整体的"命运共同体"关系。一方面，水城共生是对整个水城系统内外部环境的综合考量，既要注重保障水安全与规避风险，也要注重塑造水景观和提升空间质量，更要重视经济发展与水生态环境协调，在整体协调的新秩序下建立水城发展的和谐共荣，持续性提高城市社会的经济和生态效益。另一方面，水城共生发展理念强调整体考虑规划设计全过程，从宏观到微观尺度上的通盘协调，在不同空间层次上保障规划设计以及营建工作的有机联系，促进整个建设环节的协同连贯，体现出综合性以及专业融合的发展方向，并将水城系统内外整体统一起来，追求发挥整体效益，避免"以水论水、以景论景"的局部分析和片面研究方法的局限。水城系统整体性越强就越能够应付外来的干扰，城市水环境空间的复杂性和共生效益就能够顺利地形成，就意味着城市水环境空间保持着较高的系统完整性和稳定性。

2. 层级性

系统由低到高具有不同层级，不同层级有着相互区别又相互联系的特性。每个层级都有不同的整体性，高层级具有低层级所没有的新特性，低层级的特性又是形成高层级特性的基础。层级性就是系统各要素在系统结构中表现出的多层次状态的特征。层次不同，系统的属性、结构、功能也不同。层次愈高，其属性、结构、功能也就愈复杂。城市作为复杂巨系统可以分为若干个子系统，每一个子系统中又包含许多孙系统，各孙系统在相对自由的环境中，具有相对独立的结构、功能与行为。同时，相同层级的低层级系统共同组成了高一层级系统，不同层级的系统不仅表现为要素数量和种类的多寡，而且也表现为时空规律和系统功能的不同[305]。

参照马斯洛需要层次理论，人-水-城发展也具有层级性特征，按照适应韧性、健康生态、亲水活力、地域特色和水城共生的层级顺序获得满足。城市水环境空间需要层级的划分有助于解决城市水系统复杂问题，既可以抓住不同层级发展阶段的主要矛盾，也能够有效地分层次、分等级、分结构处理水城系统建设的核心问题。水城发展的高层次需要只有在更优先的需要已基本满足的情况下才会逐渐显现，主导需要从低层级上升到高一层级且需要被满足的比例会从生存需要到共生需要依次降低。当水城和谐共生处于主导需要时，在生存保障、环境健康、亲水友好、精神文化等方面的需要必然得到较大程度的满足，而且各个层级之间存在对称互惠的共生格局。

3. 模糊性

模糊性是指事物本身的概念不清楚，本质上没有确切的定义，在量上没有确定界限的一种客观属性[306]。由于人们认识的不确定性，或者概念、边界的不确定性，某一元素是否属于某一集合并不是确定的，这种不确定性就是模糊性。例如，"汛期"这个集合，每年的5月1日属于汛期吗? "模糊"是人类感知万物、获取知识、思维推力、决策实施的重要特征。"模糊"无处不在，其根源在于客观事物的差异之间存在着中介过渡的"亦此亦彼"性，无法给出确定的范围。一个系统越复杂，模糊性越大；因素越多，综合评判越模糊；动态的时变性越强，模糊性问题越突出。

在水城共生系统各发展阶段中，某一层级的需要何时得到满足、各个需要得到什么程度的满足，就是一个模糊的界定。不仅难以量化，也无法通过定性描述提出准确的阶段性判断指标，只能通过详尽的普遍性描述来阐释。比如，在一定发展阶段可能存在这样的情况，城市对水的生存安全需要得到95%的满足，对水的健康生态需要得到85%的满足，对水的亲近友好需要得到75%的满足，地域特色的需要得到65%的满足，和谐共生的需要得到50%的满足，每一种需要都得到部分满足，但又没完全满足，难以评判各层级得到满足的具体水平。在第一层级，我们以"小雨不积水、大雨不内涝"为准则来判断洪涝安全是否得到解决，但却难以衡量什么程度是绝对的不积水。再比如水生态平衡的建立或修复，因受到系统复杂性和环境不确定性的影响，水生态系统也处于不断变化中，难以判断水生态系统是否达到了平衡。这些都是难以被绝对量化的。虽然模糊性的存在不可避免，但我们通过定性与定量相结合的描述，可以对城市水环境空间的发展阶段做出整体的综合评判。

4. 协同性

协同性是用统一整体的思维方式去处理复杂的系统问题，结果是使复杂系统的各个子系统都受益，并在前进中相互协作、共同发展。水城系统每个层级都具备相对完善的框架体系、完备的系统功能和专业化的发展方向，其整体协同发展需要各子系统整合功能、互相联系。水城共生的协同性，表现为多维度的协同。其一，水城共生的实现需要多个相关学科和专业的共同支撑，也需要学科间的广泛交叉与融合。其二，水城协同发展也是各个需要层级通过功能互补、合理分工、合作互动及相互促进，形成的协调发展模式，这也是水城体系共生的基础。在水城发展中，应以分工协作为基础，依靠交通网、信息网等的紧密联系实现舒展有序、和谐共生的空间体系。此外，在水城发展中虽然存在层级性，但单一层级需要的实现无法达成水城共生，只有多个层级需要的目标相互支持、协同共进才能实现可持续的水城共生。其三，由于水城共生的实现涉及城市建设的多方群体，包括政府、私营企业、各类机构和市民在内的各种利益主体，只有社会各界协作同力才能发挥水城共生的最大效用。其四，城市水环境空间的协同发展，也依靠各职能部门间的人流、物流、信息流的支持和各部门间的紧密协作，这种虚拟空间和实体空间的协同关系，是水城共生建设的一条主要思路。

5. 地域性

水城共生具有普适性的一般意义，同时在空间特色上也具有明确的地域性特征。城市地处不同的自然环境，自然和人文的相互作用，奠定了特殊的空间基础和社会背景，城市水环境空间的地域性特色也是不同城市相区别的标志之一。不同地域的人、水、城都具有各自的特性，因此水城共生的特征也呈现出不同的地域倾向和个性。水城共生的地域性，是把构成城市水环境空间的诸多元素和子系统都作为研究的变量和目标，整合自然及人文活动的时空连续性、完整性，形成独具特色的城市水环境空间。水城共生的地域性特征应以特定研究区域内的各项生态环境条件为背景，立足所在区域的社会经济发展阶段，以回归自然、地方文化遗产、本地知识经验等为基础，对各种问题和议题进行富有地域特色的分析与研究，根据各地的具体情况、能力和需要提出有针对性的解决方案，寻求具有地域性、可持续性的和谐共生路径。一方面，面对差异化的地域空间，保护和发掘城市特有的历史文化资源，突出地域特色是水城共生的形象标志；另一方面，强调各子系统与活动的地域性，结合历史文化遗存和自然景观，引导城市水环境空间与城市内部功能共生融合，增加或者复兴城市自身活力，进一步将城市水环境空间的美从"护其貌、美其颜"延伸至"扬其韵、铸其魂"，有助于提高城市居民的认同感和归属感，强化城市水环境空间的地域影响力。

6. 共进化性

自然界内部、人类社会内部以及自然界和人类社会之间的共生关系同样服从共生的一般本质，即共同进化。共同进化反映了共生系统的普遍本质，有序、协同的共进化将加速共生系统的进化历程。

水城共生效能的提高实际是基于社会-生态系统的自我演进和进化，而不是一次规划定终身。自然环境自身始终处于动态变化当中，其中的所有事物也都必须通过不断进化去适应，水城系统同样如此。水城共生系统中的物质、能量和信息在流动与交换过程中存在一种相互促进、相互激发的关系，这种关系将加快水城系统的进化与创新，提高可持续发展能力。城市的发展是一个不断进化的过程，处理复杂涉水问题是这个进化过程的一部分，城市应该在与其共处的状态中共同进化，寻求一种动态稳定。人、水、城之间既存在合作关系，也存在竞争关系，三者要在结构优化和功能创新的过程中共同适应复杂的发展环境，并共同达到新的共生模式，提高水城共生体系的成长力与竞争力。水城系统将充分利用城市社会-生态系统的共生进化去主动适应变化着的环境，并在长期发展中通过自身调整重新进化到一个新的稳定状态，实现水城系统的动态平衡。水城共生进化本质上是一种主动看待和应对水城复杂问题及其变化方式的理念和思想，能够提高城市水环境空间发展的适应能力，即水城共生主张在发展中理解和接受变化，并因势利导、乘势而为、优化升级，与整个社会生态系统一起进化。

6.3　水城共生的发展关系

水是自然系统的重要部分，城市则是人类生存发展的物化基础。前面章节阐述了城市水环境空间与城市的生存安全、城市水环境空间与城市的健康生态、城市水环境空间与城市的亲水活力、城市水环境空间与城市的地域特色以及各层级的建设目标和支撑策略。每种层次需要的实现有不同的途径，适应韧性、健康生态、亲水活力、地域特色 4 个层级在水城共生中发挥怎么样的作用、存在怎样的发展关系，城市与城市水环境空间发展又存在怎样的共生关系。

共生反映了组织之间的一种相互依存关系。这种关系的产生和发展能使组织向更有生命力的方向演化。共生关系的本质还表现在共生过程将产生共生能量，共生能量是共生单元、共生模式与共生环境共同作用的结果。共生能量体现共生关系的协同作用和创新活力。水城共生的核心是回答人-水-城的共生关系，重点关注城市水环境空间和城市社会的"和谐"和"共生"。它们建立在人类对人与自然关系更深刻的认识基础上，以水城的适应韧性、健康生态、亲水活力、地域特色等为标志界面，以建立高效、和谐、健康、可持续发展的人类聚居环境为目标。

对称性互惠共生是共生系统进化的一致方向，是生物界和人类社会进化的根本法则，对我们认识自然共生系统和构造社会共生系统具有不可替代的作用[63]。对称性互惠共生的水城关系强调平等与社会公正、双向交流与合作补益，即遵循平等公正的对称性发展理念，以及双向合作的互惠性发展思路。因此，本书秉承共生理论"互惠共生"的核心内涵，提出"水城对称性互惠共生发展"的应用逻辑，旨在通过对人的需求和城市水环境空间可持续发展的解构，来建构对称性互惠的共生关系。这种"水城对称性互惠发展"的共生关系主要有三层含义：一是对称性的发展理念，即水与城发展的平等与社会公正；二是互惠性的发展思路，即水城（人）双向交流与合作补益；三是共生性的发展格局，即"韧性适应、生态健康、活力营城、地域特色"的对称性互惠共生格局。

1. 水城对称性发展理念：平等与社会公正

对称性发展是水城共生关系建立的基础，和共生理论的核心理念一脉相承。工业革命以后，水与城的发展经历了偏向城市社会经济发展的非均衡、非对称性的发展过程，并由此形成了"先污染后治理"的错误发展路径。从本质上看，这是水城关系的不公平对待。这种偏向于城市社会经济发展的方式，忽略了人的需要和水生态系统的平衡性，给城市水环境空间带来了破坏。这种非对称、非均衡的发展，与人类的可持续发展相违背，并严重阻碍了水城和谐共生。

针对以往对忽视水问题、偏向城市的非对称、非均衡的发展现实，水城发展逐步转向对称性和谐共生的发展理念。只有思维理念的根本转变才能带来实践的良性运作，从而有效回应人类对于平等发展机会、社会公正环境的现实诉求。简单说，对称性发展主要表现为水城平等与社会公正，即在城市与城市水环境空间两大系统内，任何一方都应享有与其存在和发展相联系的同等组织资源，并且在任何情况下都不应被牺牲或被区别对待，每个系统都应有同等重要的价值和存在意义。具体而言，这一平等公正的对称性发展理念主要涵盖四点：一是主体的平等公正，即水城系统在人类可持续发展中的地位相等，通过促进水城要素平等交换和公共资源均衡配置，保障城市水环境空间和城市发展有着同等的地位和权益。

二是发展的平等公正，人类注重的是生存环境的高质量发展，决不以牺牲城市水环境空间来加快社会经济发展。三是把城市和城市水环境空间作为一个整体来规划和建设，确保水城拥有公平的发展环境。四是规则的平等公正，这是水城对称性发展理念的根本，亦是人-水-城三者共生发展实现的前提，需要建立水城开放、公平、包容的政策体制与规则体系，逐步消解偏向城市社会经济发展的经济发展方式，从而真正实现城市与城市水环境空间的对称性发展。

2. 水城互惠性发展思路：双向与合作

互惠性的发展思路，主要体现为城市与城市水环境空间的"双向交流与合作补益"。合作是通过调节各自的行为朝着共同的目标达成的共识性行动，考虑的是合作行动的总体收益，理性的合作一定会给合作方带来互惠互利以及整体效益的增加。一方面，双向合作以对称性发展理念为支撑。共生理论是水城共生发展的理论先声，在水城共生体系中，对称性互惠的共生模式是系统的理想形态与进化方向。因此，依据平等公正的对称性发展理念，催生出水城系统中共生子系统、共生单元间、共生体、共生环境之间的双向交流与合作补益的发展路径，实现水城共生。在水城系统的发展进程中，城市与城市水环境空间两大共生体的互惠性发展思路可以理解为城市水环境空间对城市发展的要素支持以及城市对城市水环境空间发展的资源反哺。双向合作具体落实于韧性、生态、活力、特色四大共生界面，促成水城对称性互惠共生体系的建立。另一方面，双向合作以对称性互惠的共生格局来落实。水城共生各层级系统的共同发展与进化符合人们的发展需求，同样，双向合作的发展路径应在每个层级的实践过程中具体体现，包括在适应韧性层面的共同治理、健康生态层面的共同融合、亲水活力层面的共同分享、地域特色层面的共同创新等。因此，通过城市与城市水环境空间的双向交流，以及社会多元主体的合作共建，是有力实现对称互惠水城共生关系的必然途径。

3. 水城共生性发展格局

对于水城关系而言，城市水环境空间和城市是形成水城共生的基本物质条件，即整个社会生态系统中的两大共生单元。水城共生需要做到人-水-城的公平与公正，要在科学合理的保护和规划下，坚持双向合作、互惠互利的发展思路，坚持

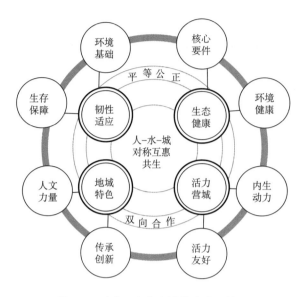

图 6-1　对称互惠的水城共生发展格局

需求导向、问题溯源、理念引领、措施并举、机制保障，形成"韧性适应、生态健康、活力营城、地域特色"的水城对称互惠的共生格局（图 6-1），让人-水-城最大限度地共生共荣。对称互惠的水城共生单元融合着人、水、城的发展需求，其中韧性适应是水城共生发展的环境基础、生态健康是水城共生发展的核心要件、活力营城是水城共生发展的内生动力、地域特色是水城共生发展的人文力量，四者的互惠共生关系是水城共生永续发展的关键。

1）韧性适应——水城共生发展的环境基础

韧性适应的城市水环境空间与水城和谐的共生程度有紧密联系，是更高层级需要出现的环境基础和前提。只有在人的生存安全得到保障后，更高层级的需要才会成为新的动力，人们才能朝着水城和谐共生的目标进一步迈进。韧性适应的城市水环境空间，也是水污染控制、水生态恢复与修复、城市文化传承以及人们亲水乐水的环境基础，是水城共生得以永续发展的物质保障。因此，要与提高城市的韧性与水城对称互惠发展理念紧密贴合。韧性适应的城市水环境空间在面对外在涉水扰动时，能避免水资源污染、干旱、洪涝、基础设施故障等公共安全问题对人类生存环境和生命安全的威胁，坚持尊重自然、视水为友、以雨洪为资源，能够有效避免、预警及响应多种不确定性风险。从另外的视角看，韧性的治理与建设，也需要人们找到归属感和认同感，从而自觉地维护或不自觉地考虑城市水安全的适应能力，促进城市水环境空间韧性建设。因此，推进城市水环境空间的韧性建设，对城市洪涝灾害、水资源短缺、水质量破坏、基础设施故障等公共安全问题进行风险把控，恢复和提高城市应对涉水灾害或重大安全事故的适应能力以及城市水环境空间的社会生态功能，能够增强城市水环境空间和社会系统的韧性，实现城市环境质量的提升，有力地保障水城共生发展的安全。

2）生态健康——水城共生发展的核心要件

生态健康是水城共生发展的核心要件，这阶段的城市水环境空间与城市建立起"整体-平衡"的互惠关系。稳定平衡的水生态系统也是人与自然和谐共生的集中表现。城市水环境空间的生态健康可以极大地发挥水的自然生态服务功能。通过生态健康策略恢复城市水环境空间受损的生态系统服务和基本生态功能，从关注人居环境质量出发，确保城市水环境空间生态系统结构的整体性，并保持平衡稳定。城市水环境空间生态的整体健康平衡强调的是在人类社会干预下，依然可以保持城市水环境空间生态系统自我动态调整，并协调进化到新的物质平衡状态。这种平衡状态不是一成不变的，在外部环境的扰动下，可能出现暂时的失衡，但是经过自我调整和修复后，也可以快速地恢复或者超过原有的平衡水平。自我修复和自我调整能力的提高可以实现"水清岸绿""鱼翔浅底"的城市水环境空间生态系统的动态稳定。稳定健康的水生态系统同样有利于城市水环境空间安全韧性度的提升，和美的城市水环境空间也为人们的亲水性带来持续活力，呈现出一幅"和谐-共赢"的美好景象。

3）活力营城——水城共生发展的内生动力

城市水环境空间珍贵优美的自然人文景观激发了人们的亲水天性，给人的交流与活动提供适宜的空间和环境，为城市社会生活带来勃勃生机。高品质的城市水环境空间不仅是城市中重要的生态廊道与形象展示平台，也是区域发展的催化剂，还是承载市民公共活动的理想容器，是围绕市民公共生活存在的空间。人们在城市的建设中充分利用城市水环境空间的独特资源和环境优势，创造所有人都能公平享用的活力繁荣、和谐交融的社会空间。对城市水环境空间进行人性化设计，不仅可以给居民带来丰富多样的活动空间，同时还可以吸引更多的人在其中集聚，从而更具活力。亲水活力带动人群的社会活动，反过来社会活动也会促进社会对提升城市水环境空间品质这一目标的认同，从人的思维观念上自发地推动水城和谐共生。此外，人的集聚会促进新的消费需求，带动产业升级和创新，形成一种理想的，经济和社会交织的空间活力状态。高质量城市水环境空间的开发不仅改善了城市风貌，提升了土地价值，也可以成为城市经济发展的轴脉。总之，满足人亲水需要的城市水环境空间，激发了生态价值的恢复与优化、文化自觉下的创意更新、公共交流空间的塑造、特色产业经济的培育等，带来环境活力、经济活力、社会活力的多维度协同，形成一种持续内生的活力发展方式。

4）地域特色——水城共生发展的人文力量

地域特色反映的是整个城市发展的内在精神力量，是塑造社会内聚性的本质源泉，凝聚着水城共生发展的人文力量。水与城的和谐需要地域元素的特色表达与创新发展，地域特色是城市水环境空间整体发展的重要支撑。地域特色的创新发展依赖于传承本土元素，各元素的协调发展则依赖本土与外来、过去与当代的时空融合。城市水环境空间的特色表达需要在城市现代元素、传统文化元素之间建立平等对话、求同存异、互相尊重的关系，建立包容多样的特色空间。在时代前进的潮流中需要挖掘并创新传承地域特色，进一步融入人们的新时代需要，在互动交流中建立相互吸收、创新发展的和谐关系。总的来说，城市水环境空间建设的地域特色要推进现代转型，并在现代转型中寻求创新共融。这条发展之路是一种多元要素并存的发展之路，既融合传统乡土资源，又涵盖现代城市文明。通过对地域性元素的吸纳、转换与应用，实现城市水环境空间与地域特色的融合。通过塑造城市精神、展现城市文化，激发居民对城市文化的认同，并对城市空间产生归属感和依赖感，从而打造具有内聚性的"精神共同体"，生成城市水环境空间的人文力量。

6.4 水城共生发展的关键支撑

水城共生涉及的主体范围较大，要推动水城共生的互惠互利的发展，协调好多方利益主体，需要深入把握人-水-城和谐共生运行的关键支撑。

1. 环境道德

城市水环境空间建设影响着城市发展的方方面面，人的环境道德基础对水城共生有重要作用。社会道德是协调人与人关系的行为准则，环境道德则是为了实现人类的永续生存与发展而建立起的协调人与自然关系的行为准则[307]。从城市水环境空间建设的角度来看，每一位居民都是其最密切和直接的使用者，良好的环境道德基础可以广泛而迅速地影响公众，带来积极的社会反响。薄弱的环境道德基础会使城市水环境空间的建设效益大打折扣。如美好整洁的亲水公园在得不到居民爱惜的情况下，迟早会被破坏；建设再多的节水工程也无法弥补居民生活中浪费的水。城市水环境空间的保护与建设是全民、全社会每个人应尽的义务，通过教育宣传强化人与自然关系的道德规范，让社会民众认识到城市水环境空间的重要价值并自觉保护水环境、水资源，激发人们爱护城市水环境空间的自主性、自律性和自觉性。因此，必须要建立"人-社会-自然"之间的利益均衡，让利益主体的道德来自觉统一行为规范。即在道德制度的基础上自觉形成"人-自然"的平等地位与发展权利，塑造"人-自然"的利益共同体观念，保持人与生态的平衡，合理追求城市全面发展的正当利益，自觉地走水生态文明发展之路。

2. 社会共建

共建的最终目的是水城共生和谐发展，社会共建从主体角度来看，也就是全体社会成员对水城共同发展的基本认同。认同、信任与合作是互为同构的，三者层层递进且互为影响。认同是信任的前提，信任又能促进合作共识的形成，而合作又可进一步增进彼此的认同感与信任度[62]。遵循"认同-信任-合作"的"社会共建"机制主要分为两大方面：一方面，城市水环境空间建设不仅是一种政府行为，更是一种公众行为。针对城市水环境空间治理中政府推动为主的建设困境，需要政府与居民合作共建，即通过政府的政策制定以及居民的合作参与来共同推进水城共生发展。政策设计层面上，要制定城市水环境空间包容性发展政策、完善民众利益表达与社会参与渠道。发动营造水城社会共建的整体氛围，从而促进政府与居民间合作的水城共生发展。另一方面，针对当下社会原子化①、认同缺失、一致行动弱化的问题，提出民众之间的集体行动共建，也就是说，将社会成员有效组织起来，合作推进水城共生建设，弥补城市发展中对城市水环境空间的

---

① 社会原子化：是指由于人类社会最重要的社会联结机制——中间组织（intermediate group）的解体或缺失而产生的个体孤独、无序互动状态和道德解组、人际疏离、社会失范的社会危机。

不均衡对待。在制度层面，可通过建立统一的水城共生建设的地方性制度规范来增强水城共生共建的目标性认同，强化社会成员之间的关联度与内聚力，进而形成一种自发性的集体行动共识。在实践层面，可建立一系列合作组织，促进民众之间的合作，建构社会成员之间的一致行动共识。

3. 多元投融资

资金状况影响着城市水环境空间的品质和高度以及建设速度。在传统的计划经济体制下，水污染治理和水环境保护一直被视为单纯的社会公益性事业，人们往往忽视环境资源的成本属性，形成"环境无价"的思维定式[308]。受此影响，环境污染治理更多由政府独自承担。但水生态系统的恢复是一个长期、见效缓慢的过程，高成本的修复方案实施，需要足够的资金运营保障。城市水环境空间的治理与建设往常采取政府"买单"的传统模式，造成地方政府债务负担过大、管理效率低，同时使社会资本处于高储蓄率、投资受阻的状态。因此，城市水环境空间投融资方式和渠道需要进一步拓展，投融资政策体系也要向市场经济转型。在这一要求下，创新城市水环境空间发展的投融资机制，逐步建立政府引导、市场推动、多元投入、社会参与的多元化投融资机制，鼓励政府积极探索政府和社会资本合作（PPP）、授权-建设-运营（ABO）、融资+EPC 建设、BT/垫资+EPC、PPP+EOD①等新模式的运用。同时积极寻找国家和全球组织的额外资金，如洛克菲勒基金"100 韧性城市"项目。

4. 分工协作

城市水环境空间建设是一项长期、复杂的系统工程，涉及学科较多。只有从不同专业探索问题，利用多学科研究成果，纲举目张，才能较为清晰准确地把控城市水环境空间的建设内容。正因为此，建立城市水环境空间建设分工协作机制是必要的。在学科参与方面，凡涉及流域水资源调配与管理、政策制定或项目实施的城市水环境空间建设项目都应保证流域内多部门、多专业的广泛参与，集各

---

① EOD（ecology oriented development）模式是以生态保护和环境治理为基础，以特色产业运营为支撑，以区域综合开发为载体，采取产业链延伸、联合经营、组合开发等方式，推动收益性差的生态环境治理项目与收益较好的关联产业有效融合。

方的实践智慧并权衡调配好各方利益。此外，促进城市水环境空间与景观、城市规划、公共环境卫生、预防科学、防灾减灾、地理信息系统、社会公共管理等学科的联动创新，从更广阔的层面去思考、解决问题，将研究成果快速转化为应用生产力，进一步推进精细化管理和精致化防控标准，从而在系统的分工协同作用中获取更大效益。在管控方面，水资源管控涉及社会各方面，因此各部门及各社会组织需要相互联系、互相制约与监督，通过明确"什么部门在什么阶段具体管控什么内容"，来保障不同职能部门之间的良好协作和区域合作，以此提升城市水环境空间建设的和谐程度。由于地域相邻、人缘相亲、文化相通、交往源远流长等在地性特征，当地的多方合作更易达成，也更持久，推进城市水环境空间建设项目中各方利益主体的和谐共生也相对容易。

5. 制度调节

在高度复杂、涉及多个职能部门的多样协作关系面前，通过合理的制度安排，明确不同部门和机构的沟通机制，能够促进各专业和跨部门的充分互动。从长远和更加全面的角度考虑，应当更加关注城市与城市水环境空间可持续发展的综合效益，充分发挥政府激励、影响和引导社会的调节能力，这是水城共生建设成功和可持续营造的基础。对于城市水环境空间这个可能的"城市绿肺""城市触媒"和形象窗口区域，其开发建设需要政府制定相关的法规制度来调节和引导。在法规制度上，完善水资源保护的法规体系及责任制度是水城共生发展的前驱推进器。水资源管理应该在统一框架下实现，通过明确追责主体实现社会监督的有效性。法律应当逐步扩大环境诉讼的主体范围，从城市水环境空间问题的直接受害者扩大到政府环保部门、环保组织、公众主体，建立环境公益诉讼制度，并以此为契机，加强立法对水污染的行政责任、民事责任和刑事责任的规定，做到有法可依[307]；此外，城市水环境空间的保护与建设是一项专业性较强的工作，相关的监督管理人才只有拥有水资源保护、城市设计等方面的法律知识、业务知识，才能更好行使监督管理职责。在补偿机制上，推进生态补偿制度与损害赔偿制度相结合，促进生态补偿制度的完善发展。补偿范围从单一领域延伸至综合补偿，补偿尺度从区域内补偿扩展到流域补偿，补偿方式从资金补偿转变为多元化补偿。扩大补偿资金使用范围，增加对企业、渔民、林农、生态移民等生态保护者的补偿，解决部分生态移民、环境质量维护和监管日常运营的资金缺口问题。

6. 共生互助

水城共生建设的互惠发展只有在追求包容合作、追逐共同利益和整体利益最大化的现代社会语境中才能得到建构与实现，牺牲任何一方的利益，都无法建构起实质意义上的公正与平等。互惠互利是水城共生发展的基础，只有在长期建设中形成一种"整体-利益""平衡-自利"的水城共生互惠关系，才能展现一起生长的勃勃生机。水城共生的互助体现在两个方面，一方面是在水城两大生命体的互惠互利，主要表现为城市水环境空间对城市发展的要素支持，以及城市对城市水环境空间发展的资源反哺。我们的水城发展经历了"先污染后治理"，这种发展路径在人类命运共同体的历史长河中是不可持续的，只有将二者同时作为命运共同体才能得到共同的发展。另一方面是在水城系统共生界面的互惠互利上，双向合作，具体落实韧性、生态、活力、特色四个层面，促成水城共生体系的共同发展与进化，才符合人们共生互助的发展需求。也就是说，多边双向合作的发展路径需要在各个层级的实践过程之中体现并得到不同程度的表达。比如在防洪堤坝的建设中，考虑基本防洪功能的基础上，应该减少对城市水环境空间生态的影响和干扰，同时考虑人的行为需求，方便人的使用。此外，庞大的防洪堤坝对城市水环境空间特色甚至城市风貌都会产生影响，融入地域特色元素也必不可少。

7. 智慧管理

在数字化、智能化的未来，依托多种信息技术优化集成，建立全面而精准的智慧化管理平台是未来城市水环境空间建设、管理的必然路径。也就是说城市水环境空间管理的持续改善与及时响应，需要利用物联网、云计算、大数据、地理信息系统（GIS）、建筑信息模型（BIM）、城市信息模型（CIM）、增强现实（AR）等多种技术的集成应用，建立由数据采集模块、视频监控模块、无线传输模块、远程控制模块、数据处理模块和专家系统模块共同组成的城市水环境空间智慧管理系统，并紧跟人工智能前沿，开展深度学习、交互式学习、智能仿真等全方位、多层次、智慧化管理应用探索，从而为城市水环境空间现状评估、运行调度、应急管理提供分析工具和决策依据。智慧管理平台的建设应考虑 5 点内容：①多尺度考虑污染防治、生态用水、配置与调度、生态修复技术、生态补偿、水生态评估与监测、智慧决策平台建设等管理内容，强化城市水环境空间的顶层设计。②建立高效统一的资源与信息共享机制，建立多部门、多机构以及公众实时参与的互联互享管理系统，加强跨层级的信息交流与合作。③面对城市水环境空间的区位性，打造高度数字化、高度仿真、高度智能化的智慧平台，提高风险的快速响应能力和精准定位能力，及时消除隐患。④针对管线等人难以进入的设施，研发设计具有深度学习、交互式处理问题功能的智能设备，辅助解决故障。⑤城市水环境空间的内涵提升和活力营造离不开城市文化数据平台的助力，基于平台的开放性和挖掘性，深层次融合文化信息，保障城市水环境空间内生动力的持续营造。

8. 自演化成长

建设水城共生的可持续发展关系，重要的是培育一种共生体与共生界面之间自演化成长机制，这也是对共进化性的一种机制保障。首先，水城共生必然是具有共进化的发展特征，这种动态的自演化是社会生态效益持续发挥的关键。从简单到复杂，从低级到高级，从不共生到高度共生，通过对这类演进规律的认识，我们能够领悟到大自然的智慧[309]。城市水环境空间建设要为具有新陈代谢能力的水城空间结构自演化奠定良好基础，从设计之初就应当整体考虑构建自演化的共生关系，并结合发展中的过程反馈，对高度演化的水城共生体进行调整，使水城共生的自演化向着正确的方向发展。其次，水城共生的形成并不完全由设计师决定，规划设计方案只是提供一个不阻碍自发演进的框架，而它共生状态理想与否在于过程和社会参与的机制设计。这种机制的设计有利于人与水、人与人、人与城之间丰富多彩的互动关系的展现和深化。

参考文献

[1] 朱闻博, 王健, 薛菲, 等. 从海绵城市到多维海绵: 系统解决城市水问题[M]. 南京: 江苏凤凰科学技术出版社, 2018.

[2] 王劲韬. 城市与水——滨水城市空间规划设计[M]. 南京: 江苏凤凰科学技术出版社, 2017.

[3] 杨山. 城市历史文脉的传承与复兴[D]. 徐州: 中国矿业大学, 2014.

[4] 汪霞. 城市理水[D]. 天津: 天津大学, 2006.

[5] 刘畅. 大城市沿河发展模式[D]. 天津: 天津大学, 2016.

[6] 靳怀堃. 中国古代城市与水——以古都为例[J]. 河海大学学报(哲学社会科学版), 2005, 7(4): 26-32.

[7] 郑晓云, 邓云斐. 古代中国的排水: 历史智慧与经验[J]. 云南社会科学, 2014, (6): 161-164, 170.

[8] 刘树坤. 水生态文明理念下的城市河流与城市发展[C]//高效用水, 应对水困局——2015 中阿博览会中国(宁夏)国际水资源高效利用论坛论文集, 2015: 19-29.

[9] 蔡哲. 基于可持续理念的旧城区滨水空间规划策略研究[D]. 长沙: 湖南大学, 2013.

[10] 汤君. 城市滨水空间复兴模式的研究[D]. 长沙: 中南大学, 2011.

[11] 李克国. 对生态补偿政策的几点思考[J]. 中国环境管理干部学院学报, 2007, (1): 19-22.

[12] 姚琳. 水资源生态补偿机制研究现状与发展趋势[J]. 菏泽学院学报, 2008, (2): 90-94.

[13] 潘建非. 广州城市水系空间研究[D]. 北京: 北京林业大学, 2013.

[14] Song Y, Gao H. A scheme for a sustainable urban water environmental system during the urbanization process in China[J]. Engineering, 2018, 4(2): 190-193.

[15] 刘海涛, 吴志强. 生态文明视阈下水城共生理论框架与评价体系构建及实证[J]. 城市规划学刊, 2014, (4): 52-56.

[16] 樊明玉. 国内外城市水环境评价指标体系比较与技术模型研究[D]. 重庆: 重庆大学, 2011.

[17] 肖建红, 施国庆, 毛春梅, 等. 水坝对河流生态系统服务功能影响评价[J]. 生态学报, 2007, (2): 526-537.

[18] Hollis GE. The effect of urbanization on floods of different recurrence interval[J]. Water Resources Research, 1975, 11(3): 431-435.

[19] 俞孔坚, 李迪华, 袁弘, 等. "海绵城市"理论与实践[J]. 城市规划, 2015, 39(6): 27-37.

[20] 赵志庆, 武中阳, 王作为. 韧性思维引导下的海绵城市规划策略研究[J]. 北京规划建设, 2018, (2): 34-39.

[21] Xiang W N. Working with wicked problems in socio-ecological systems: awareness, acceptance, and adaptation[J]. Landscape & Urban Planning, 2013, 110(1): 1-4.

[22] 俞孔坚, 许涛, 李迪华, 等. 城市水系统弹性研究进展[J]. 城市规划学刊, 2015, (1): 81-89.

[23] 方如康. 环境学词典 [M]. 北京: 科学出版社, 2003.

[24] 中华人民共和国水利部. 水文基本术语和符号标准[M]. 北京: 中国计划出版社, 1999.

[25] 崔宗培. 中国水利百科全书[M]. 北京: 中国水利水电出版社, 2006.

[26] 吴俊勤, 何梅. 城市滨水空间规划模式探析[J]. 城市规划, 1998, (2): 46-49.

[27] 周昊天, 阎瑾, 赵红红. 滨水区活力营造策略探析——以英国布里斯尔码头区为例[J]. 华中建筑, 2017, 35(2): 89-92.

[28] 钟华平. 基于马斯洛需求层次理论的水资源管理探讨[J]. 中国水利, 2018, (1): 35-37.

[29] 宋晓猛, 张建云, 王国庆, 等. 变化环境下城市水文学的发展与挑战——II. 城市雨洪模拟与管理[J]. 水科学进展, 2014, 25(5): 752-764.

[30] 张建云, 宋晓猛, 王国庆, 等. 变化环境下城市水文学的发展与挑战——I. 城市水文效应[J]. 水科学进展, 2014, 25(4): 594-605.

[31] 王如松. 转型期城市生态学前沿研究进展[J]. 生态学报, 2000, (5): 830-840.

[32] R. 福尔曼, M. 戈德罗恩. 景观生态学[M]. 肖笃宁, 张启德, 赵羿, 等译. 北京: 科学出版社, 1990.

[33] Norcliffe G, Bassett K, Hoare T. The emergence of postmodernism on the urban waterfront: Geographical perspectives on changing relationships[J]. Pergamon, 1996, 4(2): 123-134.

[34] Brian H. Urban waterfront revitalization in developing countries: the example of Zanzibar's Stone Town[J]. Geographical Journal, 2002, 168(2): 141-162.

[35] Gordon D L A. Different views from the water's edge: recent books on urban waterfront development: a review article[J]. Town Planning Review, 1998, 69(1): 91-97.

[36] Cermak J, Brant L. Design challenges of a NYC waterfront development[C]//Geoflorida, 2010.

[37] 赵昱. 各国雨洪管理理论体系对比研究[D]. 天津: 天津大学, 2017.

[38] Dietz M E. Low impact development practices: a review of current research and recommendations for future directions[J]. Water Air & Soil Pollution, 2015, 22(4): 543-563.

[39] Keeley M, Koburger A, Dolowitz D P, et al. Perspectives on the use of green infrastructure for stormwater: management in Cleveland and Milwaukee[J]. Environmental Management, 2013, 51(6): 1093-1108.

[40] Foster J, Lowe A, Winkelman S. The Value of Green Infrastructure for Urban Climate Adaptation[S]. Washington DC: Centre for Clean Air Policy, 2011.

[41] Richert E D, Lapping M B . Ebenezer Howard and the Garden City[J]. Journal of the American Planning Association, 1998, 64(2): 125-127.

[42] 埃比尼泽·霍华德. 明日的田园城市[M]. 金经元, 译. 北京: 商务印书馆, 2009.

[43] 王雨. 健康导向下的城市滨水空间形态设计研究[D]. 沈阳: 沈阳建筑大学, 2012.

[44] 陈钊娇, 许亮文. 国内外建设健康城市的实践与新进展[J]. 卫生软科学, 2013, 27(4): 214-216.

[45] 蒋艳灵, 刘春腊, 周长青, 等. 中国生态城市理论研究现状与实践问题思考[J]. 地理研究, 2015, (12): 2222-2237.

[46] Huang Z, Yang D. The theoretical approach of the ecological city[J]. City Planning Review, 2001.

[47] 钱学森. 杰出科学家钱学森论城市学与山水城市[M]. 北京: 中国建筑工业出版社, 1996.

[48] 吴良镛. 关于山水城市[J]. 城市发展研究, 2001, (2): 17-18.

[49] Abbott J. Sharing the City[M]. London: Earthscan Press, 1996.

[50] Korea C C. Sharing City Seoul: solving social and urban issues through sharing[J]. Landscape Architecture Frontiers, 2017, 5(3): 52-59.

[51] 陶希东. 首尔共享城市建设的经验及启示[J]. 城市问题, 2019, (4): 96-103.

[52] 刘洁. 马克思人的需要理论及其当代价值意义[D]. 南昌: 东华理工大学, 2017.

[53] Maslow A H. A theory of human motivation[J]. Psychological Review, 1943, 50(4): 370-396.

[54] 肖冬华. 从马斯洛需要层次理论看中华传统水文化之源[J]. 长春工程学院学报(社会科学版), 2015, 16(3): 43-47.

[55] 高飞, 何士华. 基于马斯洛层次需求理论协调居民用水需求[J]. 人民长江, 2011, 42(S2): 36-38.

[56] 马斯洛. 动机与人格[M]. 许金声, 译. 北京: 华夏出版社, 1987.

[57] 马斯洛. 马斯洛人本哲学[M]. 成明, 译. 北京: 九州图书出版社, 2003.

[58] 李华斌, 王银龙. 马斯洛需求层次理论在综合治水工作中的应用[J]. 浙江水利科技, 2019, 47(4): 14-16, 20.

[59] 高飞. 基于马斯洛等级需求理论的协调水资源管理(七层)[J]. 中国水运(下半月), 2019, 19(8): 203-204.

[60] 罗茜. 基于共生理论的城市滨水景观设计研究[D]. 重庆: 西南大学, 2014.

[61] 曲亮, 郝云宏. 基于共生理论的城乡统筹机理研究[J]. 农业现代化研究, 2004, (5): 371-374.

[62] 武小龙. 城乡"共生式"发展研究[D]. 南京: 南京农业大学, 2015.

[63] 袁纯清. 共生理论及其对小型经济的应用研究(上)[J]. 改革, 1998, (2): 3-5.

[64] 吴泓, 顾朝林. 基于共生理论的区域旅游竞合研究——以淮海经济区为例[J]. 经济地理, 2004, (1): 104-109.

[65] UN-Environment, M Rieckmann. Global Environment Outlook – GEO-6: Healthy Planet, Healthy People[M]. Cambridge, MA: Cambridge University Press, 2019.

[66] 王沛芳, 王超, 冯骞, 等. 城市水生态系统建设模式研究进展[J]. 河海大学学报(自然科学版), 2003, (5): 485-489.

[67] 100 Resilient Cities. Resilient Cities, Resilient Lives: Learning from the 100RC Network[R]. http://www. 100resilientcities. org/, 2019.

[68] 俞孔坚. 海绵城市——理论与实践(上/下)[M]. 北京: 中国建筑工业出版社, 2016.

[69] 敖琳. "回归自然水文循环"——初探中国特色海绵城市理念[J]. 明日风尚, 2016, (5): 137-138.

[70] 水利部信息中心. 全国水情年报 2017[M]. 北京: 水利水电出版社, 2018.

[71] 张明顺, 冯利利, 黎学琴. 欧盟城市适应气候变化的机遇和挑战[M]. 北京: 中国环境出版社, 2013.

[72] 吴庆洲, 李炎, 吴运江, 等. 城水相依显特色, 排蓄并举防雨潦——古城水系防洪排涝历史经验的借鉴与当代城市防涝的对策[J]. 城市规划, 2014, 38(8): 72-78.

[73] 李景奇. 城市水生态系统的修复与重建——海绵城市规划建设理念与关键技术的哲学思考[J]. 上海城市规划, 2019, 144(1): 12-18.

[74] 薛雄志, 程华晶. 以城市水资源循环模式应对水生态安全问题[J]. 厦门科技, 2006, (3): 14-17.

[75] 余启辉, 陈英健, 马方凯. 城市水生态文明建设实践与分析[J]. 长江技术经济, 2018, 2(4): 43-48.

[76] 汪辉, 任懿璐, 卢思琪, 等. 以生态智慧引导下的城市韧性应对洪涝灾害的威胁与发生[J]. 生态学报, 2016, 36(16): 45-47.

[77] 颜京松, 王美珍. 城市水环境问题的生态实质[J]. 现代城市研究, 2005, (4): 6-10.

[78] 解莉. 基于城市水环境与水生态建设研究[J]. 黑龙江水利科技, 2013, 4(10): 38-40.

[79] 中华人民共和国水利部. 2018 年中国水资源公报[R]. 北京: 中华人民共和国水利部, 2019.

[80] 仇保兴. 我国城市水安全现状与对策[J]. 给水排水, 2014, 50(1): 3-9.

[81] 徐超, 徐翠婷. 城市水环境可持续发展对策浅谈[J]. 海河水利, 2017, (S1): 14-15.

[82] 徐祖信, 徐晋, 金伟, 等. 我国城市黑臭水体治理面临的挑战与机遇[J]. 给水排水, 2019, 55(3): 2-6, 78.

[83] 邓仰杰. 浅议城市水环境治理相关理论研究及治理实践特点[J]. 居业, 2015, (12): 107-109.

[84] 李博. 海口市城市内河(湖)水环境综合治理研究[D]. 海口: 海南大学, 2018.

[85] 费新岸, 卢文超, 李琳. 城市韧性的探索之路[M]. 武汉: 武汉大学出版社, 2017.

[86] 邴启亮, 李鑫, 罗彦. 韧性城市理论引导下的城市防灾减灾规划探讨[J]. 规划师, 2017, 33(8): 12-17.

[87] 黄晓军, 黄馨. 弹性城市及其规划框架初探[J]. 城市规划, 2015, 39(2): 52-58.

[88] 韩智勇, 翁文国, 张维, 等. 重大研究计划"非常规突发事件应急管理研究"的科学背景、目标与组织管理[J]. 中国科学基金, 2009, 23(4): 215-220.

[89] 刘丹, 王红卫, 祁超, 等. 非常规突发事件应急指挥组织结构研究[J]. 中国安全科学学报, 2011, 21(7): 163-170.

[90] 李明磊, 王红卫, 祁超, 等. 非常规突发事件应急决策方法研究[J]. 中国安全科学学报, 2012, 22(3): 158-163.

[91] 李涛. 基于突发公共事件的现代城市商业安全研究[D]. 武汉: 华中科技大学, 2010.

[92] 《环境与健康杂志》编辑部. 世界卫生组织公布香港淘大花园 SARS 传播的环境卫生报告 [J]. 环境与健康杂志, 2003, (4): 245.

[93] IPCC. Climate Change 2007: Fourth Assessment Report of the Intergovernmental Panel on Climate Change[R]. Cambridge, MA: Cambridge University Press, 2007.

[94] Holling C S. Resilience and stability of ecological systems[J]. Annual Review of Ecology & Systematics, 1973, 4(4): 1-23.

[95] 王静, 朱光蠢, 黄献明. 基于雨洪韧性的荷兰城市水系统设计实践[J]. 科技导报, 2020, 38(8): 66-76.

[96] 王思思. 国外城市雨水利用的进展[J]. 城市问题, 2009, (10): 79-84.

[97] 孙宝芸, 董雷. 北方地区海绵城市建设规划理论方法与实践[M]. 北京: 化学工业出版社, 2018.

[98] 穆文阳. 澳大利亚"水敏感城市设计"概述及启示[J]. 现代园艺, 2016, (4): 106-107.

[99] 住房和城乡建设部. 海绵城市建设技术指南——低影响开发雨水系统构建[S]. 2014.

[100] 叶琳. 基于韧性视角的海绵城市建设问题研究[D]. 上海: 华东师范大学, 2018.

[101] 胡岳. 韧性城市视角下城市水系统规划应用与研究[C]//规划 60 年: 成就与挑战——2016 中国城市规划年会论文集(01 城市安全与防灾规划). 北京: 中国建筑工业出版社, 2016: 214-222.

[102] 邵亦文, 徐江. 城市韧性: 基于国际文献综述的概念解析[J]. 国际城市规划, 2015, 30(2): 52-58.

[103] 郑艳. 推动城市适应规划, 构建韧性城市——发达国家的案例与启示[J]. 世界环境, 2013, (6): 50-53.

[104] 陈天, 李阳力. 生态韧性视角下的城市水环境导向的城市设计策略[J]. 科技导报, 2019, 37(8): 28-41.

[105] 刘健, 赵思翔, 刘晓. 城市供水系统弹性应对策略与仿真分析[J]. 系统工程理论与实践, 2015, 35(10): 2637-2645.

[106] 刘世光. 弹性城市理念在城市水系统规划中的应用探讨[J]. 城市地理, 2016, (16): 24-25.

[107] 王昕晧. 如何应用"防患于未然原则"于社会——生态实践?[J]. 国际城市规划, 2019, 34(3): 30-36.

[108] Abbott J. Understanding and managing the unknown[J]. Journal of Planning Education and Research, 2005, 24(3): 237-251.

[109] 周艺南, 李保炜. 循水造形——雨洪韧性城市设计研究[J]. 规划师, 2017, 33(2): 92-99.

[110] 黄石市韧性办. 黄石韧性战略报告[R]. 黄石: 黄石市韧性办, 2019.

[111] Jack A. From fail-safe to safe-to-fail: Sustainability and resilience in the new urban world[J]. Landscape and Urban Planning, 2011, 100(4): 341-343.

[112] 冒建华. 水务企业在中国城市韧性水环境系统构建中的角色与责任[J]. 景观设计学, 2018, 6(4): 50-55.

[113] 杨沛儒. 国外生态城市的规划历程 1900-1990[J]. 现代城市研究, 2005, (Z1): 27-37.

[114] Shandas V, Parandvash G H. Integrating urban form and demographics in water-demand management: an empirical case study of Portland, Oregon[J]. Environment & Planning B Planning & Design, 2010, 37(1): 112-128.

[115] 张倩. 基于滨水区综合优势的亲水城市建设研究[D]. 上海: 华东师范大学, 2011.

[116] 邢忠, 陈诚. 河流水系与城市空间结构[J]. 城市发展研究, 2007, (1): 27-32.

[117] 蒋嘉懿. 水网城市防灾避难绿地系统规划建设研究——以苏州为例[D]. 苏州: 苏州科技学院, 2014.

[118] Martins T A L, Adolphe L, Bonhomme M, et al. Impact of urban cool island measures on outdoor climate and pedestrian comfort: simulations for a new district of Toulouse, France[J]. Sustainable Cities and Society, 2016, (26): 9-26.

[119] 杰克·埃亨, 秦越, 刘海龙. 从安全防御到安全无忧: 新城市世界的可持续性和韧性[J]. 国际城市规划, 2015, 30(2): 4-7.

[120] 余轩. 韧性城市理念下豫北地区雨洪适应性城市水系规划设计研究[D]. 郑州: 郑州大学, 2019.

[121] 乔典福. 海绵城市背景下南昌市防洪排涝规划对策研究[D]. 广州: 广东工业大学, 2016.

[122] 俞孔坚. 美丽中国的水生态基础设施: 理论与实践[J]. 鄱阳湖学刊, 2015, (1): 5-18.

[123] 刘丹, 华晨. 浅析应对气候变化的弹性设计策略[J]. 华中建筑, 2015, 33(1): 107-111.

[124] 王锋, 何包钢. 水敏感城市治理模式与实践: 澳大利亚的探索[J]. 城市发展研究, 2017, 24(10): 86-93.

[125] 刘星, 石炼. 城市可持续水生态系统初探——以中新天津生态城为例[J]. 城市发展研究, 2008, (S1): 316-319.

[126] 胡灿伟. "海绵城市"重构城市水生态[J]. 生态经济, 2015, 31(7): 12-15.

[127] 胡晓健. 分流制排水地区雨污混接调查评估及分流改造方案研究[J]. 市政技术, 2019, 211(37): 199-201, 211.

[128] 黄建秀, 李怀正, 叶剑锋, 等. 调蓄池在排水系统中的研究进展[J]. 环境科学与管理, 2010, 35(4): 115-118.

[129] 胡凯丽, 黄晓军. 高温热浪下城市适应性规划策略研究——以西安市为例[C]//共享与品质——2018 中国城市规划年会论文集(01 城市安全与防灾规划). 北京: 中国建筑工业出版社, 2018: 17-31.

[130] 荆宇辰. 灾后城市恢复发展规划与减灾策略[D]. 天津: 天津大学, 2017.

[131] 朱黎青, 彭菲, 高翅. 气候变化适应性与韧性城市视角下的滨水绿地设计——以美国哈德逊市南湾公园设计研究为例[J]. 中国园林, 2018, 34(4): 46-51.

[132] 钱程. 日本冲绳海绵城市建设的经验和启示[J]. 城镇供水, 2017, (5): 83-90.

[133] 陈嫣. 日本大城市雨水综合管理分析和借鉴[J]. 中国给水排水, 2016, 32(10): 42-47.

[134] 王秋菲, 石丹, 王盛楠. 沈阳市海绵城市的建设思路与对策研究[J]. 沈阳建筑大学学报(社会科学版), 2016, 18(6): 604-608.

[135] 丁飞跃. 城市河道水环境生态治理研究[D]. 杭州: 浙江大学, 2015.

[136] 中华人民共和国生态环境部. 2019 年全国地表水、环境空气质量状况[R]. 北京: 中华人民共和国生态环境部, 2020.

[137] 中华人民共和国生态环境部. 2019 年中国生态环境状况公报[R]. 北京: 中华人民共和国生态环境部, 2020.

[138] 杨光, 唐晓雪, 娜雅. 基于城市发展需求的水环境治理体系研究[J]. 区域经济评论, 2019, (3): 130-134.

[139] 宋李桐. 西北地区城市景观水体的水质净化和生态修复研究[D]. 西安: 西安建筑科技大学, 2007.

[140] 王亚东. 城市水生态及其环境修复综述[J]. 环境与发展, 2018, 30(7): 182-183.

[141] 蔡晓禹, 凌天清, 罗蓉. 城市排水结构渗透设计与改善水生态环境[J]. 重庆交通学院学报, 2003, (4): 108-113.

[142] 林培. 《城市黑臭水体整治工作指南》解读[J]. 建设科技, 2015, 297(18): 14-15, 21.

[143] 颜文涛, 邹锦. 趋向水环境保护的城市小流域土地利用生态化——生态实践路径、空间规划策略与开发断面模式[J]. 国际城市规划, 2019, 34(3): 45-55.

[144] 操家顺, 操乾, 郭俊宏, 等. 城市水环境系统治理的创新思路与应用[J]. 江南论坛, 2017, (10): 7-9.

[145] 王林琛. 荔湾与南海跨区域水污染治理研究[D]. 武汉: 华中科技大学, 2018.

[146] 黄鸥. 城市水环境综合治理工程存在的问题与解决途径[J]. 给水排水, 2019, 55(4): 2-4.

[147] 叶正兴. 黑臭水体为何久治不愈[N]. 健康时报, 2016-6-3.

[148] 瓦格纳, 马萨利克, 布雷尔. 城市水生态系统可持续管理: 科学·政策·实践[M]. 孟令钦, 译. 北京: 中国水利水电出版社, 2014.

[149] 朱党生, 王晓红, 张建永. 水生态系统保护与修复的方向和措施[J]. 中国水利, 2015, (22): 9-13.

[150] 高峰. 亟待关注的城市水生态系统[J]. 城乡建设, 2016, (8): 19.

[151] 方兰, 李军. 论我国水生态安全及治理[J]. 环境保护, 2018, 46(Z1): 30-34.

[152] 吴杰. 快速城市化背景下深圳中心区水系与城市关系研究[D]. 深圳: 深圳大学, 2017.

[153] 严立冬, 岳德军, 孟慧君. 城市化进程中的水生态安全问题探讨[J]. 中国地质大学学报(社会科学版), 2007, (1): 57-62.

[154] 牛振国, 张海英, 王显威, 等. 1978～2008 年中国湿地类型变化[J]. 科学通报, 2012, 76(16): 1400-1411.

[155] 阎水玉, 王祥荣. 城市河流在城市生态建设中的意义和应用方法[J]. 城市环境与城市生态, 1999, (6): 38-40.

[156] 徐洪, 杨世莉. 城市热岛效应与生态系统的关系及减缓措施[J]. 北京师范大学学报(自然科学版), 2018, 54(6): 108-116.

[157] 廖文根, 石秋池, 彭静. 水生态与水环境学科的主要前沿研究及发展趋势[J]. 中国水利, 2004, (22): 6, 34-36.

[158] 王超, 王沛芳. 城市水生态系统建设与管理[M]. 北京: 科学出版社, 2004: 1.

[159] 谢阳村, 张晶, 温勖, 等. 区域尺度的水生态分区影响机制与方法研究[C]//2017 中国环境科学学会科学与技术年会论文集(第三卷). 中国环境科学学会: 中国环境科学学会, 2017.

[160] 彭文启. 新时期水生态系统保护与修复的新思路[J]. 中国水利, 2019, 875(17): 25-30.

[161] 张诚, 曹加杰, 王凌河, 等. 城市水生态系统服务功能与建设的若干思考[J]. 水利水电技术, 2010, 41(7): 9-13.

[162] 张丽君, 秦耀辰, 张金萍, 等. 城市碳基能源代谢分析框架及核算体系[J]. 地理学报, 2013, 68(8): 1048-1058.

[163] 沈丽娜, 马俊杰. 国内外城市物质代谢研究进展[J]. 资源科学, 2015, 37(10): 1941-1952.

[164] 桂春雷. 基于水代谢的城市水资源承载力研究——以石家庄市为例[D]. 北京: 中国地质科学院, 2014.

[165] 严涛. 新型城市水环境人工代谢系统研究[D]. 西安: 西安建筑科技大学, 2007.

[166] 宋梦林. 城市水生态系统健康评价及水生态文明建设应用研究[D]. 郑州: 郑州大学, 2016.

[167] 刘彬. 水生态资产负债表编制研究[D]. 北京: 中国水利水电科学研究院, 2018.

[168] 闵忠荣, 张类昉, 张文娟, 等. 城市水生态修复方法探索——以南昌水系连通为例[J]. 规划师, 2018, 34(5): 71-75.

[169] 董哲仁. 论水生态系统五大生态要素特征[J]. 水利水电技术, 2015, 46(6): 42-47.

[170] 陈轶. 城市生态功能区划原则与方法[J]. 福建环境, 2002, (3): 31-33.

[171] 王泽明. 水生态保护与修复规划关键技术研究[J]. 环境科学与管理, 2019, 44(2): 183-187.

[172] 魏保义, 张文静, 张晶, 等. 水生态分区方法在城市规划中的应用——以北京市为例[J]. 水利水电技术, 2015, 46(4): 39-43.

[173] 孙小银, 周启星. 中国水生态分区初探[J]. 环境科学学报, 2010, 30(2): 415-423.

[174] 孟伟, 张远, 郑丙辉. 辽河流域水生态分区研究[J]. 环境科学学报, 2007, (6): 911-918.

[175] 刘星才, 徐宗学, 张淑荣, 等. 流域环境要素空间尺度特征及其与水生态分区尺度的关系——以辽河流域为例[J]. 生态学报, 2012, 32(11): 3613-3620.

[176] 杨舒媛, 魏保义, 张晶, 等. 北京市水生态分区及保护与修复对策初探[C]//注重绿色发展加强生态文明建设——2016 年中国水生态文明城市建设高峰论坛论文集. 北京: 中国水利水电出版社, 2016: 19-29.

[177] 查晓鸣, 杨剑. 刍议生态社区仿自然式水景设计方法[J]. 西南给排水, 2014, 36(5): 34-39.

[178] 程爱军. 城市水生态修复方法探讨[J]. 中国城市经济, 2011, (30): 320.

[179] 马海涛. 浅谈关于河道水环境治理的几点想法[J]. 消费导刊, 2017, (4): 41.

[180] 颜雷, 田庶慧. 水生态环境修复研究综述[J]. 水利科技与经济, 2011, 17(9): 73-75.

[181] 罗南, 谢涛, 许新宜, 等. 我国城市黑臭水体治理实践与探索——以北京市通惠河水环境治理为例[C]//2017 中国环境科学学会科学与技术年会论文集(第二卷), 2017: 613-618.

[182] 李胜男, 崔丽娟, 赵欣胜, 等. 湿地水环境生态恢复及研究展望[J]. 水生态学杂志, 2011,

(2): 1-5.

[183] 张维昊, 张锡辉, 肖邦定, 等. 内陆水环境修复技术进展[J]. 上海环境科学, 2003, 22(11): 811-816.

[184] 邓柳. 城市污染河流水污染控制技术研究[D]. 昆明: 昆明理工大学, 2005.

[185] 李江煜. 深圳市宝安区城市水系与生态环境关系研究[J]. 山西建筑, 2018, 44(31): 198-199.

[186] 刘珺. 小城故事——张家港小城河综合改造[J]. 广西城镇建设, 2014, 145(12): 76-81.

[187] 张书奇, 程倩. 城市河道景观的整治与利用[J]. 中国园艺文摘, 2013, 29(7): 134-136.

[188] 郭嫒. 探析城市滨水空间活力营造的策略与方法[D]. 北京: 北京林业大学, 2016.

[189] 汪丽, 黄伟, 王阿华, 等. 荆门市竹皮河流域水环境综合治理之生态修复工程设计[J]. 中国给水排水, 2020, 36(6): 69-73.

[190] 温东辉, 李璐. 以有机污染为主的河流治理技术研究进展[J]. 生态环境, 2007, (5): 1539-1545.

[191] 杭小强, 吴耀华. 大尺度线性城市滨水空间模式探讨——以永州冷水滩湘江两岸城市设计为例[J]. 规划师, 2015, 31(5): 55-59.

[192] 邢燕, 王滨, 边青青. 基于公众需求视角下的城市滨水空间规划研究——以天津滨海新区海河外滩地区为例[C]//新常态: 传承与变革——2015 中国城市规划年会论文集(06 城市设计与详细规划). 北京: 中国建筑工业出版社, 2015: 120-129.

[193] 褚筠. 健康导向下的城市滨水空间形态模式研究[D]. 哈尔滨: 哈尔滨工业大学, 2010.

[194] 林荣. 试论城市滨水区的经济可持续发展[J]. 四川建筑, 2003, (3): 10-11, 19.

[195] 孔德宇, 李佳. 城市滨水区域空间活力营造[J]. 吉林建筑工程学院学报, 2009, 26(2): 63-65.

[196] 荆莹, 赵天宇. 基于全季利用的伊通河公共空间活力提升策略研究[J]. 建筑与文化, 2019, (10): 55-56.

[197] 陈心宇. 活力提升视角下的城市滨水空间景观设计研究[D]. 北京: 北京林业大学, 2019.

[198] 潘天阳. 沈阳浑河滨水区空间活力提升规划研究[D]. 沈阳: 沈阳建筑大学, 2013.

[199] 李秉宇. 基于活力提升的重庆滨水区公共空间规划研究[D]. 重庆: 重庆大学, 2010.

[200] 丁凡, 伍江. 城市更新背景下的水岸再生及其意义辨析[J]. 探索与争鸣, 2020, (7): 98-106, 159.

[201] 凯文·林奇. 城市意象[M]. 方益萍, 何晓军, 译. 北京: 华夏出版社, 2001.

[202] 扬·盖尔. 交往与空间[M]. 何人可, 译. 北京: 中国建筑工业出版社, 1992.

[203] 简·雅各布斯. 美国大城市的生与死[M]. 金衡山, 译. 南京: 译林出版社, 2008.

[204] 任兰红, 袁东. 当下城市活力与功能探析[J]. 建筑与设备, 2013, (1): 16-18.

[205] 蒋涤非. 城市形态活力论[M]. 南京: 东南大学出版社, 2007.

[206] 汪海, 蒋涤非. 城市公共空间活力评价体系研究[J]. 铁道科学与工程学报, 2012, 9(1): 56-60.

[207] 叶宇, 庄宇, 张灵珠, 等. 城市设计中活力营造的形态学探究——基于城市空间形态特征量化分析与居民活动检验[J]. 国际城市规划, 2016, (1): 26-33.

[208] 王勇, 邹晴晴, 李广斌. 安置社区公共空间活力评价[J]. 城市问题, 2017, (7): 85-94.

[209] 王伟强, 马晓娇. 基于多源数据的滨水公共空间活力评价研究——以黄浦江滨水区为例[J]. 城市规划学刊, 2020, (1): 48-56.

[210] 秦一博. 提升城市滨水空间活力的景观设计研究——以沈阳浑河滨水空间为例[J]. 美术大观, 2018, (2): 100-101.

[211] 黄骁. 城市公共空间活力激发要素营造原则[J]. 中外建筑, 2010, (2): 66-67.

[212] 章明辉. 城市中心滨水区规划中的活力塑造研究[D]. 北京: 北京建筑大学, 2013.

[213] 张沛佩. 城市滨水空间活力营造初探[D]. 长沙: 中南大学, 2009.

[214] 谷永利. 城市滨水空间景观规划设计方法研究[D]. 北京: 北京林业大学, 2016.

[215] 刘和. 滨水城市中心公共环境的活力[D]. 杭州: 浙江大学, 2003.

[216] 葛锴. 城市滨水区功能开发与设计方法研究——以武汉江夏经济开发区为例[D]. 武汉: 武汉理工大学, 2007.

[217] 陈敏, 易峥, 王芳, 等. 文化传承视角下新加坡河滨水区更新经验启示[C]//新常态: 传承与变革——2015 中国城市规划年会论文集(08 城市文化). 北京: 中国建筑工业出版社, 2015: 609-620.

[218] 王佐. 城市历史文化空间的活力再生[C]//城市发展研究——2009 城市发展与规划国际论坛论文集. 北京: 《城市发展研究》编辑部, 2008: 131, 132-135.

[219] 王佐. 城市滨水开放空间的活力复兴及对我国的启示[J]. 建筑学报, 2007, (7): 15-17.

[220] 汪霞, 曾坚, 李跃文. 城市水域开放空间活力的激发与营造[J]. 天津大学学报(社会科学版), 2010, 12(5): 424-427.

[221] 张露. 活力视角下的城市滨水空间解析模式探讨[D]. 南京: 东南大学, 2018.

[222] 温馨. 健康导向下城市滨水空间活力营造设计研究[D]. 长春: 吉林建筑大学, 2019.

[223] 朱芋静. 滨水城市道路景观个性表现的思考和探索[J]. 科技经济市场, 2006, (7): 60.

[224] 杨九玲. 有机更新视角下绵阳滨河空间活力提升研究[D]. 绵阳: 西南科技大学, 2017.

[225] 尚红, 张凯丽, 王孟周, 等. 城市滨水景观生态化设计浅析——以济南市护城河为例[J]. 安徽林业科技, 2019, 45(4): 47-49.

[226] 刘博敏, 张露. 城市转型视角下的城市滨水空间发展研究——以泰州市凤城河为实例探讨[C]//持续发展 理性规划——2017 中国城市规划年会论文集(07 城市设计), 2017: 724-732.

[227] 李潇, 黄翊. 永续·活力·传承——滨水城市设计的生态文明观[C]//生态文明视角下的城乡规划——2008 中国城市规划年会论文集. 大连: 大连出版社, 2008: 3892-3900.

[228] 柳红明, 温馨. 城市滨水空间活力激发策略研究——以长春市南溪湿地公园为例[J]. 四川水泥, 2019, (5): 320.

[229] 曾裕伟, 左文艳, 刘思弘. 结合水系整治发展滨水休闲产业——以世博地区滨水产业开发为例[J]. 浦东开发, 2017, (5): 36-38.

[230] 李敏, 李建伟. 近年来国内城市滨水空间研究进展[J]. 云南地理环境研究, 2006, (2): 86-90.

[231] 沈赟, 顾熙. 浅议城市滨水地区复兴道路——以南京下关滨江地区为例[C]//持续发展 理性规划——2017中国城市规划年会论文集(02城市更新), 2017: 1154-1163.

[232] 岳华. 英国城市滨水公共空间的复兴[J]. 国际城市规划, 2015, 30(2): 130-134.

[233] 陈栋菲, 金云峰. 内生活力激发下的城市滨水区内涵式更新模式探究——以上海徐汇滨水区更新为例[C]//中国风景园林学会2017年会. 北京: 中国建筑工业出版社, 2017: 243-247.

[234] 金云峰, 陈栋菲, 王淳淳, 等. 公园城市思想下的城市公共开放空间内生活力营造途径探究——以上海徐汇滨水空间更新为例[J]. 中国城市林业, 2019, 17(5): 52-56, 62.

[235] 沈琪. 塑造特色的城市公共空间[J]. 安徽建筑, 2007, 14(4): 53-54.

[236] 汪川, 曹阳. 城市水域空间景观建设中的文化振兴[J]. 中外建筑, 2009, (11): 55-57.

[237] 荆哲璐. 城市消费空间的生与死——《哈佛设计学院购物指南》评述[J]. 时代建筑, 2005, (2): 62-67.

[238] 王建国. 包容共享、显隐互鉴、宜居可期——城市活力的历史图景和当代营造[J]. 城市规划, 2019, 43(12): 9-16.

[239] 杨春侠, 邵彬. 滨水公共空间要素对驻留活力的影响和对策——以上海黄浦江两个典型滨水区为例[J]. 城市建筑, 2018, (5): 42-47.

[240] 张芳, 叶天爽, 刘奇. "空间-行为"视野下传统滨水街区的活力营造——以苏州古城区传统滨水街区为例[J]. 中国名城, 2020, (8): 45-51.

[241] 周皓. 郑州市东风渠滨河游憩空间活力营造探析[D]. 郑州: 河南农业大学, 2012.

[242] 臧玥. 城市滨水空间要素整合研究[D]. 上海: 同济大学, 2008.

[243] 刘博敏, 任佳前. 城市滨水区的人气聚集与活力提升研究[C]//多元与包容——2012中国城市规划年会论文集(04. 城市设计). 昆明: 云南科技出版社, 2012: 361-372.

[244] 郭红雨, 蔡云楠. 城市滨水区的开发与再开发[J]. 热带地理, 2010, 30(2): 23-28, 36.

[245] 魏晶晶, 郑志元. 空间活力视角下的城市滨水景观设计思考——以合肥市滨湖新城为例[J]. 安徽农业科学, 2017, 45(32): 178-180.

[246] 杨保军, 董珂. 滨水地区城市设计探讨[J]. 建筑学报, 2007, (7): 7-10.

[247] 陈邵鹏. 生态城市建设中城市水景观建设存在的误区及对策[J]. 环境科学与管理, 2012, 37(5): 8-10.

[248] 王敏, 崔芊浬. 基于景观序列理论的城市滨水空间地域生活场景重构研究[C]//中国风景园林学会2014年会论文集(上册). 北京: 中国建筑工业出版社, 2014: 128-132.

[249] 张川, 王晓俊. 基于地域文化特色的景观设计[C]//和谐城市规划——2007中国城市规划年会论文集. 哈尔滨: 黑龙江科学技术出版社, 2007: 772-775.

[250] 陈圣浩. 景观设计语言符号理论研究[D]. 武汉: 武汉理工大学, 2007.

[251] 林金德. 论现代城市滨水景观设计中的文化融入[J]. 江西建材, 2017, (7): 50, 56.

[252] 李文鹏. 城市景观带中滨水景观的地域文化研究[D]. 西安: 西安建筑科技大学, 2012.

[253] 王建国, 吕志鹏. 世界城市滨水区开发建设的历史进程及其经验[J]. 城市规划, 2001, (7): 41-46.

[254] 黄静. 城市水景观体系规划研究[D]. 南京: 南京林业大学, 2013.

[255] 杨保军, 朱子瑜, 蒋朝晖, 等. 城市特色空间刍议[J]. 城市规划, 2013, 37(3): 11-16.

[256] 姚亦锋. 作为自然遗产的原始风景及其规划认识[J]. 中国园林, 2002, (1): 68-71.

[257] 俞孔坚, 凌世红, 李向华, 等. 从区域到场所: 景观设计实践的几个案例[J]. 建筑创作, 2003, (7): 70-79.

[258] 俞孔坚. 景观: 文化、生态与感知[M]. 北京: 科学出版社, 1998.

[259] 何镜堂. 基于"两观三性"的建筑创作理论与实践[J]. 华南理工大学学报(自然科学版), 2012, 40(10): 12-19.

[260] 段进, 邵润青, 兰文龙, 等. 空间基因[J]. 城市规划, 2019, 386(43): 14-21.

[261] 诺伯舒兹. 场所精神: 迈向建筑现象学[M]. 施植明, 译. 台北: 田园城市文化事业有限公司, 1995.

[262] 王铭玉. 从符号学看语言符号学[J]. 解放军外国语学院学报, 2004, (1): 1-9.

[263] 胡立辉, 李树华, 刘剑, 等. 乡土景观符号的提取与其在乡土景观中的应用[J]. 北京园林, 2009, 25(1): 8-13.

[264] 吕晓洁. 地域文化在城市滨水景观设计中的应用[J]. 现代园艺, 2017, 334(10): 98.

[265] 康明慧. 浅析地域性景观设计[J]. 现代园艺, 2019, 386(14): 125-126.

[266] 杨官璘. 弈林新编[M]. 北京: 人民体育出版社, 1977.

[267] 姚文飞, 邱延昌, 刘英. 城市滨水绿地景观规划设计[J]. 安徽农业科学, 2011, 39(24): 14849-14851.

[268] 黄瑜, 龙岳林. 地域性滨水景观设计策略探讨[J]. 安徽农学通报(上半月刊), 2010, 16(19): 93-94, 101.

[269] 王玲玲. 城市景观空间中文化设施的视觉传达策略[J]. 包装工程, 2018, 39(24): 317-322.

[270] 韩培, 袁泉. 寒地滨水景观设计中的环境可识别性探究——以黑河市沿江公园景观改造方案为例[J]. 城市建筑, 2017, 262(29): 74-77.

[271] 凯文·林奇. 城市意象. 第2版[M]. 方益萍, 何晓军, 译. 北京: 华夏出版社, 2011.

[272] 张海林. 城市文化传承创新在环境设施设计中的体现[J]. 艺术与设计(理论), 2013, 2(8): 74-76.

[273] 周鑫海, 曹星. 基于地域文化的城市公共设施设计研究[J]. 包装工程, 2017, 38(2): 206-209.

[274] 刘杰. 地域文化在城市滨水景观中的表达研究[D]. 重庆: 西南大学, 2014.

[275] 杨鑫. 地域性景观设计理论研究[D]. 北京: 北京林业大学, 2009.

[276] 熊怡. 中国水文区划[M]. 北京: 科学出版社, 1995.

[277] 汪德华. 试论水文化与城市规划的关系[J]. 城市规划汇刊, 2000, (3): 29-36, 79.

[278] 张鸿韬. 地域文化在城市公园中的表达研究[D]. 重庆: 西南大学, 2017.

[279] 李丙发. 城市公园中地域文化的表达[D]. 北京: 北京林业大学, 2010.

[280] Molotch H. The city as a growth machine[J]. American Journal of Sociology, 1976, 82(2): 309-332.

[281] 韩炳越, 沈实现. 基于地域特征的风景园林设计[J]. 中国园林, 2005, (7): 65-71.

[282] 郭艳, 罗丹. 结构性意象下城市滨水空间的地域性表达[J]. 建筑与文化, 2012, (1): 52-55.

[283] 罗丹. 城市滨水建筑外部空间的地域性表达——以都江堰核心区为例[D]. 成都: 西南交通大学, 2011.

[284] 约翰·O. 西蒙兹. 景观设计学[M]. 俞孔坚, 王志芳, 孙鹏, 译. 北京: 中国建筑工业出版社, 2000.

[285] 承钧, 张丹. 城市公园设计中文脉的体现[J]. 中国园林, 2010, 26(10): 48-50.

[286] McGuigan J. Culture and the Public Sphere[M]. London: Routledge, 1996.

[287] 李金生. 城市景观设计与传承的思考[J]. 绿色科技, 2010, (6): 52-53.

[288] 余柏椿. 试论城市景观特色定位——以武汉滨江景观为例[J]. 新建筑, 2000, (4): 14-17.

[289] 傅欣蕾. 基于视知觉原理的公园景观空间序列研究[D]. 南京: 南京林业大学, 2013.

[290] 刘滨谊, 张亭. 基于视觉感受的景观空间序列组织[J]. 中国园林, 2010, 26(11): 31-35.

[291] 孟祥敏. 城市滨水景观规划空间序列的组织研究[J]. 住宅与房地产, 2017, (17): 71.

[292] 林韵致. 渭河秦汉新城段滨水景观空间序列设计研究[D]. 西安: 长安大学, 2019.

[293] 沈实现, 韩炳越, 朱少琳. 色彩与现代景观[J]. 规划师, 2006, (2): 91-94.

[294] 陈六汀. 滨水景观设计概论[M]. 武汉: 华中科技大学出版社, 2012.

[295] 杜树荣. 浅谈色彩在园林景观设计中的应用[J]. 林业调查规划, 2007, 136(4): 158-160.

[296] 马文倩. 乡土景观理念下城市景观空间序列研究[D]. 哈尔滨: 哈尔滨工业大学, 2012.

[297] 陈敏, 易峥, 王芳, 等. 文化传承视角下新加坡河滨水区更新经验启示[C]//新常态: 传承与变革——2015 中国城市规划年会论文集(08 城市文化). 北京: 中国建筑工业出版社, 2015: 609-620.

[298] 朱建宁, 丁珂. 法国国家建筑师菲利普·马岱克(Philippe Madec)与法国风景园林大师米歇尔·高哈汝(Michel Corajoud)访谈[J]. 中国园林, 2004, (5): 4-9.

[299] 彼得·G. 罗伊. 市民社会与市民空间设计[J]. 世界建筑, 2000, (1): 76-80.

[300] Wampler J. Architecture studio: building in landscapes[J]. MIT Open Course Ware, 2002.

[301] 朱赛鸿, 梁婧. 地域特色在城市滨水景观中的应用[J]. 美术大观, 2017, (9): 98-99.

[302] 林焰. 滨水园林景观设计[M]. 北京: 机械工业出版社, 2008.

[303] 周爱平. 地域性文化元素在园林景观设计中的探究与应用——奉贤区青村滨河公园文化景观设计为例[J]. 中外建筑, 2016, (5): 122-125.

[304] Gehl J. Life Between Buildings[M]. Copenhagen: Danish Architectural Press, 2008.

[305] 戴德胜, 段进. 绿维都市: 空间层级系统与 K8 发展模式[M]. 南京: 东南大学出版社, 2014.

[306] 曹勇, 阮茜, 孙合林, 等. 模糊前端模糊性与 NPD 绩效间的调节效应[J]. 武汉理工大学学报(信息与管理工程版), 2019, 41(1): 33-37.

[307] 李华. 论我国水生态安全的法制保障[J]. 理论观察, 2010, (2): 71-74.

[308] 财政部财政科学研究所水环境保护投融资政策与示范研究课题组. 中国水环境保护投融资现状分析[J]. 经济研究参考, 2010, (51): 2-17.

[309] 仇保兴. "共生"理念与生态城市[J]. 城市规划, 2013: 37.